微机控制技术

（第3版）

主　编　王用伦
副主编　冯国良　李　纯

重庆大学出版社

内 容 提 要

本书全面系统地介绍了微型计算机在工业控制中的各种应用技术。主要内容包括:计算机控制系统概述,微机控制系统中的输入/输出通道接口技术,人机交互接口技术,常用执行器及控制程序的设计,微机控制系统的数据处理,数字 PID 控制,工业控制计算机及常用组态控制软件,微机控制系统的抗干扰技术,微机控制系统的设计与实践。

本书每个项目后均附有技能训练和思考练习题。可作为高职高专计算机控制技术、自动化、机电一体化、电子电气等专业微机控制技术课程的教材,也可作为从事微机控制的工程技术人员的实用参考书。

图书在版编目(CIP)数据

微机控制技术/王用伦主编. —2 版.—重庆:
重庆大学出版社,2010.11(2021.1 重印)
高职高专电子技术专业系列教材
ISBN 978-7-5624-3141-1

Ⅰ.①微… Ⅱ.①王… Ⅲ.①微型计算机—计算机控
制系统—高等学校:技术学校—教材 Ⅳ.①TP273

中国版本图书馆 CIP 数据核字(2010)第 160784 号

微机控制技术
(第 3 版)
主 编 王用伦
副主编 冯国良 李 纯
责任编辑:曾令维 乔丽英 版式设计:曾令维
责任校对:邹 忌 责任印制:张 策
*
重庆大学出版社出版发行
出版人:饶帮华
社址:重庆市沙坪坝区大学城西路 21 号
邮编:401331
电话:(023) 88617190 88617185(中小学)
传真:(023) 88617186 88617166
网址:http://www.cqup.com.cn
邮箱:fxk@cqup.com.cn (营销中心)
全国新华书店经销
POD:重庆新生代彩印技术有限公司
*
开本:787mm×1092mm 1/16 印张:12.5 字数:312 千
2015 年 8 月第 3 版 2021 年 1 月第 9 次印刷
ISBN 978-7-5624-3141-1 定价:38.00 元

前言

计算机控制是计算机应用的一个重要领域,微型计算机控制技术是计算机技术和控制理论、控制技术相结合而发展起来的一门技术。微型计算机控制系统已经成为工业控制中的一个重要分支,并且在不断拓宽应用领域。

微型计算机控制技术是一门应用性很强的技术,特别是随着计算机技术的快速发展,新的硬件、软件产品不断推出,新的控制处理方法不断出现,应用领域已从传统的工业过程控制向涉及人们生活的各个方面发展。本书结合高等职业技术教育的特点,以培养学生的工作能力为本位,根据“理论知识够用,重在应用”的原则,采用硬件和软件相结合的方式,对微机控制涉及的基本理论、各种实用技术和微机控制产品进行了介绍。本书选材充分考虑了内容的系统性、先进性和实用性。

本书第2版是在第1版的基础上,经过教学实践,补充了部分新内容,修改了部分技术已经陈旧的内容。本次修订是以工作过程为导向,以训练学生的职业能力为基本要求,以培养学生的工作能力为最终目的,按照基于工作过程的方法进行的。

全书共分9个项目,着重从应用角度系统介绍了微机控制系统的组成、特点和分类;输入/输出通道接口技术;人机交互接口技术;常用执行器及控制程序的设计;微机控制系统数据处理方法;数字PID控制;工业控制计算机硬件和软件的新产品;微机控制系统抗干扰技术;微机控制系统的设计与实践。为了帮助学生更好地理解掌握微机控制技术的知识和技能，培养学生的职业能力，每个项目均采用了理论实训相结合的方式，设置了技能训练。书中控制程序均采用了 MCS-51 系列单片机汇编语言编写。本书在编写过程中注重实际应用，力求做到重点突出。

本书项目 1,4,7,8,9 由重庆航天职业技术学院王用伦编写与改编，项目 2,3 由重庆航天职业技术学院李纯修改编写，项目 5,6 由重庆科技学院冯国良编写与改编。全书由王用伦统一定稿。

本书可作为高职高专计算机控制技术、自动化、机电一体化、电子与电气等专业的教材，也可供从事微机控制的工程技术人员参考。

本书在编写过程中，吸取了很多同类教材的优点，得到了多位老师的帮助，同时参考了很多学者的论著，引用了部分参考文献的内容。重庆大学出版社始终关心、支持本书的编写工作，在此一并表示衷心的感谢。

由于编者水平有限，基于工作过程的教材编写又是一项新工作，书中错误和不足之处在所难免，敬请同行和读者提出批评和改进意见。

编　者

2015 年 2 月

目录

项目 1

微型计算机控制系统的认识

学习目标：

1）理解微机控制系统的基本概念、控制过程；

2）掌握微机控制系统的硬件、软件组成；

3）掌握不同的微机控制系统的工作特点、控制功能和系统结构；

4）了解微机控制系统的发展趋势。

能力目标：

1）能够对实际微机控制系统进行归纳总结；

2）能够正确地画出微机控制系统框图，并正确标示。

自从20世纪70年代初Intel公司生产出第一个微处理器4004以来，随着半导体技术的进步，微型计算机得到了飞速的发展。已从4位机、8位机、16位机、32位机，发展到目前的64位机。微机已经应用于社会的各个领域，并正在逐步改变人们的生活、工作方式。在工业控制领域，微型计算机具有成本低、体积小、功耗小、可靠性高和使用灵活等特点，为实现计算机控制创造了良好的条件，其控制对象已从单一的工艺流程扩展到生产全过程的控制和管理。

微型计算机控制系统已成为工业控制的主流系统。微型计算机控制系统（以下简称微机控制系统）是以微型计算机为核心部件的自动控制系统或过程控制系统。它已取代常规的模拟检测、调节、显示、记录等仪器设备，具有较高级的计算和处理方法，使受控对象的动态过程按预定方式和技术要求进行，以完成各种控制、操作管理任务。

微机控制技术是计算机、控制、网络等多学科内容的集成。本章主要介绍微机控制系统的基本概念、组成及分类。

任务1　微型计算机控制系统的概念

任务要求：

1）理解开环控制系统、闭环控制系统的基本概念及区别；

2）掌握微机控制系统的硬件、软件组成及控制过程。

1. 微机控制系统的概念

自动控制系统是由控制器和控制对象两大部分组成。图1.1给出了按偏差进行控制的闭环控制系统框图。

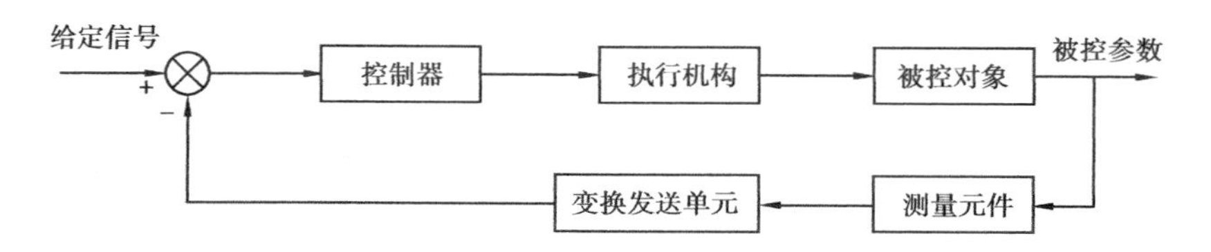

图1.1 闭环控制系统框图

图1.1中,控制器首先接受给定信号,根据控制的要求和控制算法,向执行机构发出控制信号,驱动执行机构工作;测量元件对被控对象的被控参数(温度、压力、流量、转速、位移等)进行测量:变换发送单元将被测参数变成电压(或电流)信号,反馈给控制器;控制器将反馈信号与给定信号进行比较。如有偏差,控制器就产生新的控制信号,修正执行机构的动作,使被控参数的值达到预定的要求。由于闭环控制系统能实时修正控制误差,它的控制性能好。

图1.2给出了开环控制系统框图。控制器直接根据控制信号去控制被控对象工作。被控制量在整个控制过程中对控制量不产生影响。它的控制性能比闭环控制系统差。

图1.2 开环控制系统框图

由以上两图可以看出,自动控制系统的基本功能是信号的传递、加工和比较。这些功能是由测量元件、变换发送单元、控制器和执行机构来完成的。控制器是控制系统中最重要的部分,它决定着控制系统的性能。

如果把图1.1中的控制器用微型计算机来代替,就可以构成微机控制系统,其基本框图如图1.3所示。在微机控制系统中,只要运用各种指令,就能编出各种控制程序。微机执行控制程序,就能实现对被控参数的控制。

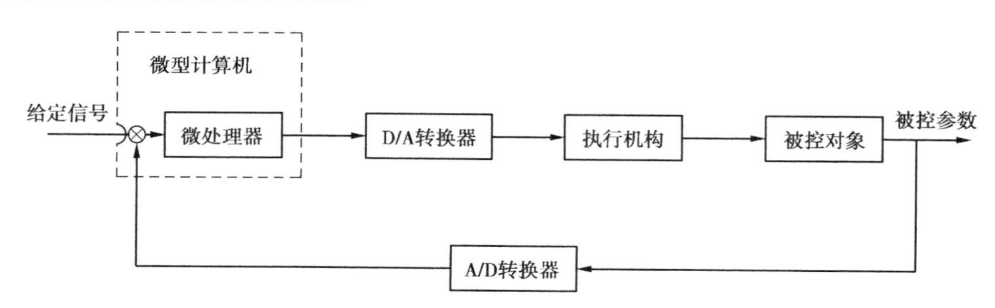

图1.3 计算机控制系统基本框图

在微机控制系统中,由于微机的输入和输出信号都是数字信号,而被控对象信号大多是模拟信号,因此需要有将模拟量转换为数字量的A/D转换器,以及将数字量转换为模拟量的D/A转换器和为了满足微机控制需要的信号调理电路。

微机控制系统的控制过程可归纳为以下步骤。

1)发出控制初始指令。

2)数据采集:对被控参数的瞬时值进行检测并发送给微机。

3)控制:对采集到的表征被控参数的状态量进行分析,并按给定的控制规律,决定控制过程,实时地对控制机构发出控制信号。

上述过程不断重复,整个系统就能够按照一定的品质指标进行工作,并能对被控参数和设备本身出现的异常状态及时监督并做出迅速处理。由于控制过程是连续进行的,微机控制系统通常是一个实时控制系统。

2.微机控制系统的组成

微机控制系统由微型计算机和被控制对象组成,如图1.4所示。微机多采用专门设计的工业控制微机,也有采用一般微机或单片机的。微型计算机由硬件和软件两部分组成。硬件是指计算机本身及外部设备实体,软件是指管理计算机的系统程序和进行控制的应用程序。控制对象包括被控对象、测量变换、执行机构和电气开关等装置。

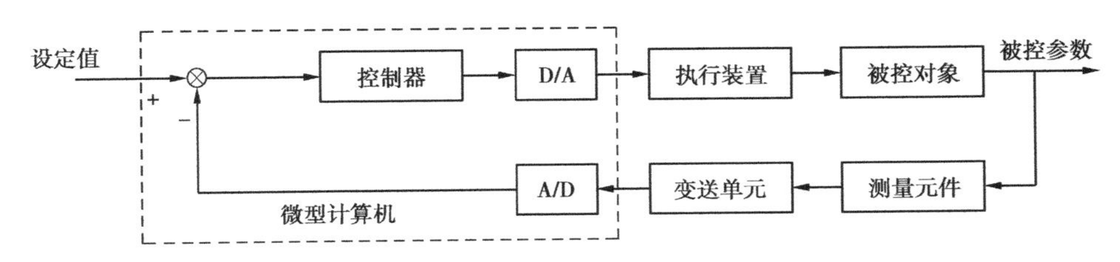

图1.4　微机控制系统

(1)硬件

硬件包括微型计算机、过程输入输出通道和接口、人机交互设备和接口、外部存储器等。

微机是微机控制系统的核心,其关键部件是CPU。由CPU通过接口接收人的指令和各种控制对象的参数,向系统各部分发送各种命令数据,完成巡回检测、数据处理、控制计算、逻辑判断等工作。

人机交互设备和接口包括操作台、显示器、键盘、打印机、记录仪等,是控制系统与操作人员之间联系的工具。

输入输出通道和接口是计算机和控制过程之间信息传递和变换的连接通道,它一方面将被控对象的过程参数取出,经传感器、变送器变换成计算机能够接收和识别的代码,另一方面将计算机输出的控制指令和数据,经过变换后作为操作执行机构的控制信号,实现对过程的控制。

输入输出通道一般分为:模拟量输入/输出通道、数字量输入/输出通道,开关量输入/输出通道。

外部存储器(外存)有磁盘、光盘、磁带等,主要用于存储系统大量的程序和数据。它是内存容量的扩充,可根据需要选用外存。

(2)软件

所谓软件是指能完成各种功能的计算机程序的总和。软件是微机控制系统的神经中枢,整个系统的工作都是在软件的指挥下进行协调工作的。软件由系统软件和应用软件组成。

系统软件一般由计算机生产厂家提供,是专门用来使用和管理计算机的程序,系统软件包括操作系统、监控管理程序、故障诊断程序、语言处理程序等。系统软件一般用不着用户设计，用户只要了解其基本原理和使用方法就可以了。

应用软件是用户根据要解决的实际问题而编写的各种程序。在微机控制系统中，每个控制对象或控制任务都有相应的控制程序，用这些控制程序来完成对各个控制对象的要求。这些为控制目的而编写的程序，通常称为应用程序。如 A/D、D/A 转换程序、数据采样、数字滤波、显示程序、各种过程控制程序等。这些程序的编写涉及对控制过程、控制设备、控制工具、控制规律的深入了解，才能编写出符合实际的效果好的应用程序。

微机控制系统硬件是基础，软件是灵魂，只有硬件和软件相互有机地配合，才能充分发挥计算机的优势，研制出完善的微机控制系统。

3. 微机控制系统的特点

微机控制系统和一般常规控制系统相比，具有以下突出特点：

1）技术集成和系统复杂程度高。微机控制系统是计算机、控制、电子、通信等多种高新技术的集成，是理论方法和应用技术的结合。由于控制速度快、精度高、信息量大，因此能实现复杂的控制，达到较高的控制质量。

2）控制的多功能性。微机控制系统具有集中操作、实时控制、控制管理、生产管理等多种功能。

3）使用的灵活性。由于硬件体积小、重量轻以及结构设计上的模块化、标准化，软件功能丰富，编程方便，系统在配置上有很强的灵活性。

4）可靠性高、可维护性好。由于采取了有效的抗干扰技术、可靠性技术和系统的自诊断功能，微机控制系统的可靠性高，而且可维护性好。

5）环境适应性强。由于控制用微机一般都采用工业控制机或专用微机，能适应高温、高湿、振动、灰尘、腐蚀等恶劣环境。

任务2　微机控制系统的分类

任务要求：

1）掌握不同的微机控制系统的工作特点、控制功能和系统结构；

2）掌握不同的微机控制系统之间的区别。

微机控制系统与其所控制的对象密切相关，控制对象不同，其控制系统也不同。下面根据微机控制系统的工作特点、控制功能和系统结构进行介绍。

1. 操作指导控制系统

操作指导控制（ODC）是指计算机的输出不直接用来控制生产对象，而只是对系统过程参数进行收集和加工处理，然后输出数据。操作人员根据这些数据进行必要的操作，其原理框图如图 1.5 所示。

在这种系统中，每隔一定的时间，计算机进行一次采样，经 A/D 转换后送入计算机进行加工处理，然后进行显示、打印或报警等。操作人员根据这些结果进行设定值的改变或必

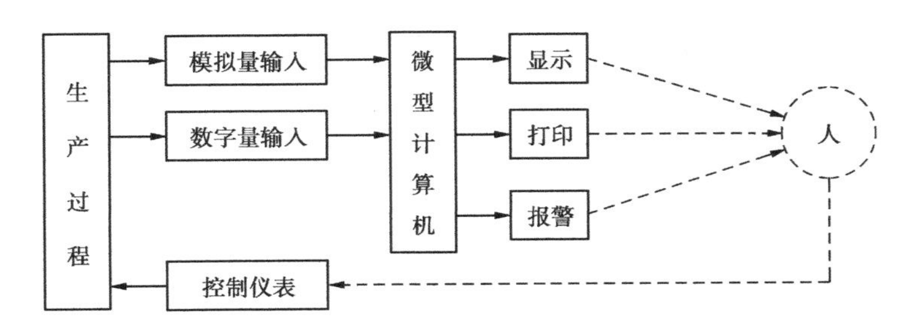

图 1.5　操作指导控制系统原理框图

要的操作。

该系统最突出的特点是比较简单,安全可靠。特别是对于未搞清控制规律的系统更为适用。常用于计算机控制系统的初级阶段,或用于试验新的数学模型和调试新的控制程序等。它的缺点是仍要人工进行操作,操作速度不可能太快,而且不能同时操作多个环节。它相当于模拟仪表控制系统的手动与半自动工作状态。

2. 直接数字控制系统

直接数字控制(Direct Digital Control,DDC)系统,是用一台微机对多个被控参数进行检测,检测的结果与设定值进行比较,并按照既定的控制规律进行控制运算,然后输出控制信号,实现对生产过程的直接控制。DDC 系统是计算机闭环控制系统,是计算机在工业生产过程中应用最普遍的一种方式。为了提高利用率,一台计算机有时要控制几个或几十个回路。DDC 系统原理框图如图 1.6 所示。

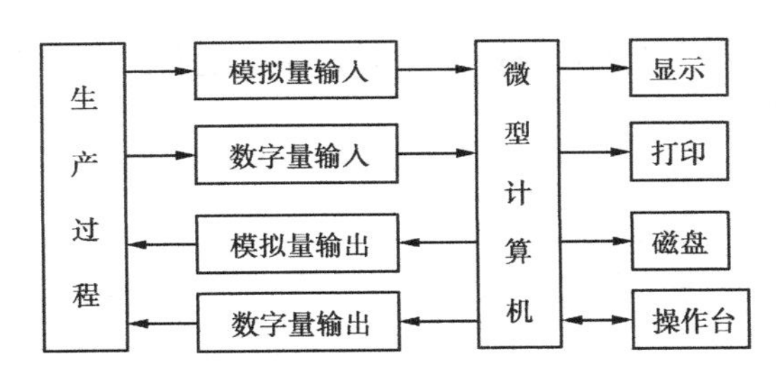

图 1.6　直接数字控制系统原理框图

3. 监督计算机控制系统

监督计算机控制(Supervisory Computer Control,SCC)系统。在 DDC 系统中,给定值是预先设定的,它不能根据生产过程工艺信息的变化对给定值进行及时修正,所以 DDC 系统不能使生产过程处于最优工作状态。SCC 系统是一个两级计算机控制系统,系统原理框图如图 1.7 所示。

在 SCC 系统中,其中 DDC 级微机完成生产过程的直接数字控制,SCC 级微机则根据生产过程的工况和已确定的数学模型,进行优化分析计算,产生最优化的给定值,送给 DDC 级执行。SCC 级微机承担高级控制与管理任务,要求数据处理功能强,存储容量大,一般采用高档微机。

如果把 SCC 系统中的 DDC 级使用模拟调节器,则构成了 SCC 系统的另一种结构形式。

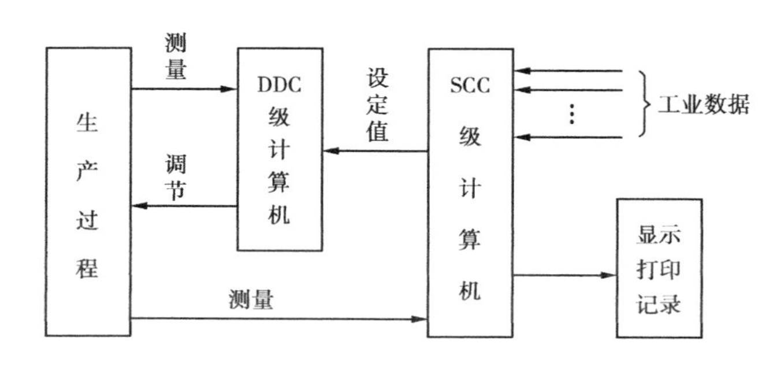

图 1.7 监督计算机控制系统原理框图

这种结构形式特别适合老企业的技术改造,既用上了原有的模拟调节器,又实现了最优给定值控制。

SCC 系统比 DDC 系统有着更大的优越性,可以更接近生产的实际情况,而当系统中的模拟调节器或 DDC 控制器出了故障时,可由 SCC 机完成模拟调节器或 DDC 的控制功能,大大提高了系统的可靠性。

但是,由于生产过程的复杂性,其数学模型的建立是比较困难的,因此 SCC 系统要达到理想的最优控制比较困难。

4. 分布控制系统

分布控制系统(Distributed Control System,DCS),也称集散控制系统或分散型控制系统。DCS 的基本思想是集中管理,分散控制。DCS 的体系结构特点是层次化,把不同层次的多种监测控制和计划管理功能有机地、层次分明地组织起来,使系统的性能大为提高。DCS 适用于大型、复杂的控制过程,我国许多大型石油化工企业就是依靠各种形式的 DCS 保证它们的生产优质高效连续不断地进行的。

DCS 从下到上可分为分散过程控制级、控制管理级、生产管理级等若干级,形成分级分布式控制,其原理框图如图 1.8 所示。

过程控制级用于直接控制生产过程。它由各工作站组成,每一工作站分别完成对现场设备的监测和控制,基本属于 DDC 系统的形式,但将 DDC 系统的职能由各工作站分别完成,从而避免了集中控制系统中“危险集中”的缺点。

控制管理级的任务是对生产过程进行监视与操作。它根据生产管理级的要求,确定分散过程控制级的最优给定量。该级能全面反映各工作站的情况,提供充分的信息,因此本级的操作人员可以据此直接干预系统的运行。

生产管理级是整个系统的中枢,具有制订生产计划和工艺流程以及产品、财务、人员的管理功能,并对下一级下达命令,以实现生产管理的优化。生产管理级可具体细分为车间、工厂、公司等几层,由局域网互相连接,传递信息,进行更高层次的管理、协调工作。

三级系统由高速数据通路和局域网两级通信线路相连。

DCS 的实质是利用计算机技术对生产过程进行集中监视、操作、管理和控制的一种新型控制技术。它是由计算机技术、信号处理技术、测量控制技术、通信网络技术相互渗透、发展而产生的。具有通用性强、控制功能完善、数据处理方便、显示操作集中、运行安全可靠等特点。

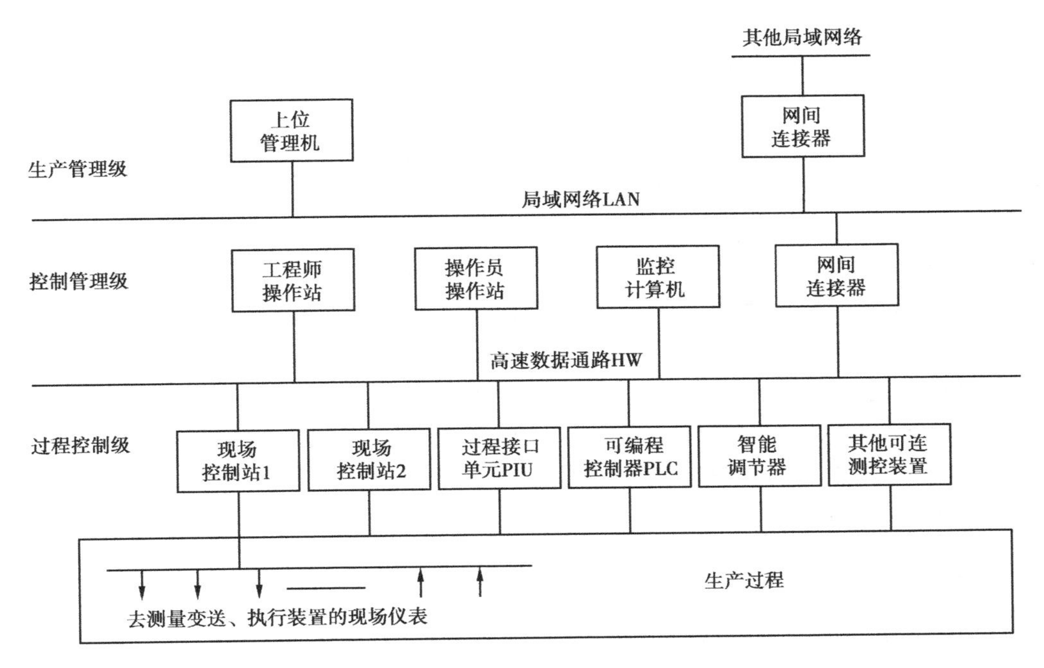

图 1.8　分布式控制系统原理框图

5. 现场总线控制系统

现场总线控制系统(Fieldbus Control System,FCS),是新一代分布式控制结构,如图 1.9 所示,已经成为工业生产过程自动化领域中的一个新热点。该系统采用工作站—现场总线智能仪表的两层结构模式,完成了 DCS 中三层结构模式的功能,降低了成本,提高了可靠性。

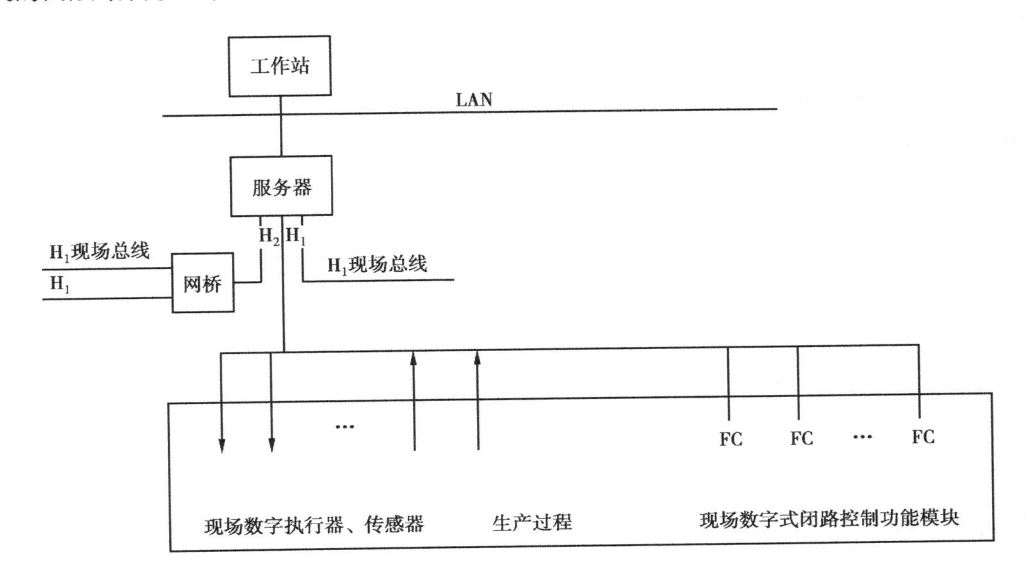

图 1.9　现场总线控制系统

FCS 的核心是现场总线。现场总线技术是 20 世纪 90 年代兴起的新一代控制技术,现场总线是连接智能现场设备和自动化系统的数字式、全分散、双向传输、多分枝结构的通信网络。

现场总线控制系统将组成控制系统的各种传感器、执行器和控制器用现场总线连接起来,通过网络上的信息传输完成各设备的协调,实现自动化控制。现场总线控制系统是一个开放式的互联网络。

FCS 具有全数字化的信息传输、分散的系统结构、方便的互操作性、开放的互联网络等显著特点,代表了今后工业控制发展的一种方向。

现场总线是一种工业数据总线,它是自动化领域中计算机通信体系最低层的低成本网络。它是以国际标准化组织(ISO)的开放系统互连(OSI)协议的分层模型为基础的。目前较流行的现场总线主要有 CAN(控制器局域网络)、LONWorks(局域操作网络)、PROFIBUS(过程现场总线)、HART(可寻址远程传感器数据通路通信协议)、FF(现场总线基金会)现场总线。

现场总线有两种应用方式,分别用代码 H_1 和 H_2 表示。H_1 方式是低速方式,主要用于代替直流 4 ~20 mA 模拟信号以实现数字传输,它的传输速率为 31.25 kb/s,通信距离为1 900 m(通过中继器可以延长),可支持总线供电,支持本质安全防爆环境。H_2 方式是高速方式,它的传输速率分为 1 Mb/s 和 2.5 Mb/s 两种,通信距离分别为 750 m 和 500 m。

6. 计算机集成制造系统

计算机集成制造系统(Computer Integrated Manufacturing System,CIMS)。CIMS 由决策管理、规划调度、监控、控制 4 个功能层次的子系统构成,实现管理控制的一体化模式。具体地说,决策层根据管理信息和生产过程的实时信息,发出多目标决策指令。规划调度层则按指令制定相应的生产计划并进行调度,通过监控层对控制层加以实施,使生产结构、操作条件在最短的时间得到调整,跟踪和满足上层指令。同时,生产结构和操作条件调整后的信息反馈到决策层,与决策目标进行比较,若有偏差,就修改决策,使整个系统处于最佳的运行状况。CIMS 是以企业的全部活动为对象,对市场信息、生产计划、过程控制、产品销售等进行全面统一管理,使其形成一个动态反馈系统,具有自己判断、组织、学习的能力。CIMS 是综合应用信息技术和自动化技术,通过软件的支持,对生产过程的物质流与管理过程的信息流进行有效的协调和控制,以满足新的市场模式下对生产和管理过程提出的高效率和低成本的要求。CIMS 实现了管理控制一体化。

任务 3　微机控制系统的发展趋势

任务要求:

了解微机控制系统的相关技术和发展趋势。

随着大规模和超大规模集成电路的发展,微机的性价比越来越高,微机应用领域不断扩展,微机控制系统的种类也越来越多。

1. 可编程序逻辑控制器

可编程序逻辑控制器(Programmable Logical Control,PLC)。PLC 实际上是一种应用于工业环境下的专用计算机系统,以其卓越的技术指标和优异的抗干扰性能得到了广泛的应用。

PLC 具有以下特点:

(1)可靠性高、抗干扰能力强

为了适应工业现场的恶劣环境,PLC 在软件和硬件方面采取了一系列措施,使其具有很强的抗干扰能力和较好的可靠性。

(2)编程容易

PLC 的编程采用了面向控制过程的梯形图语言,形象直观,易学易懂,甚至不需要计算机专门知识就可以进行编程。

(3)扩充方便、配置灵活

当前的 PLC 系统提供了各种不同功能的模块和控制单元,PLC 采用积木式结构,用户只需要简单地组合,就可以灵活地改变控制系统的功能和规模。因此可适用于任何控制系统。

(4)功能完善

PLC 发展到现在,不仅具有逻辑运算、算术运算、定时、计数等基本功能,还可提供许多高级功能,如数据传输、运动控制、矩阵处理、网络通信等,还可以用高级语言编程。

正因为 PLC 具有上述优点,PLC 广泛应用在冶金、机械、石油化工、纺织等各个工业领域,PLC 已成为工业自动化三大技术支柱之一。

2. 工业控制计算机

工业控制计算机是在原来个人计算机的基础上进行改造,使其在系统结构和功能模块方面更适合工业控制的需要。为了与个人计算机(PC)区别,称为 IPC。

20 世纪 80 年代发展起来的工业控制计算机系统是 STD 总线工业控制机。它采用了小板结构模块化设计,STD 总线模块的标准尺寸为 165.1 mm×114.3 mm ,这种小板结构在机械强度、抗震动等方面有优越性。每一块模块具有一个或两个功能,如 CPU 板、存储器板、开关量 I/O 板、电动机控制板等。用户可以根据控制的实际需要选择相应功能的模块,方便灵活,还降低了成本。采用 STD 总线设计的模板电气特性都有严格统一的标准,因此使得各厂家生产的模块具有很好的兼容性。为了适应工业控制的恶劣环境,STD 模板在印刷板布线、元器件老化筛选、电源的抗干扰性能等方面采取了很多保证措施,这些都大大提高了 STD 总线产品的可靠性。STD 总线产品还非常丰富,有上千种功能各异的模块可供选择。因此,STD 工业控制机得到了广泛应用。

随着生产发展的需要及电子技术的发展,STD 总线工业控制机已经不能满足工业控制的需要,因此,近年来又兴起了工业 PC 机。IPC 一方面继承了 PC 机丰富的软件资源,使其软件开发更加方便;另一方面它充分利用了 PC 的硬件和操作环境,采用了模块化的硬件板卡,能方便地组成各种控制系统。IPC 针对工业现场环境的应用,从机箱到硬件板卡,都采取了高可靠性设计,使其具有抗干扰能力强、可靠性高的特点。IPC 的生产厂家还提供硬件板卡的驱动程序,用户利用它可以开发满足自己需要的控制程序。

因为 IPC 具有与 PC 机相同的功能,所以 PC 机中使用的软件在 IPC 中均可使用。如 Windows、办公自动化软件(如 Word、Excel 等)、各种高级语言等。这样,IPC 不但可以完成控制功能,而且使得 IPC 的程序设计变得更加方便。如各种报表打印程序、数据处理曲线、工业控制流程图等图形处理程序的设计都变得简单。而且随着 PC 机的不断升级,IPC 也相应提高,如现在的 IPC,其 CPU 有 80386、80486、Pentium 等。

在工业领域中,许多传统的控制结构和方法已被计算机控制系统所取代。在实时控制、数据采集、监控、数据处理等方面,IPC 应用极为广泛。

3. 微机控制系统的发展趋势

随着微机控制技术的发展,新的控制理论和控制方法层出不穷,新的控制器件不断问世,发展前景非常光明。发展趋势有以下几个方面。

(1)成熟的先进技术得到更广泛的应用

采用微机控制技术后,可大大提高企业产品的质量和企业的管理水平,增强企业的市场竞争力。运用信息技术改造传统产业,给微机控制技术提供了广阔的市场。经过近十几年的发展,微机控制技术已经取得了很大的进步,许多技术已经成熟。它们是今后大力发展和推广的重点。主要有:普及应用 PLC,广泛使用智能化调节器,采用新型的 DCS 和 FCS。

(2)系统开放化

微机控制系统中的 DCS,用实现开放系统互连(OSI)来满足工厂自动化对各种设备(计算机、PLC、单回路调节器等)之间的通信能力加强的要求,可以方便地构成一个大系统。

开放化的关键是技术标准的统一。通信标准化 MAP/TOP(制造自动化协议/技术与办公协议)已获成功,已被世界各国所接受。因此,新型的 DCS 都采用开发系统的标准模型、通信协议或规程,以满足 MAP/TOP 的要求。

(3)系统小型化

随着大规模和超大规模集成电路的不断出现,功能强大、体积小巧、可靠性高、价格低廉的微机控制系统已受到用户的青睐,得到越来越广泛的应用。

(4)控制硬件、软件专业化生产

过去的控制硬件、软件一般是由用户自己研制开发编程,开发难度大,并有很多考虑不周全的地方,影响了控制效果。如今,有很多专业化的公司,集中了一批专业工程师,专门从事控制硬件、软件的开发,提供了很多产品供用户选择。用户只需根据需要进行选择,就可以方便地组成所需的硬件系统,再配置相应的控制软件,进行简单的二次开发,即可获得良好的控制效果。缩短了开发时间,节省了开发成本,提高了控制系统的可靠性。

(5)系统智能化

人工智能是用计算机模拟人类大脑的逻辑判断功能,人工智能的出现和发展,促进了自动控制向更高的层次发展,即智能控制。智能控制是一种无需人的干预就能够自主地驱动智能机器实现其目标的过程。其中具有代表性的两个领域是专家系统和机器人。

所谓专家系统实际上是计算机专家咨询系统,是一个存储了大量专门知识的计算机程序系统。不同的专家系统具有不同领域专家的知识。该系统将专家的知识分为事实和规则两个部分存储在计算机中以形成知识库,供用户咨询使用。

机器人是一种能模仿人类肢体功能和智能的计算机操作装置。目前已出现的机器人可以分为两类:工业机器人和智能机器人。工业机器人能代替人在工业生产线上不知疲倦地工作,能提高工作质量和生产效率,而且能从事人不宜干的工作,如有毒、有害的工作。目前,全世界有 10 多万个工业机器人在不同的工作岗位上工作着。

近年来,人们又致力于给机器人配置各种智能,使其具有感知能力、判断能力、推理能力等,出现了越来越灵巧聪明的智能机器人。它们具有观察力和判断力,能根据不同的环境,采取相应的决策来完成自己的任务。

随着计算机技术的发展，运用自动控制理论和控制技术来实现先进的计算机控制系统，必将大大推动科学技术的进步和提高工业自动化系统的水平。

技能训练　微机控制系统的参观认识

1. 训练目的与要求

参观考察一个实际的微机控制系统，建立对微机控制系统的认识。

2. 实训指导

1）认识理解微机控制系统的各组成部分；
2）结合所学理论知识，归纳该微机控制系统的类型；
3）画出该控制系统的框图；
4）指出框图中各部分的具体实现内容。

3. 实训报告

实训结束，应认真总结，写出实训报告，具体要求如下：
1）实训报告应包括实训名称、目录、正文、小结和参考文献五部分；
2）正文要求写明训练目的，基本原理，参数记录、实训过程及步骤、心得体会。

思考练习1

1. 微机控制系统由哪几部分组成？各有什么作用？
2. 操作指导、直接数字控制、计算机监督系统的工作原理是什么？它们之间的主要区别是什么？
3. 分布式控制系统的特点是什么？
4. 现场总线控制系统有哪些特点？
5. 微机控制系统的发展趋势是什么？

项目 2

输入输出通道接口技术

学习目标:

1)了解 A/D 转换器和 D/A 转换器的转换原理以及技术指标;

2)掌握单片机与常用的 A/D 转换器的接口方法;

3)掌握单片机与常用的 D/A 转换器的接口方法。

能力目标:

1)利用输入通道接口技术,掌握数据采集系统的设计;

2)利用输出通道接口技术,掌握微型计算机对常用外部设备的控制方法。

要在微型计算机控制系统中实现对工业对象和生产过程的控制,就要将对象的各种状态参数,经过测量按照计算机要求的方式送入微型计算机。计算机经过计算、处理之后,将结果以数字量的形式输出,然后经过相应的一系列输出变换,使输出量变成适合控制工业对象的量。因此,在计算机和工业对象之间,必须设置信息的传递和变换装置。这个装置就叫作输入输出通道,它们在微型计算机和工业对象之间起着连接纽带和桥梁的作用。

在工业现场,输入输出的信息既有模拟量,又有数字量,所以输入输出通道包括模拟量输入通道,模拟量输出通道,数字量输入通道和数字量输出通道。数字(或开关)量输入通道和输出通道的接口技术比较简单,在微型计算机原理教材中都有讲述。模拟量输入通道和模拟量输出通道对计算机控制系统来说非常重要,而且相对于数字量输入通道和输出通道,在应用上有一些特殊的问题需要解决,所以本项目重点介绍模拟量输入通道和模拟量输出通道。

任务 1　模拟量输入通道

任务要求:

1)了解模拟量输入通道各组成部分的工作原理;

2)掌握采样定理——香农定理在实际中的应用。

在工业生产过程中,被测参数如压力、流量、温度、液面高度等,一般都是随时间连续变化的非电物理量,通过传感器或敏感元件等检测元件和变送器,把它们转换为模拟电流或电压。由于计算机只能识别数字量,故模拟电信号必须通过模拟量输入通道转换为相应的数字信号,才能送入计算机。模拟量输入通道的任务，就是要把从控制对象检测得到的模拟信号，变换成二进制数字信号，经接口送入计算机。

1. 模拟量输入通道的一般组成

模拟量输入通道根据具体应用的不同，结构形式可以不同。一般来说，有单路模拟量输入通道和多路模拟量输入通道两种，而后者更具代表性。图2.1所示的是多路模拟量输入通道的一般组成框图。

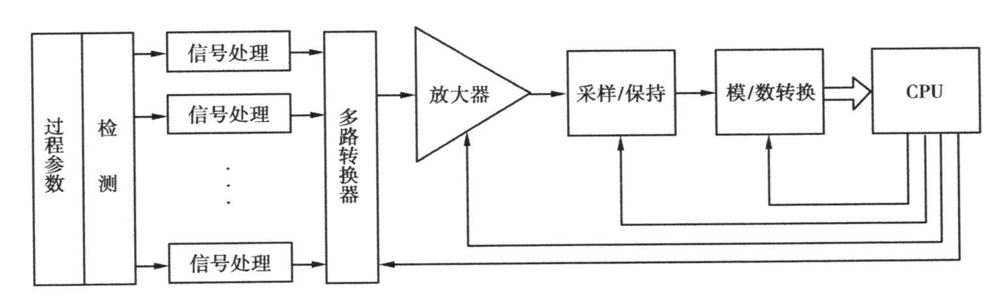

图2.1　多路模拟量输入通道的一般组成框图

外界各种非电参量通过检测元件或变送器转换为模拟电流或电压。由于检测元件、测量电路及变换原理的不同，传感器或变送器输出的电信号也不相同。因此，要对这些输入信号进行适当的处理才能满足微型计算机或A/D转换器的输入要求。在计算机控制系统中，信号处理的任务较多，包括小信号放大、信号滤波、信号衰减、阻抗匹配、电平变换、非线性补偿、电流/电压转换等。

在计算机测控系统中，通常有多路或多个参数需要进行采集和控制。因为微机运行速度非常快，而被测参数变化慢，所以可以用一个计算机对多路参数进行采集和控制。但在某一时刻，计算机只能对一路参数进行采集和控制。因此，可以通过模拟多路开关进行切换，使各路参数分时接到A/D转换器，然后送入计算机。

如果要把传感器传来的信号从毫伏级电平按比例地放大到典型的模/数转换器要求的输入电平，就要选用一个具有适当闭环增益的运算放大器。如果来自多个信号源的信号幅值相差悬殊，则可以设计一个可编程增益放大器，由计算机控制它的闭环增益。当模拟信号传输很长的距离时，信号源和模/数转换器之间的地电位差（即共模干扰）会给系统带来麻烦（即使传送距离短，有时也会出现这样的问题），为此，需采用仪表放大器或隔离放大器。

当被测信号变化较快时，往往要求通道比较灵敏，而A/D转换都要花一定的时间才能完成转换过程，这样就会造成一定的误差。这是因为转换所得的数字量不能真正代表发出转换命令的那一瞬间所要转换的数据电平。用采样/保持器对变化的模拟信号进行快速“采样”，并在转换过程中“保持”该信号。

2. 输入信号处理

输入信号处理的任务是将被测对象的输出信号变换成计算机要求的输入信号。输入信号处理的电路设置与传感器的选择、现场的干扰程度、测量通道的数量（单通道和多通道）及计算机输入信号（数字量和模拟量）等有关。对于不同的情况，输入信号处理的电路结构如图

2.2所示。

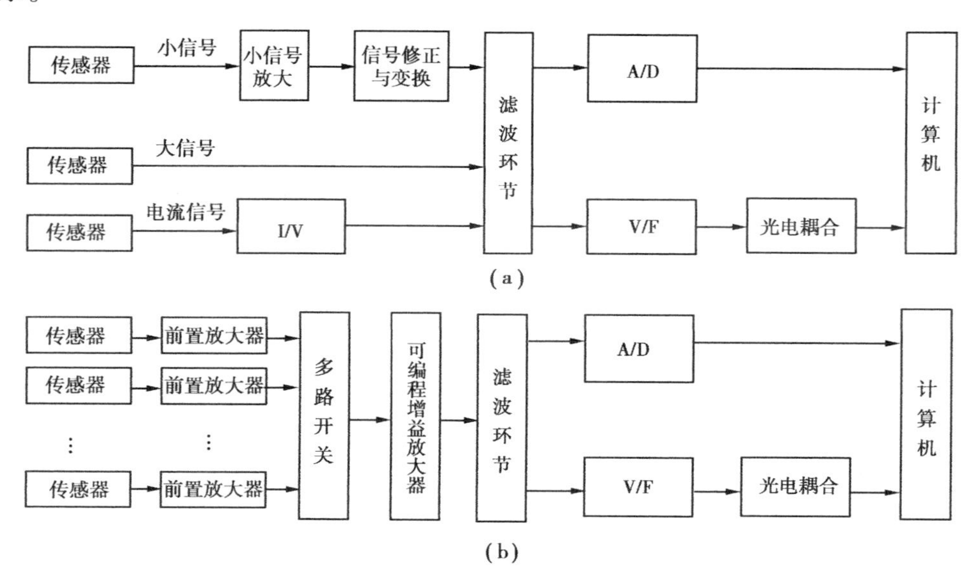

图2.2　输入信号处理的电路结构

(a)单路输入信号处理　(b)多路输入信号处理

单路小信号(电流或电压)必须经过小信号放大环节(见图2.2(a))。一般小信号放大环节可选择测量放大器。为了减少经过通道的耦合干扰,可采用隔离放大器。如果传感器安放的现场与计算机系统相距较远,则可选用小信号双线发送器芯片。

信号滤波是为了提高信噪比,除了硬件有源或无源滤波外,也可以通过软件实现数字滤波。对于大信号输出传感器,可以省去小信号放大。若是大电流输出,只需经简单的I/V转换即可;若是大信号电压,可以经A/D转换,也可以经V/F转换送入计算机,但后者的响应速度较慢。

输入通道的信号处理除了信号放大、滤波外,还有诸如零点校正、线性化处理、误差修正和补偿以及标度变换等信号处理任务,但这些任务通常都利用软件完成。

对于多通道数据采集系统的输入通道,必须设置多路开关,如图2.2(b)所示。为避免小信号通过模拟开关造成较大的附加误差,在传感器输出信号过小时,每个通道应设前置放大环节。在多路选择开关之后设置一个可编程增益放大器,利用计算机编程控制增益,以满足各通道对信号增益的要求。

3.采样和采样定理

(1)信号的采样

因为微机只接收数字量,所以只有把连续变化量离散化成数字量,才能被微机所接收。计算机数据采集系统按照分时的方式逐点对现场连续信号进行采集,从而把连续变化量变成离散的数字量,这个过程称为信号的采样。采样过程如图2.3所示。

一个时间连续的信号$f(t)$通过采样开关K进行采样(这个采样开关每隔一定的时间间隔T闭合一次)后,在采样开关的输出端形成一连串的脉冲序列信号$f^*(t)$。这些一连串不连续的脉冲序列信号$f^*(t)$就是采样信号。执行采样动作的开关K称为采样开关。$0, T, 2T, \cdots$,各时间点称为采样时刻，两次采样之间的时间间隔 T 称为采样周期。采样开关闭合的时间 τ 称为采样宽度。

采样信号在时间轴上是离散的，但在函数轴上仍然是连续的，因为连续信号的幅值变化，也反映到采样信号的幅值上，所以严格地说，采样信号仍然是连续信号。

对连续信号来说，任何时刻的数值都是已知的。经采样后，只能了解在采样时刻的瞬时值，但在各采样间隔之间的信号就丢失了。采样定理就是解决采样频率应如何选择才能保证无失真地恢复原始信号的问题。

从图2.3可以看出，一个连续变化的信号，经采样后形成一组脉冲序列。一般，采样的频率越高，离散后的信号 $f^*(t)$ 愈接近连续输入函数 $f(t)$。但是，如果采样频率太高，在实时控制系统中将会把许多宝贵的时间用于采样，从而失去了实时的控制机会。因此，如何确定采样频率，使采样结果 $f^*(t)$ 既不失真于 $f(t)$，又不致因采样过于频繁而耗费微机的时间，这就是下面要介绍的采样定理——香农(Shannon)定理。

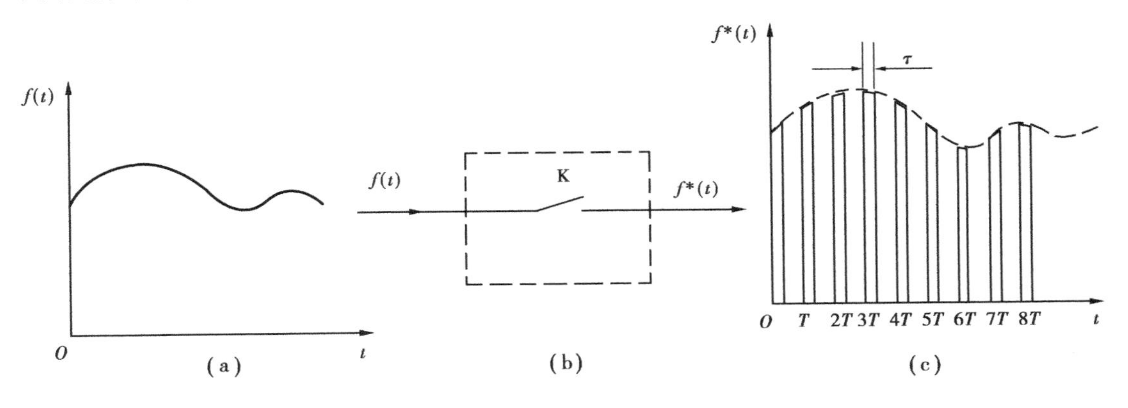

图2.3　采样过程

(a)被采样连续信号　(b)采样开关　(c)采样信号

由香农定理可知，如果随时间变化的模拟信号 $f(t)$ 的最高频率为 f_{max}，那么只要按照采样频率 $f \geqslant 2f_{max}$ 进行采样，则采样信号 $f^*(t)$ 就能无失真地恢复原连续信号 $f(t)$。

香农定理给出了实现采样信号完全恢复模拟信号的最小频率为 $f \geqslant 2f_{max}$ 的理论依据，但并未指出解决实际问题的条件与计算公式。在实际应用中，为了保证信号质量，选取的采样频率 f 总是比采样定理所指出的最小采样频率 $2f_{max}$ 大，一般而言，$f \geqslant (5 \sim 10)f_{max}$。习惯上以经验值来确定采样周期。在工程上，经常采用的经验数据见表2.1。

表2.1　采样周期的经验数据

被测参数	采样周期 T/s	备　注
流量	1～5	优先选用1～2 s
压力	3～10	优先选用6～8 s
液位	6～8	
温度	15～20	或纯滞后时间，串级系统：$T=\left(\frac{1}{4}\sim\frac{1}{5}\right)T$ 主环
成分	15～20	

(2)量化

所谓量化,就是用一组数码(如二进制码)来逼近离散模拟信号的幅值,将其转换为数字信号。为说明量化过程,举一个天平称物体质量的例子:砝码种类有 1 g,2 g,4 g,8 g,…,如果物体重 10.4 g,0.4 g 被舍去,则称得结果是 10 g。这个例子说明了采样信号和数字信号的差别。例中 10.4 g 相当于采样信号,而 10 g 则是数字信号。如果要称的物体质量是 10.6 g,则可称得结果为 11 g。这样一种小数归整的过程,即为量化。这样,数字信号和采样信号的差别,在于前者的幅值是断续的。若原始信号 $f(t)$ 幅值有微小变化,只要这个变化不超过量化单位(本例量化单位为 1 g),则量化后的数字信号可以不变。因此,量化过程可以视为“数值分层”的过程。图 2.4 所示的就是离散模拟采样信号量化过程的示意图。

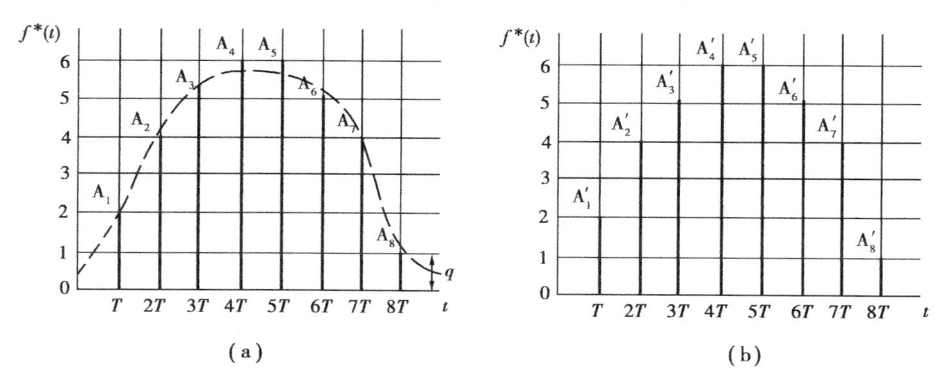

图 2.4 离散模拟采样信号量化过程示意图

(a)离散模拟采样信号 (b)量化

如图 2.4 所示,将离散模拟信号的变化范围分成若干层,每一层都由一个二进制数码来代表幅值最接近的那一层。例如,图 2.4(a)中所示的采样信号 A_1 为 1.8 V,则图 2.4(b)的 A'_1 的量化值为 2 V,用数字量 010 来代表;采样信号 A_3 为 5.3 V,则图 2.4(b)的 A'_1 的量化值为 5 V,用数字量 101 来代表。

数字计算机中的信号是以二进制数的代码来表示的,任何值只能表示成二进制数的整数倍。假设 $f_{\max}$ 和 $f_{\min}$ 分别为信号的最大值和最小值,则用字长为 i 的二进制数进行量化,量化单位是模/数转换器最低位二进制位(LSB)所代表的物理量,其值为

$$q = \frac{f_{\max} - f_{\min}}{2^i} = \frac{f_{\max} - f_{\min}}{m}$$

当 m 取定时,则有 $i = \log_2 m$(m 取最小正整数)。

量化误差 $\pm q/2$,在模/数转换器位数足够多的情况下,当经整量化而舍去的量足够小的时候,可以认为数字信号近似于采样信号。

4. 模拟多路开关

模拟多路开关又称多路转换器。模拟多路开关主要用在两个方面:①在多通道数据采样检测时,把多个模拟量参数分时地接通并送入 A/D 转换器,即完成多到一的转换,这叫多路开关;②把经由计算机处理,且由 D/A 转换器转换成的模拟信号按一定的顺序输出到不同的控制回路(或外部设备)中,即完成一到多的转换,这叫多路分配器,或反多路开关。

(1)模拟多路开关的分类

根据组成结构的不同,模拟多路开关有两大类,一类是机械触点式开关,如干簧继电器、水银继电器和机械振子式继电器;另一类是无触点电子式开关,如晶体管、场效应管以及集成电路开关等。机械触点式开关优点是接触电阻小,接点断开时阻抗高,工作寿命长,且不受外界环境温度的影响。在以前的计算机控制系统中,大多采用机械触点式开关。

随着大规模集成电路的发展,无触点电子式开关发展非常快。从组成开关的电路来看,有TTL电路、CMOS和HMOS电路等。有的芯片还能在其内部进行TTL与CMOS之间的电平转换(如CD4051),更加拓宽了芯片的使用环境。近几年来,无触点电子式开关在计算机控制和数据采集系统中得到了广泛的应用。

按用途来分,有单向多路开关和双向多路开关两类。单向多路开关只能做多路开关或反多路开关其中的一种用途,如AD7501(8路)、AD7506(16路);双向多路开关则既能做多路开关,又能做多路分配器,如CD4051。

按输入信号的连接方式来分,有的是单端输入,有的则允许双端输入(或差动输入)。如CD4051是单端8通道多路开关;CD4052是双端4通道模拟多路开关;CD4053则是典型的三重二通道多路开关。还有的能实现多路输入/多路输出的矩阵功能,如8816等。

(2)CD4051

CD4051是单端8通道双向多路开关,它有3个通道选择输入端A,B,C和一个禁止输入端INH(高电平禁止)。CD4051的引脚如图2.5所示。

图中的通道选择输入端C,B,A的信号用来选择8个通道之一的接通。INH=“1”,即INH=V_{DD}为高电平时,所有通道均断开,禁止模拟量输入;当INH=“0”,即INH=V_{SS}为低电平时,通道接通,允许模拟量输入。输入信号V_{IN}的电压范围可以在$V_{DD}\sim V_{SS}$之间,即$V_{SS}\leqslant V_{IN}\leqslant V_{DD}$。CD4051允许$V_{DD}$,$V_{EE}$,$V_{SS}$的电压范围为$-0.5\sim15$ V。所以,在使用时,用户可以根据自己的输入信号范围和数字控制信号的逻辑电平来选择V_{DD},V_{SS},V_{EE}的电压值。

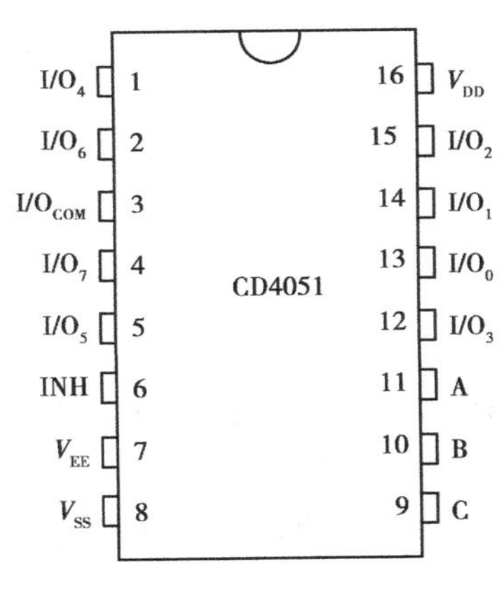

图2.5　CD4051的引脚

这种多路开关输入电平范围大,数字控制信号的逻辑1为3~15 V,模拟量峰-峰值可达15 V。二进制3-8译码器用来对选择输入端C,B,A的状态进行译码,使某一路接通,从而将输入和输出通道接通。

CD4051是双向模拟多路开关,要让它变成多路分配器,只要把输入信号与引脚3连接,改变C,B,A三个控制信号的值,即可使其与8个输出端的任何一路相通,完成一到多的分配。

5.采样/保持器

任何一种A/D转换器都需要用一定的时间来完成整个转换过程,而模拟量又常常是随时间变化的,因此,在转换过程中,如果模拟量产生变化,将引起转换误差,直接影响A/D转换器的转换精度。要保证转换的精度,解决的方法:①模拟输入信号的频率不能过高;②对于变化比较快、频率比较高的模拟输入信号,采取一定的措施。在工业生产过程中,有很多变化比较快的模拟量,而且还经常要对多个通道的模拟输入量进行分时采样,这就要求输入到A/D转换器的模拟量在整个转换过程中保持不变,但转换之后,又要求 A/D 转换器的输入信号能够跟随模拟量变化。上述任务的完成要依靠一种叫做采样/保持器(Sample/Hold,简写为 S/H)的器件。

(1)采样/保持器的工作原理

采样/保持器的基本组成电路图如图 2.6 所示。

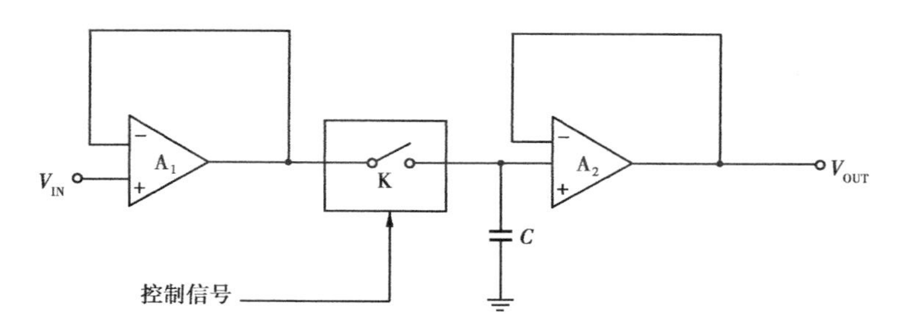

图 2.6 采样/保持器的基本组成电路

从图 2.6 中可以看出,S/H 一般由模拟开关、储能元件(电容)和缓冲放大器组成。S/H 有两种工作方式,一种是采样方式,另一种是保持方式。采样/保持过程的示意曲线图如图2.7 所示。

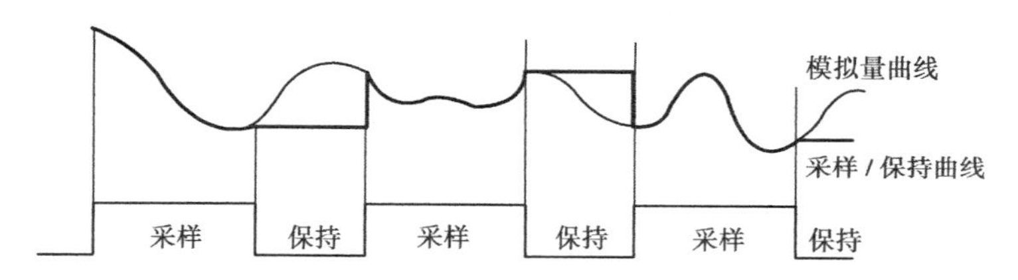

图 2.7 采样/保持过程的示意曲线

在采样方式中,控制开关 K 闭合,输入信号通过电阻向电容 C 充电,采样/保持器的输出跟随模拟量输入电压变化。通常,要求充电时间越短越好,以使电容电压迅速达到输入电压值。在保持状态时,开关 K 断开,采样/保持器的输出为电容 C 上的电压,直到再度发出采样命令时为止。通常在保持方式下,希望电容 C 维持稳定的电压的时间越长越好。在进入新的采样方式下时,采样/保持器的输出重新跟踪输入信号变化,直到下一个保持命令到来时为止。

(2)常用的采样/保持器

常用的采样/保持器有美国国家半导体公司的 LF198/298/398 以及美国 AD 公司的 AD582,AD585,AD346,AD389,ADSHC-85 等。下面就以 LF398 为例,介绍集成电路 S/H 的工作原理,其他集成电路 S/H 的原理与其大致相同。图 2.8 所示的就是 LF398 的引脚及原理图。

LF398 是由双极型绝缘栅场效应管组成的采样/保持电路。它具有采样速度快,保持下降速度慢,以及精度高等特点。电容 C 外接,大小取决于维持时间的长短。LF398 有两个逻辑控制输入端,用来控制采样和保持,具有低输入电流的差动输入,允许直接与 TTL,PMOS,CMOS 电平相连,其门限值为 1.4 V。当 logic reference(逻辑参考)输入端接地时,控制电平与 TTL 兼容。LF198/LF298/LF398 芯片各引脚功能如下:

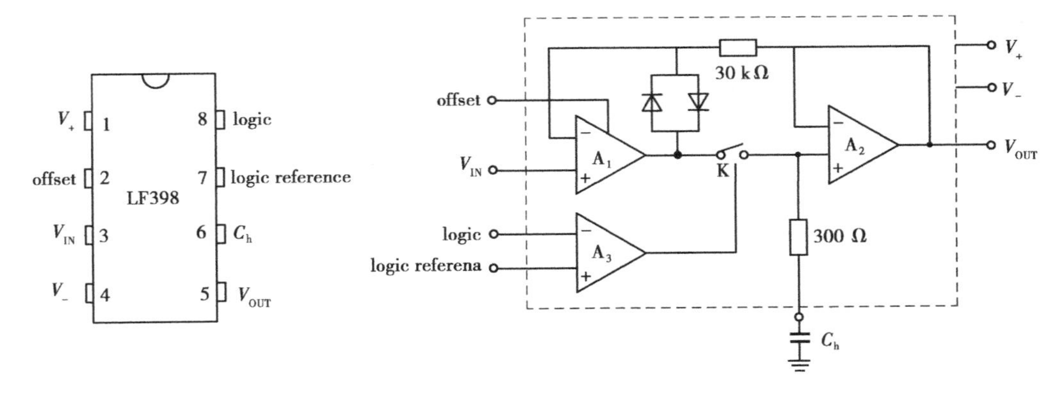

图2.8　LF398的原理及引脚图

- V_{IN}:模拟量电压输入。
- V_{OUT}:模拟量电压输出。
- logic 和 logic reference:逻辑及逻辑参考电平,用来控制采样/保持器的工作方式。当引脚8为高电平时,通过控制逻辑电路 A_3 使开关K闭合,电路工作在采样状态。反之,当引脚8为低电平时,则开关K断开,电路进入保持状态。逻辑参考端可以直接接地,然后,在引脚8端用一个逻辑电平控制。
- offset:偏差调整引脚。可用外接电阻调整采样/保持器的偏差。
- C_h:保持电容引脚,用来连接外部保持电容。
- V_+,V_-:采样/保持电路电源引脚。电源变化范围为±5~±18 V。

任务2　模拟量输入通道接口技术

任务要求:

1)了解A/D转换器的基本工作原理;

2)熟悉A/D转换器的主要技术参数;

3)掌握常用的A/D转换器与单片机的接口方法及编程方法。

模拟量输入通道的任务是将模拟量转换成数字量,能够完成这一任务的器件,称之为模/数转换器,简称A/D转换器。

1. A/D转换原理及主要参数

(1) A/D转换器的转换原理

A/D转换的常用方法有:①计数器式A/D转换;②逐次逼近型A/D转换;③双积分式A/D转换;④V/F变换型A/D转换;⑤并行A/D转换。

在这些转换方式中,计数器式A/D转换线路比较简单,但转换速度较慢,已基本被淘汰。双积分式A/D转换精度高,多用于数据采集及精度要求比较高的场合,如5G14433($3\frac{1}{2}$位)等,但转换速度很慢。V/F变换型A/D转换器主要应用在远距离串行传送。并行A/D转换电路复杂,成本高,只用在一些对转换速度要求较高的场合。逐次逼近型 A/D 转换既照顾了转换速度,又具有一定的精度,所以是目前应用较多的一种 A/D 转换器结构。这里就逐次逼近型 A/D 转换原理作一介绍,其框图如图 2.9 所示。

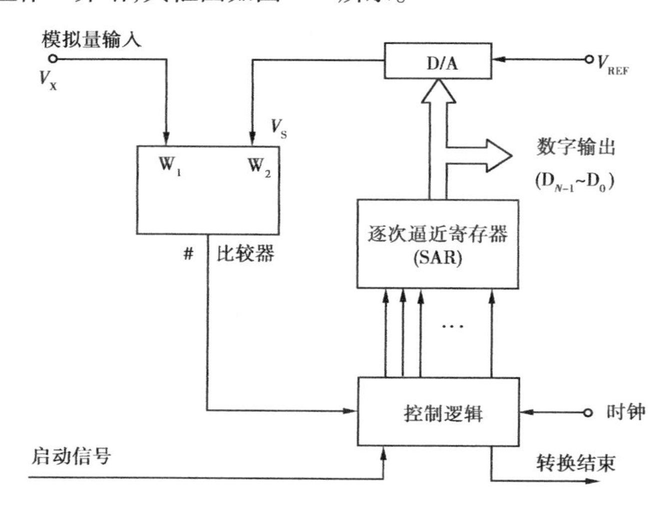

图 2.9　逐次逼近型 A/D 转换原理

如图 2.9 所示,这种转换器的主要结构是以 N 位 D/A 转换为主,加上比较器、N 位逐次逼近寄存器、控制逻辑及时钟四部分组成。

这种转换器的转换原理如下:

转换开始时,将逐次逼近寄存器清零,这时 D/A 转换器输出电压 V_S 也为 0。当 A/D 转换器接到启动脉冲后,在时钟的作用下,控制逻辑首先使 N 位逐次逼近寄存器的最高位 D_{N-1} 置 1(其余 $N-1$ 位均为 0),经 D/A 转换器转换后,得到一个模拟输出电压 V_S。把这个 V_S 与输入的模拟量 V_X 在比较器中进行比较,由比较器给出比较结果。当 $V_X \geqslant V_S$ 时,保留最高位 D_{N-1} 为 1;否则,该位清零。然后,再把 D_{N-2} 位置 1,与上一位 D_{N-1} 一起进入 D/A 转换器,经 D/A 转换后得到的模拟输出电压 V_S 再次与模拟量 V_X 进行比较,由 $V_X \geqslant V_S$ 或 $V_X < V_S$ 决定是保留这一位的 1,还是清零。如此继续下去,经过 N 次比较,直至最后一位 D_0 比较完成为止。此时,N 位逐次逼近寄存器中的数字量即为模拟量所对应的数字量。当 A/D 转换结束后,由控制逻辑发出一个转换结束信号,以便告诉微型计算机,转换已经结束,可以读取数据。

逐次逼近型 A/D 转换这种比较方法对于一个 N 位 A/D 转换器来讲,只需比较 N 次,就可以转换成对应的数字量,因而转换速度比较快。正因如此,目前相当多的 A/D 转换器都采用这种转换方法。如 8 位的 A/D 转换器 ADC0809;12 位的 A/D 转换器 AD574 等。

(2)A/D 转换器的主要参数

1)分辨率　分辨率是指能对转换结果发生影响的最小输入量。分辨率越高,转换时对输入模拟信号变化的反应就越灵敏。A/D 转换器的分辨率通常用数字量的位数来表示,如 8 位、10 位、12 位、16 位等。分辨率为 8 位,表示它可以对满量程的 $\frac{1}{2^8}$ 的增量做出反应。因此,N 位二进制数的最低位具有的权值就是它的分辨率。

2)量程　即所能转换的电压范围,如 0 ~ 10 V、0 ~ 5 V 等。

3)精度　有绝对精度和相对精度两种表示方法。绝对精度是指在整个刻度范围内,任一输入数码所对应的模拟量实际输出值与理论值之间的最大误差。常用数字量的位数作为度量绝对精度的单位,如精度为最低位 LSB 的 ±1/2 位,即 $\pm\frac{1}{2}$LSB。如果满量程为 10 V,则 12 位绝对精度为 4.88 mV。相对误差是用最大误差相对于满刻度的百分比表示的。精度和分辨率的不同在于:精度是指转换后所得结果相对于实际值的准确度,而分辨率指的是能对转换结果发生影响的最小输入量。如满量程为 10 V 时,其 10 位分辨率为 9.77 mV。但是,即使分辨率很高,也可能由于温度漂移、线性不良等原因而并不具有很高的精度。

4)转换时间　转换时间是指 A/D 转换器从转换控制信号到来开始,到输出端得到稳定的数字信号所经过的时间。逐次逼近式单片 A/D 转换器转换时间的典型值为 1.0 ~ 200 μs。

5)输出逻辑电平　多与 TTL 电平配合。在考虑数字量输出与微处理器数据总线的关系时,应注意是否要用三态逻辑输出,是否要对数据进行锁存等。

6)工作温度范围　由于温度会对运算放大器和电阻网络产生影响,故只有在一定温度范围内才能保证额定精度指标。较好的转换器件工作温度为 -40 ~ +85 ℃,比较差的只有 0 ~ 70 ℃。

7)对基准电源的要求　基准电源的精度将对整个系统的精度产生影响,故选片时应考虑是否要外加精密参考电源等。

2. A/D 转换器及其接口技术

虽然 A/D 转换器的种类很多,但无论哪一种型号的 A/D 转换器,也不管其内部结构怎样,其外部的引脚总有一些共性,比如模拟信号输入引脚、数字信号输出引脚、启动转换信号引脚和转换结束引脚等。因此,在将 A/D 转换器与微型计算机接口连接时,首先必须解决好这些引脚连接时的一些技术问题,主要有以下几个方面。

(1)模拟量输入信号的连接

1)输入极性与量程的选择　A/D 转换器所要求接收的模拟量大都为 0 ~ 5 V 的标准电压信号。但是有些 A/D 转换器的输入除允许单极性外,也可以是双极性,用户可通过改变外接线路来改变量程。有的 A/D 转换器还可以直接拾取传感器的输出信号。

2)输入通道的选择　由于工业现场中经常有多个模拟输入信号,在系统的模拟量输入通道中,单通道输入方式较少,更多的是多通道输入方式。在计算机控制系统中,多通道输入有两种方法:一种是采用多路开关与单通道 A/D 芯片组成多通道,有些还要接入采样/保持器;另一种方法是直接采用带多路开关的 A/D 转换器,如 ADC0809 等。

(2)数字量输出引脚的连接

A/D 转换器芯片一般有两种输出方式:一种是芯片的数字量输出端具有可控的输出三态门,可直接与系统总线相连,在转换结束后,CPU 通过执行一条输入指令产生读信号,选通三态门,将数据从 A/D 转换器取走。

另一种是芯片的数字量输出端无输出三态门,或者虽然有,但输出三态门不受外部控制,而是由转换电路在转换结束时自动选通的。对于这种 A/D 转换器来说,不能直接与系统总线相连,一般要通过锁存器或 I/O 接口与微型计算机相连。常用的接口及锁存器有 Intel8155,8255 以及 74LS273,74LS373,8212 等。

(3)启动信号的产生

任何一个 A/D 转换器在开始转换前,都必须经过启动,才能开始转换工作。不同的芯片,启动信号也不相同。A/D 转换器的启动信号有两种:脉冲启动信号和电平启动信号。

脉冲启动型的 A/D 转换器芯片,只要在启动转换输入引脚引入一个启动脉冲即可。电平启动转换的 A/D 转换器芯片,就是在 A/D 转换器的启动引脚上加上要求的电平,才开始 A/D 转换。在整个转换过程中,必须保持这一电平,否则将停止转换。因此,在这种启动方式下,启动电平必须通过锁存器保持一段时间。

(4)转换结束后的数据读取处理

当 A/D 转换器接收到 CPU 发出的一个启动信号后,A/D 转换器就开始转换,这个转换需要一定的时间。当转换结束时,A/D 转换器芯片内部的转换结束触发器置位。同时输出一个转换结束标志信号,通知微型计算机读取转换的数据。

一般来说,微型计算机可以有通过中断、查询、软件延时三种方式来联络 A/D 转换器以实现对转换数据的读取。

(5)参考电平的连接

在 A/D 转换器中,参考电平的作用是供给其内部 D/A 转换器的标准电源。它直接关系到 A/D 转换的精度,因而对该电源的要求比较高,一般要求由稳压电源供电。

在一些单、双极性模拟输入量都可以接收的 A/D 转换器中,参考电源往往有两个引脚:$V_{REF(+)}$和 $V_{REF(-)}$。根据模拟量输入信号极性的不同,这两个参考电源引脚的接法也不同。当模拟量信号为单极性时,$V_{REF(-)}$端接模拟地,$V_{REF(+)}$端接参考电源正端。当模拟量信号为双极性时,则 $V_{REF(+)}$端和 $V_{REF(-)}$端分别接至参考电源的正、负极性端。

(6)时钟信号的连接

影响 A/D 转换器的转换速度的一个重要因素就是转换器的时钟信号。时钟信号的频率是决定芯片转换速度的基准。时钟信号参与了整个 A/D 转换过程。

(7)接地问题

在包括 A/D 转换器组成的数据采集系统中,有许多接地点。这些接地点通常被看做逻辑电路的返回端(数字地)、模拟公共端(模拟电路返回端)模拟地。在连接时,必须将模拟电源、数字电源分别连接,模拟地和数字地也要分别连接。有些 A/D,D/A 转换器还单独提供了模拟地和数字地接线端,两种“地”各有独立的引脚。在连接时,应将这两种接地引脚分别接至系统的数字地和模拟地上,然后,再把这两种“地”用一根导线连接起来。在整个系统中仅有一个共地点,这种做法避免了形成回路,防止数字信号通过数字地线干扰微弱的模拟信号。正确的地线连接方法如图 2.10 所示。

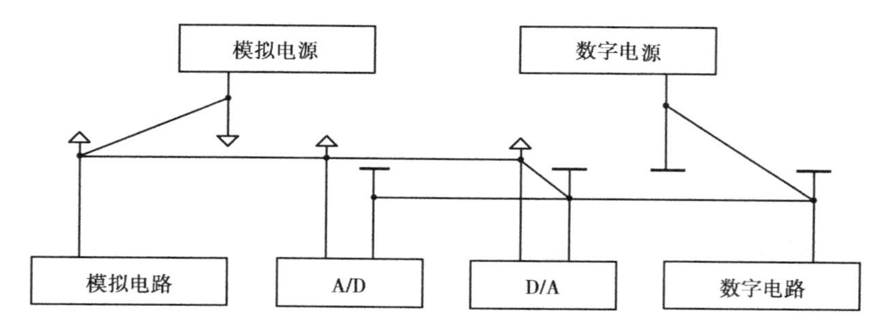

图 2.10 正确的地线连接方法

3. A/D 转换器的应用实例

A/D 转换器在应用中的设计包括接口电路部分的硬件设计和完成转换功能的软件程序设计。硬件设计主要指的是接口电路的设计，这在前面已经介绍过。为了按要求完成 A/D 转换功能，还必须进行相应的软件程序设计。

A/D 转换器的程序设计主要分三步：①启动 A/D 转换；②查询或等待 A/D 转换结束；③读出转换结果。在程序设计时要充分结合硬件电路中 A/D 转换器的特点和实际应用的要求。对于 8 位 A/D 转换器，一次读数即可。一旦位数超过 8 位，则要分两次（或三次）读入。在这里结合实际的 8 位和 12 位 A/D 转换器来对 A/D 转换器的应用方法作一介绍。

(1) 8 位 A/D 转换器 ADC0809 的应用

1) ADC0808/0809 的电路组成及转换原理

ADC0808/0809 是一个 8 位 8 通道的 A/D 转换器，由 CMOS 电路组成，转换方法采用逐次逼近型。ADC0808/0809 转换器的结构原理框图和引脚图，如图 2.11 所示。

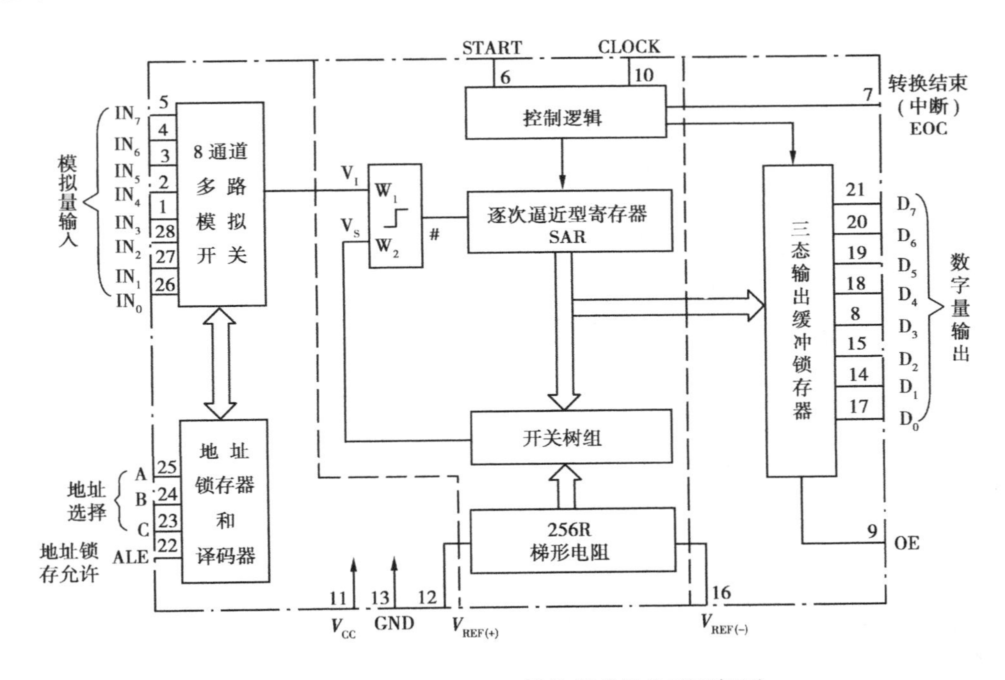

图 2.11　ADC0808/0809 转换器的结构原理框图

如图 2.11 所示，ADC0808/0809 转换器芯片的内部主要由一个 8 位逐次逼近式 A/D 转换器和一个 8 路的模拟转换开关以及相应的通道地址锁存与译码电路两部分组成。

由于多路开关的地址输入部分能够进行锁存和译码，而且内部有三态输出数据锁存器，所以 ADC0808/0809 可以与微型计算机接口直接相连。这种转换器芯片无需进行零位和满量程调整。

2) ADC0808/0809 的引脚功能

根据图中所示，ADC0808/0809 的引脚功能如下：

- $IN_7 \sim IN_0$：8 个模拟量输入端。

• START:启动信号。当 START 引脚来一个正脉冲,在脉冲的下降沿启动 A/D 转换。

• EOC:转换结束信号。当 A/D 转换结束后,发出一个正脉冲,表示 A/D 转换完毕。此信号可用做 A/D 转换是否结束的检测信号,或向 CPU 申请中断的信号。

• OE:输出允许信号。当此信号为高电平有效时,允许从 A/D 转换器的锁存器中读取数字量。此信号可作为 ADC0808/0809 的片选信号。

• CLOCK:实时时钟信号,可通过外接 RC 电路改变时钟频率。频率范围 10 ~ 1 280 kHz。

• ALE:地址锁存允许,上升沿有效。当 ALE 为上升沿时,允许 C,B,A 所示的通道被选中,并把该通道的模拟量接入 A/D 转换器。

• C,B,A:模拟通道号地址选择输入端。C 为最高位,A 为最低位。

• $D_7 \sim D_0$:数字量输出端。

• $V_{REF(+)}$,$V_{REF(-)}$:参考电压端子。用以提供 D/A 转换器权电阻的标准电平。对于一般单极性模拟量输入信号,$V_{REF(+)}$为 +5 V,$V_{REF(-)}$为 0 V。

• V_{CC}:电源端子。接 +5 V。

• GND:接地端。

3) ADC0808/0809 的工作时序图

ADC0808/0809 的工作时序图如图 2.12 所示。

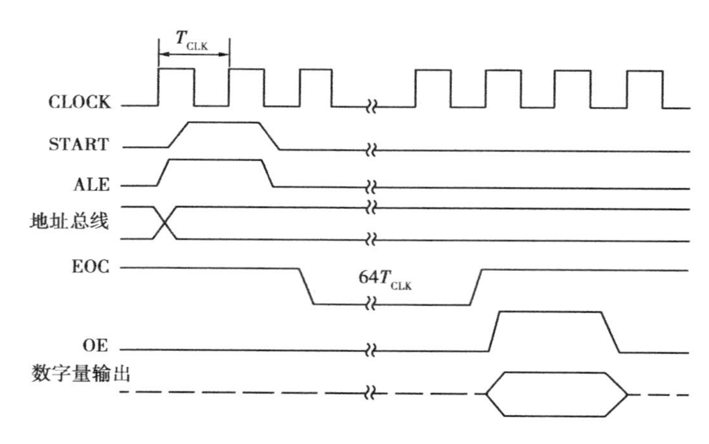

图 2.12　ADC0808/0809 的工作时序图

从图 2.12 可以看出,ALE 是地址锁存选通信号。该信号上升沿把地址状态选通入地址锁存器。该信号也可以用来作为开始转换的启动信号,但此时要求信号有一定的宽度,典型值为 100 ns,最大值为 200 ns。START 为启动转换脉冲输入端,其上跳变复位转换器,下降沿启动转换,该信号宽度应大于 100 ns,它也可由程序或外部设备产生。若希望自动连续转换(即上次转换结束又重新启动转换)则可将 START 与 EOC 短接。EOC 转换结束信号从 START 信号上升沿开始经 1 ~ 8 个时钟周期后由高电平变为低电平,这一过程表示正在进行转换。每位转换要 8 个时钟周期,8 位共需 64 个时钟周期,若时钟频率为 500 kHz,则一次转换要 128 μs。该信号也可作为中断请求信号。CLOCK 是时钟信号输入端,最高可达 1 280 kHz。

启动脉冲 START 和地址锁存允许脉冲 ALE 的上升沿将地址送给地址总线,经 C,B,A 选择开关所指定的通道的模拟量被送至 A/D 转换器。在 START 信号下降沿的作用下,逐次逼近过程开始,在时钟的控制下,一位一位地逼近。此时,转换结束信号 EOC 呈低电平状态。由于逐次逼近需要一定的过程，因此，在此期间内，模拟输入值经采样保持器维持不变。比较器需一次一次地进行比较，直到转换结束（EOC 呈高电平）。此时，若计算机发出一个允许命令（OE 呈高电平），即可读出数据。

4）ADC0809 与 MCS-51 单片机的接口

ADC0809 与 MCS-51 单片机的接口电路比较简单，其典型的接口电路如图 2.13 所示。

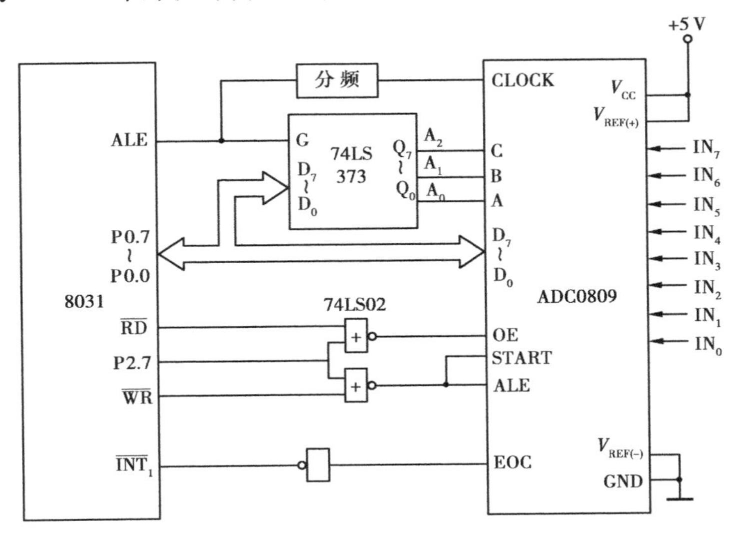

图 2.13　ADC0809 与 MCS-51 单片机的接口电路

如图 2.13 所示，模拟信号输入 IN_0 ~ IN_7通道的地址为 7FF8H ~ 7FFFH。锁存通道地址和启动转换可用下列指令完成：

```
MOV     DPTR,#7FF8H       ;送入 ADC0809 的口地址,选定 IN0 通道
MOVX    @DPTR,A           ;启动转换
```

注意：通道地址锁存和启动转换必须执行片外端口写操作指令来实现，原因是锁存通道地址和启动转换都是通过 8031 的$\overline{WR}$信号进行控制的。此处累加器 A 中的内容与 A/D 转换无关，可为任意值。

对转换结果的读取，必须在确定一次转换结束后，通过控制 ADC0809 的 OE 引脚，方可从 ADC0809 的数字量输出引脚获取。电路中 8031 的 P2.7 和$\overline{RD}$引脚相或非后连至 ADC0809 的 OE，所以通过下列指令可以实现读取转换结果。

```
MOV     DPTR,#7FF8H       ;送入 ADC0809 输出允许口地址
MOVX    A,@DPTR           ;读入转换结果
```

这两条指令在执行过程中，送出 ADC0809 有效的输出允许口地址的同时，发出$\overline{RD}$有效信号，使 ADC0809 的输出允许信号 OE 有效，从而打开三态门使结果数据从数字量输出引脚上送给累加器 A。

5）ADC0809 转换程序设计

ADC0809 与单片机接口的转换程序设计，根据硬件接口电路的不同可以分为三种方式：中断方式、查询方式和软件延时方式。设待转换的数据放在片内数据存储器 50H 处，下面逐一进行介绍。

A. 中断方式

由图 2.13 可见,ADC0809 的 EOC 脚经过一个非门连接到 8031 的$\overline{INT}_1$脚上。下面是一段采用中断方式,分别对 8 路模拟信号轮流采样一次,并依次把结果存放到片内数据存储器 50H 开始的单元中的程序,由电路可知 ADC0809 的 IN_0通道地址为 7FF8H。

具体程序如下:

主程序:

```
        ORG     0000H
        LJMP    MAIN
        ORG     0013H
        LJMP    PINT1
MAIN:   MOV     R1,#50H         ;R1 指向转换结果存放区首址
        SETB    IT1             ;外部中断 1 初始化
        SETB    EA
        SETB    EXl
        MOV     DPTR,#7FF8H     ;DPTR 指向 ADC0809 的 IN0 通道地址
        MOVX    @DPTR,A         ;启动转换
        MOV     30H,DPH         ;保护 DPTR
        MOV     31H,DPL
                …
```

中断服务程序:

```
PINTl:  MOV     DPH,30H         ;恢复 DPTR
        MOV     DPL,31H
        MOVX    A,@DPTR         ;读取转换结果
        MOV     @R1,A           ;结果存入结果数据区
        INC     DPTR            ;指向下一个通道
        CJNE    Rl,#57H,LLl     ;是否 8 次转换完成? 未完成,转 LL1
        MOV     DPTR,#7FF8H     ;完成,则重新再赋 8 次转换的初值
        MOV     Rl,#4FH
LLl:    MOV     30H,DPH         ;保护 DPTR
        MOV     31H,DPL
        INC     R1              ;修改结果数据区指针
        MOVX    @DPTR,A         ;启动转换
        RETI
```

B. 查询方式

对于采用查询方式时,则需要把 EOC 与 8031 一条 I/O 口线相连。本例中用 P3.3 连 EOC,因此, 8031 通过对 P3.3 的状态进行不断的查询,来判断 A/D 转换是否结束。实现查询方式的具体程序如下:

```
MAIN:   MOV     R1,#50H         ;置转换结果存放数据区首址
        MOV     DPTR,#7FF8H     ; DPTR 指向 ADC0809 的通道 IN0 地址
        MOV     R7,#08H         ;置转换通道数
```

```
LOOP:MOVX   @DPTR,A        ;启动A/D转换
WAIT:SETB   P3.3           ;未转换完,继续查询
     JNB    P3.3,WAIT
     MOVX   A,@DPTR        ;读取转换结果
     MOV    @R1,A          ;转换结果存入结果数据区
     INC    DPTR           ;指向下一个通道
     INC    R1             ;修改结果数据区指针
     DJNZ   R7,LOOP        ;8路模拟信号是否都已转换完成?
     SJMP   $
```

C. 软件延时方式

对于一种A/D转换器来说,转换时间作为一项技术指标是明确的。假设8031系统时钟为6 MHz,则ADC0809的时钟是由8031的ALE经过二分频后获得,其转换时间大致为128 μs。因此,启动转换后,通过执行一段时间超过128 μs的延时程序后,接着就可读取转换后的结果数据。读者可根据工作原理试着写出具体程序。

注意:采用软件延时方式时,程序中没有涉及对ADC0809的转换结束引脚EOC的状态判别,因此,在这种方式下,接口电路中的EOC输出连线可以去掉。

(2)12位A/D转换器AD574A的应用

1)AD574A的结构及原理

AD574A是美国模拟器件公司(Analog Devices)生产的12位逐次逼近型快速A/D转换器。它的转换速度最快为35 μs,转换误差为±0.05%,内部含三态输出缓冲电路,可直接与各种微处理器连接,且无须附加逻辑接口电路,便能与CMOS及TTL电平兼容。内部还配置有高精度参考电压源和时钟电路,使它不需要任何外部电路和时钟信号,就能完成A/D转换功能,应用非常方便。AD574A的引脚如图2.14所示。

2)AD574A的引脚功能

- DB_{11} ~ DB_0:12位数字量输出端。内部含分成独立的A,B,C三段的12位三态输出锁存器,每段4位。
- 通用控制输入引脚(CE,$\overline{CS}$和R/$\overline{C}$):$\overline{CS}$为片选信号输入端,低电平有效。CE为片允许信号输入端,高电平有效。R/$\overline{C}$为读数据/启动转换信号输入端。A/D转换器是启动还是读出数据则由CE,$\overline{CS}$和R/$\overline{C}$的引脚来控制。当CE=1,$\overline{CS}$=0,且R/$\overline{C}$=0时,转换过程开始;而CE=1,$\overline{CS}$=0,而R/$\overline{C}$=1时,数据可以被读出。
- 12/$\overline{8}$为数据格式选择端:当12/$\overline{8}$=1时,双字节输出,即12位数据线同时生效输出,可用于12位或16位微型计算机系统;若12/$\overline{8}$=0,为单字节输出,可与8位CPU接口连接。AD574A采用向左对齐的数据格式。12/$\overline{8}$与A_0配合,使数据分两次输出。A_0=0时,高8位数有效;A_0=1时,则输出低4位数据加4位附加0。需要

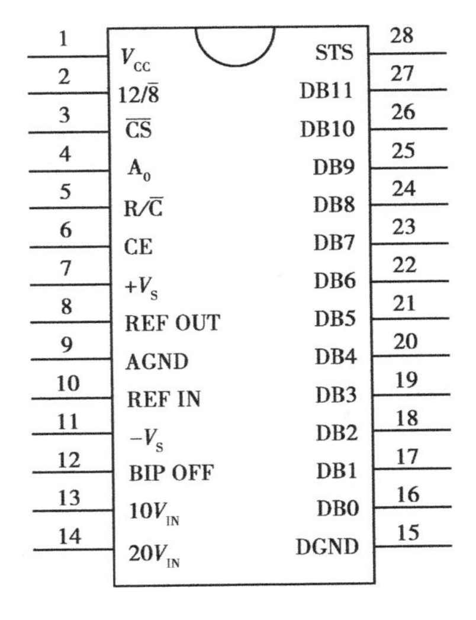

图2.14　AD574A的引脚

注意的是，$12/\overline{8}$ 引脚不能由 TTL 电平来控制，必须接 +5V(引脚 1)或与数字地(引脚 15)相连。此引脚只作为数字量输出格式的选择，对转换操作不起作用。

- A_0为字节选择端：A_0引脚有两个作用，一是选择字节长度；二是与 8 位微处理器兼容时，用来选择读出字节。在转换之前，若 $A_0=1$，AD574A 按 8 位 A/D 转换，转换完成时间为 10 μs；若 $A_0=0$，则按 12 位 A/D 转换，转换时间为 25 μs，这与 $12/\overline{8}$ 的状态无关。在读周期中，$A_0=0$，高 8 位数据有效；$A_0=1$，则低 4 位数据有效。注意，如果 $12/\overline{8}=1$，则 A_0的状态不起作用。
- 标志状态 STS(BUSY/$\overline{EOC}$)：转换状态输出端，转换过程中为高电平输出，转换结束立即转为低电平。
- $10V_{IN}$模拟信号输入引脚：模拟量的输入范围为 0～10 V，如果接成双极性输入方式可以是 -5～+5 V。
- $20V_{IN}$模拟信号输入引脚：模拟量的输入范围为 0～20 V，如果接成双极性输入方式可以是 -10～+10 V。
- BIP OFF 为补偿调整引脚。
- REF IN 为参考电压输入端。

3) AD574A 的转换时序图

AD574A 的典型工作过程时序图如图 2.15 所示。

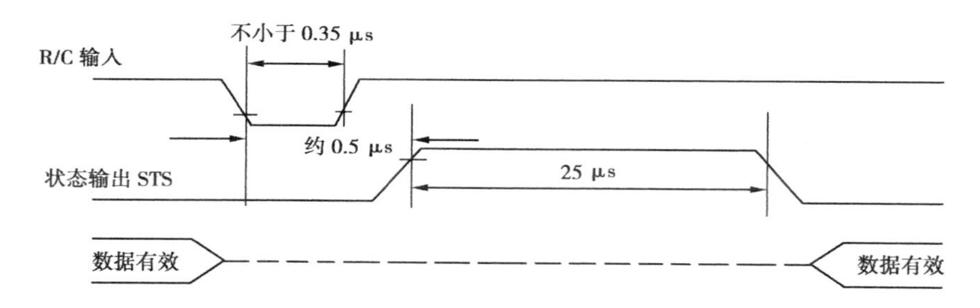

图 2.15　AD574A 的典型工作过程时序图

由于 AD574A 的转换控制逻辑有 5 个信号控制端(CE，$\overline{CS}$，R/$\overline{C}$，$12/\overline{8}$ 和 A_0)来进行组合控制，其组合控制逻辑的真值表如表 2.2 所示。

表 2.2　AD574A 组合控制逻辑真值表

CE	$\overline{CS}$	R/$\overline{C}$	$12/\overline{8}$	A_0	操　作
0	×	×	×	×	禁止
×	1	×	×	×	禁止
1	0	0	×	0	启动 12 位转换
1	0	0	×	1	启动 8 位转换
1	0	1	接 +5 V	×	输出数据格式为并行 12 位
1	0	1	接地	0	输出数据格式为并行高 8 位
1	0	1	接地	1	低 4 位加上 4 个 0 有效

由该组合控制逻辑真值表可知，如果 AD574A 以独立方式工作（即认为 12 位并行输出有效），只要将 CE，$12/\overline{8}$ 输入端接 +5 V，$\overline{CS}$和 A_0输入端接 0 V，$R/\overline{C}$ 作为数据读出和数据转换的启动控制即可。$R/\overline{C}=0$ 时，启动一次 A/D 转换，延时 0.5 μs 后，标志输出状态 STS 开始变为高电平（BUSY）表示转换正在进行，转换采用 12 位逐次逼近式。A/D 转换完毕，STS 立即跳变为低电平，发出一次 A/D 转换结束信号（$\overline{EOC}$）。

4）硬件设计

12 位 A/D 转换器 AD574A 与单片机 8031 的接口电路，如图 2.16 所示。

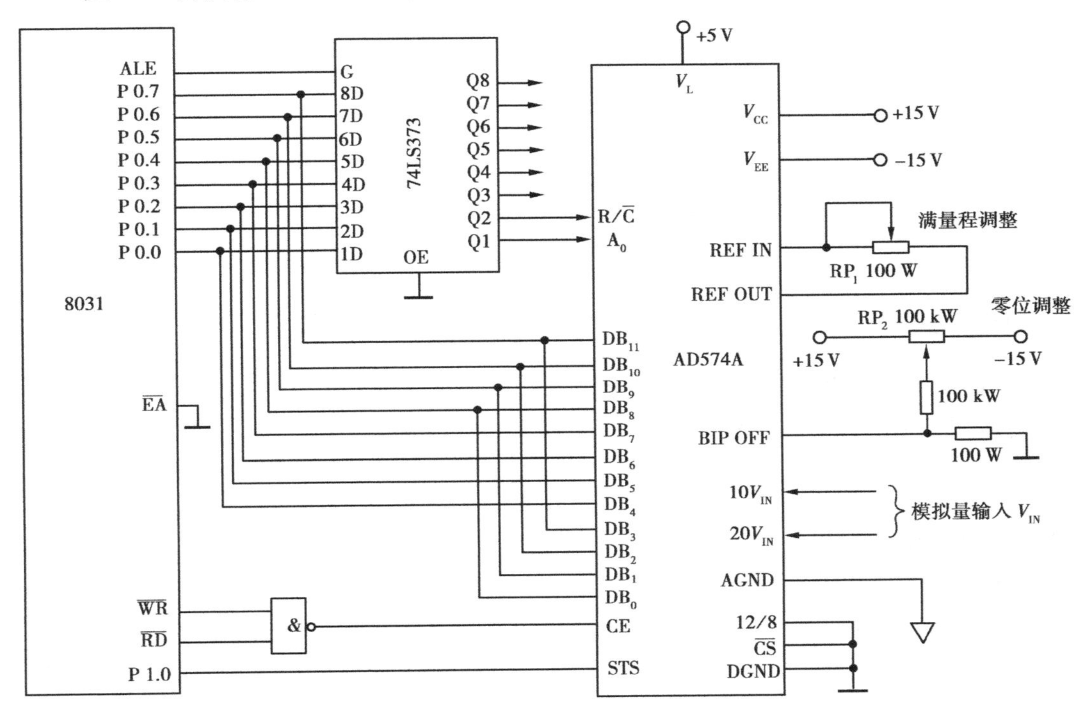

图 2.16 12 位 A/D 转换器 AD574A 与 8031 的接口电路

如图 2.16 所示，由于 AD574A 内部含三态锁存器，故可直接与单片机数据总线接口连接。本例采用 12 位向左对齐输出格式，所以将低 4 位 $DB_3 \sim DB_0$接到高 4 位 $DB_{11} \sim DB_8$上。读出时，第一次读 $DB_{11} \sim DB_4$（高 8 位），第二次读 $DB_3 \sim DB_0$（低 4 位），此时，$DB_7 \sim DB_4$为 0000。为使用直接寻位指令查询，将 AD574A 的标志位 STS 直接接到 8031 的 P1.0 位。

图 2.16 所示的接口电路中，也把 AD574A 当成外接 RAM 使用。由于图中所示高 8 位地址 P2.7 ~ P2.0 未用，故只用低 8 位地址，采用寄存器寻址方式。设启动 A/D 的地址是 0FCH，读取高 8 位数据的地址为 0FEH，读取低 4 位数据的地址为 0FFH。查询方式的 A/D 转换程序如下：

```
        ORG     0200H
ATOD:MOV        DPTR,#9000H        ;设置数据地址指针
        MOV     P2,#0FFH
        MOV     R0,#0FCH           ;设置启动 A/D 转换的地址
        MOVX    @R0,A              ;启动 A/D 转换
```

```
LOOP:JB      P1.0, LOOP      ;查询 A/D 转换是否结束,没结束继续查询
     INC     R0
     INC     R0
     MOVX    A,@ R0          ;读取高 8 位数据
     MOVX    @ DPTR,A        ;存高 8 位数据
     INC     R0              ;求低 4 位数据的地址
     INC     DPTR            ;求低 4 位数据的存放地址
     MOVX    A,@ R0          ;读取低 4 位数据
     MOVX    @ DPTR,A        ;存低 4 位数据
HERE:AJMP    HERE
```

技能训练　数据采集系统

1. 训练目的及要求

1)掌握 A/D 转换器与单片机的接口方法以及编程方法;

2)掌握单片机进行数据采集的方法。

2. 实训指导

(1)主要内容

要求根据给出的电路图,由电位器提供模拟量输入,分别采用中断方式、查询方式和软件延时方式编写程序,将模拟量转换成数字量,并用 8 个发光二极管显示出转换的数字量。

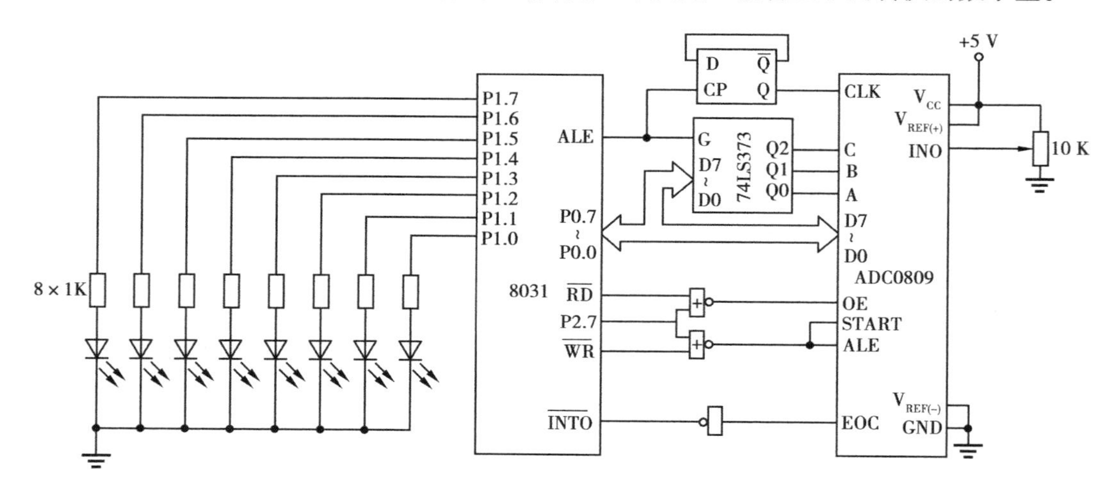

(2)实训步骤

①参考所给的电路图制作电路;

②完成电路的焊接、调试;

③根据训练内容要求绘制程序流程图；

④根据流程图进行程序的编写；

⑤软硬件结合起来进行在线仿真调试，直至满足要求；

⑥将程序固化到电路板上；

⑦编写实训报告。

3. 报告格式要求

1）报告包括课题名称、目录、正文、小结和参考文献五部分。

2）正文要求写明训练目的，介绍 ADC0809 的转换性能，给出完整的电路图，绘制程序流程图，不必给出完整的程序。

任务3　模拟量输出通道

任务要求：

1）了解 D/A 转换器的基本工作原理；

2）熟悉 D/A 转换器的主要技术参数；

3）掌握常用的 D/A 转换器与单片机的接口方法及编程方法。

模拟量的输出通道是计算机控制系统的数据分配系统，它们的任务是把计算机输出的数字量转换成模拟量。这个任务主要由数/模转换器来完成。在计算机控制系统中，不但要求模拟量的输出通道满足一定的精度和转换速度，而且要具有一定的保持功能，来保证控制对象可靠地工作。

1. 多路模拟量输出通道的一般结构

在微机控制系统中，被控制的对象往往是多回路的。对于多路模拟量输出通道，需要考虑的问题是在控制量更新之前，如何保持本次的控制信号不变。保持的方式有两种：数字量保持和模拟量保持。对应的电路结构有以下两种形式：

（1）各通道自备 D/A 转换器形式

如图 2.17 所示，这种形式各通道之间是相互独立的，每一通道的结构和单路模拟量输出通道相同。这种形式的优点是转换速度快、工作可靠，即使某一通道出了故障也不会影响其他通道的工作。

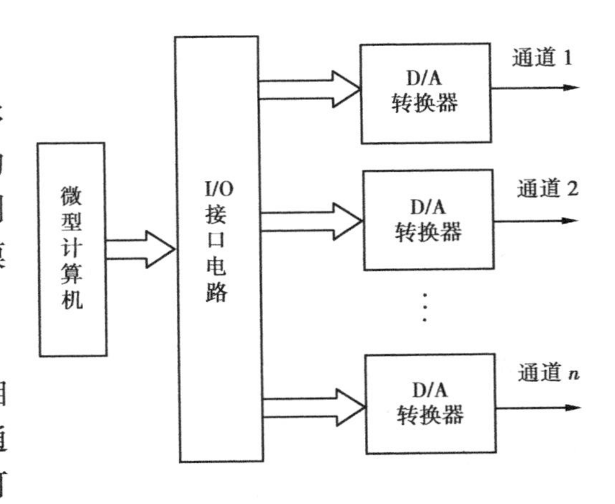

图 2.17　各通道自备 D/A 的模拟输出通道

（2）各通道共用 D/A 转换器形式

各通道共用 D/A 转换器形式如图 2.18 所示。

在这种形式中，计算机输出的控制信息都经同一个 D/A 转换器转换成相应的模拟量，再经多路开关传送到相应的通道，由各自的保持器保持当前的模拟量。其优点是节省了价格较贵的 D/A 转换器,但由于各通道是分时工作的,工作速度受到限制。

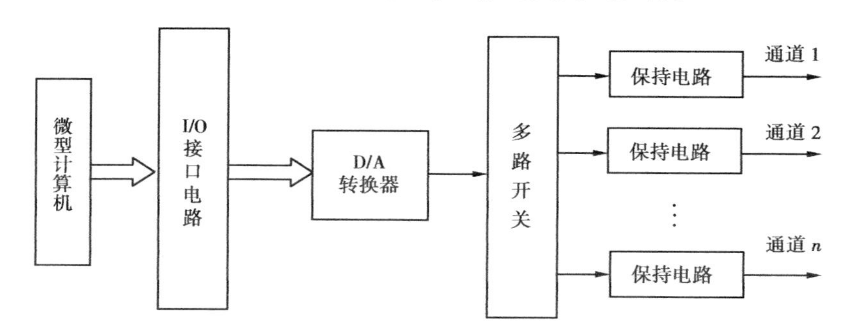

图 2.18　各通道共用 D/A 转换器的模拟输出通道

2. D/A 转换原理及主要参数

(1) D/A 转换原理

能把数字量转换成模拟量的器件叫 D/A 转换器。一般来说,D/A 转换器由参考电源、数字开关控制、模拟电流转换、数字接口及放大器组成,其原理框图如图 2.19 所示。

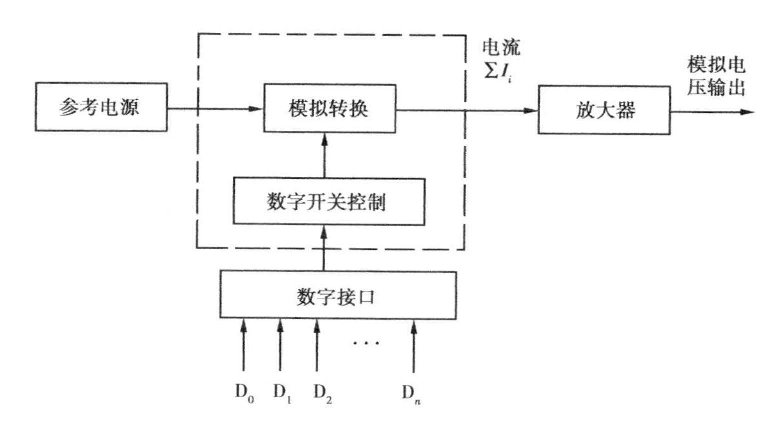

图 2.19　D/A 转换原理框图

如图所示,待转换的数字量经数字接口控制模拟二进制位切换开关,从而接通或断开各位的解码电阻,使标准参考电源经电阻解码网络所产生的总电流 $\sum I_i$ 发生改变。总电流 $\sum I_i$ 经放大器放大后,输出与数字量相对应的模拟电压。

D/A 转换器中的数字开关大都由晶体管或场效应管组成。D/A 转换器的解码网络有两种结构,一种是权电阻解码网络,另一种为 *R*-2*R* T 型解码网络。权电阻解码网络位数增多时,电阻差异会很大,而 *R*-2*R* T 型解码网络中电阻种类比较少,制作上比较容易,故目前大都采用这种解码网络。图 2.20 所示的是四位的 *R*-2*R* T 型解码网络的电路原理图。

当某位数码 $D_i=0$ 时,开关 K_i 打向右边,当某位数码 $D_i=1$ 时,开关 K_i 打向左边。不论 $K_1 \sim K_4$ 的方向如何,$a \sim d$ 各点的电位分别为

$$V_a = V_{REF}, V_b = \frac{1}{2}V_{REF}, V_c = \frac{1}{4}V_{REF}, V_d = \frac{1}{8}V_{REF}$$

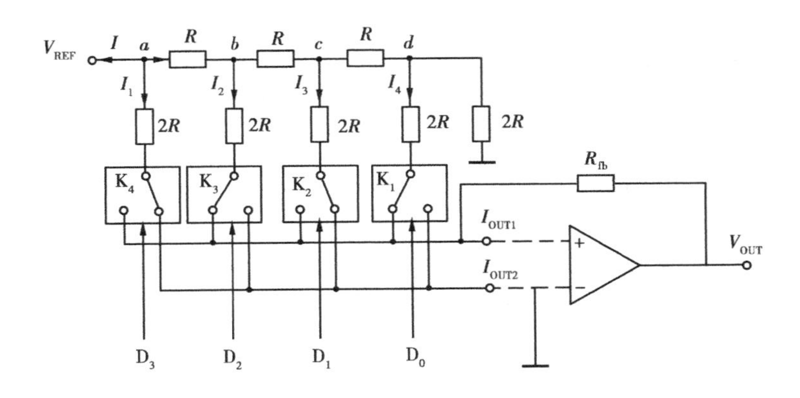

图 2.20　四位的 R-$2R$ T 型解码网络电路原理图

每个 $2R$ 支路的电流也逐位减半。当 $D_i=1$ 时，此电流接入运放的同相端，$D_i=0$ 时，此电流接入地，对输出电压无影响。根据反相比例加法运算电路可得

$$V_{OUT}=-\left(\frac{V_a}{2R}D_3+\frac{V_b}{2R}D_2+\frac{V_c}{2R}D_1+\frac{V_d}{2R}D_0\right)R_{fb}=-\frac{V_{REF}}{2R}R_{fb}\left(\frac{D_3}{2^0}+\frac{D_2}{2^1}+\frac{D_1}{2^2}+\frac{D_0}{2^3}\right)$$

对以上的公式推广到 n 位就为 $V_{OUT}=-\dfrac{V_{REF}}{2R}R_{fb}\left(\dfrac{D_{n-1}}{2^0}+\dfrac{D_{n-2}}{2^1}+\cdots+\dfrac{D_1}{2^{n-2}}+\dfrac{D_0}{2^{n-1}}\right)$

(2)D/A 转换器的主要参数

1)分辨率　其含义与 A/D 转换器相同。

2)稳定时间　它是指数/模转换器中代码有满度值的变化时，其输出达到稳定(一般稳定到与 ±1/2 最低位值相当的模拟量范围内)所需的时间。一般为几十个纳秒到几微秒。

3)输出电平　不同型号的数/模转换器件的输出电平相差较大。一般为 5 ~ 10 V，也有一些高压输出型的为 24 ~ 30 V，还有一些电流输出型，低的为 20 mA，高的可达 3 A。

4)输入编码　如二进制码、BCD 码、双极性时的符号-数值码、补码、偏移二进制码等。

3. D/A 转换接口技术

在模拟输出通道中，D/A 转换器不但要满足一定的精度和转换速度，而且要具有一定的保持功能和可以进行输出极性的变换，来保证控制对象可靠地工作。因此，D/A 转换器的接口设计要解决好一些技术问题。由于各种 D/A 转换器的结构不同，它们与微型计算机接口的连接方法也有差异。但在基本连接关系方面，它们仍然有共同之处。

(1)数字量输入端的连接

D/A 转换器数字量输入端与微型计算机的接口的连接需要考虑两个问题，一个是位数，另一个是 D/A 转换器的内部结构。根据这两个问题来决定 D/A 转换器与微型计算机之间是否要有输入锁存器。

1)当 D/A 转换器内部有输入锁存器且 D/A 转换器的位数不大于微型计算机的数据口线的位数时，可把 D/A 转换器直接与微型计算机连接。最常用的，也是最简单的连接要属 8 位 D/A 转换器与 MCS-51 系列单片机的接口的连接。这时，只要将 P0 口的 8 位口线与 D/A 转换器的 8 位数字输入端一一对应相接即可。

2)当 D/A 转换器内部没有输入锁存器或 D/A 转换器的位数大于微型计算机的数据口线

的位数时,必须在 CPU 与 D/A 转换器之间增设锁存器或 I/O 接口。

(2)模拟输出端的连接

模拟输出端的连接主要是要解决两方面的问题:电流输出转换成电压输出和单极性与双极性电压输出形式。

1)电流输出转换成电压输出

D/A 转换器的输出有电流和电压两种方式。对于一些 D/A 转换器,输出的是电流,但实际应用需要模拟电压,因此要把 D/A 芯片的输出电流转换成电压。通常,转换的方法是在输出端外接运算放大器,如图 2.21 所示的就是常用的两种转换电路。图(a)中,转换后输出的电压 $V_{OUT}=-iR$,为反相输出。图(b)中,转换后输出的电压 $V_{OUT}=iR(1+R_2/R_1)$,为同相输出且增益可调。

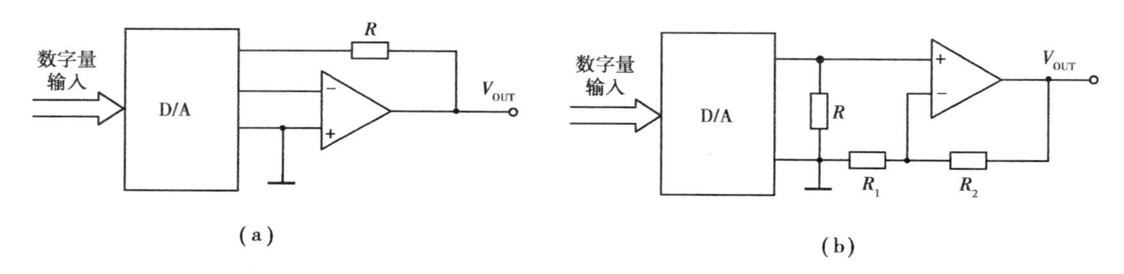

图 2.21 D/A 转换器的输出电路

(a)反相输出 (b)同相输出

2)单极性与双极性电压输出形式

A. 单极性电压输出

在实际应用中,对 D/A 转换器的输出有时只需要改变电压的大小而不改变极性,就是单极性输出。一般而言,单极性输出的极性由参考电压极性决定。以典型的 D/A 转换芯片 DAC0832 为例,其单极性电压输出电路图如图 2.22 所示。

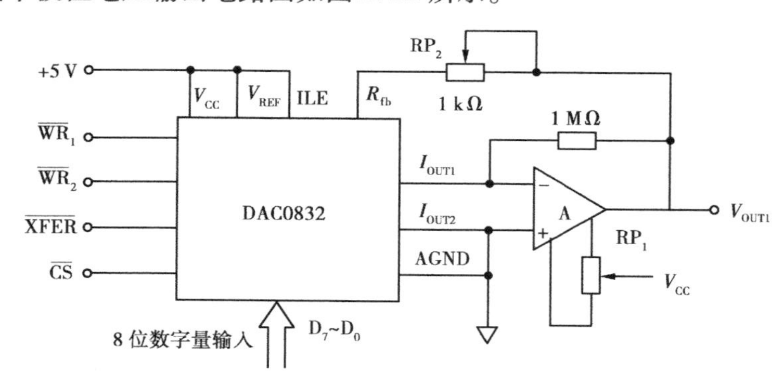

图 2.22 DAC0832 单极性电压输出电路

由图 2.22 可知,DAC0832 的电流输出端 I_{OUT1} 接至运算放大器的反相输入端,I_{OUT2} 端接地。因此输出电压 V_{OUT1} 与参考电压 V_{REF} 极性反相。当 V_{REF} 接 ±5 V(或 ±10 V)时,D/A 转换器输出电压范围为 −5 V/ +5 V(或 −10 V/ +10 V)。

B. 双极性电压输出

在计算机控制系统中,有时需要的电压是双极性的,即不但能改变电压的大小而且要能改变极性。在这种情况下，要求 D/A 转换器输出电压为双极性。只要在单极性电压输出的基础上再加一级电压放大器，并配以相关的电阻网络，就可以构成双极性电压输出。以典型的D/A 转换芯片 DAC0832 为例，其双极性电压输出的电路如图 2.23 所示。

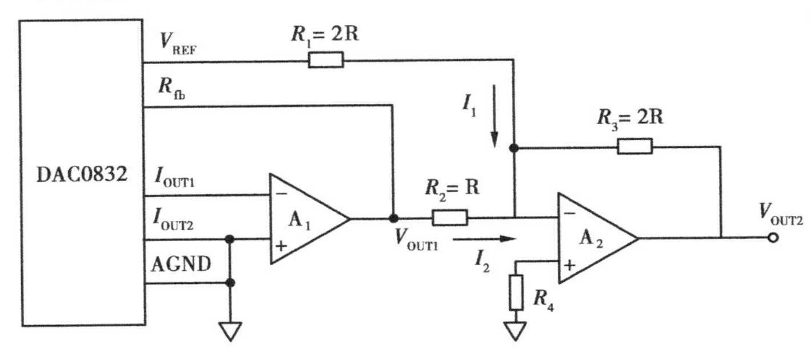

图 2.23　DAC0832 双极性电压输出的电路

在图 2.23 中，运算放大器 A_2的作用是把运算放大器 A_1的单极性输出电压转变为双极性输出。D/A 转换器的总输出电压 V_{OUT2}与 V_{REF}及 A_1 运算放大器的输出电压 V_{OUT1}的关系是

$$V_{OUT2} = -(2V_{OUT1} + V_{REF})$$

设 V_{REF} =5 V，则由上式可得

当 V_{OUT1} =0 V 时，V_{OUT2} = −5 V；

当 V_{OUT1} = −2.5 V 时，V_{OUT2} =0 V；

当 V_{OUT1} = −5 V 时，V_{OUT2} = +5 V。

(3)参考电压源

D/A 转换中，参考电压源是唯一能影响输出结果的模拟参量，是 D/A 转换接口中的重要电路。要保证 D/A 转换电路的转换精度，改变输出模拟电压的电压范围和极性，参考电压源的选择非常重要。

有的 D/A 转换器(如 AD563/565A)内部带有低漂移精密参考电压源，不但可以有较好的转换精度，而且简化了接口电路。目前，常用的 D/A 转换器大多数是不带内部参考电压源的，所以要在 D/A 转换接口设计时进行配置设计。

(4)外部控制信号的连接

外部控制信号主要是片选信号、写信号及启动转换信号。它们一般由 CPU 或译码器提供，其连接方法与 D/A 转换器的结构有关。

一般来讲，片选信号主要由地址线或地址译码器提供。写信号多由单片机的$\overline{WR}$信号提供。启动信号一般为片选信号与写信号的合成。值得一提的是，在 D/A 转换器的设计中，为简单起见，有时把某些控制信号接成直通的形式(接地或接 +5 V)。

4. 常用的 D/A 转换器及应用实例

目前，D/A 转换芯片有很多种型号。根据转换位数来分有 8 位 D/A 转换器(如 DAC0832，AD558 和 DAC82 等)和高于 8 位的 D/A 转换器(如 DAC1208，AD667 和 DAC811 等)。根据输出方式可分为电压输出型(如 AD667)和电流输出型(如 DAC0832)。下面主要以 8 位 D/A 转换器 DAC0832 和 12 位 D/A 转换器 AD667 为例，来说明 D/A 转换芯片的结构原理以及应用方法。

(1)8 位 D/A **转换器** DAC0832

DAC0832 是美国国家半导体公司(National Semiconductor)的 8 位 D/A 转换器,与微处理器完全兼容,可直接与微处理器连接。

1)DAC0832 的结构原理

DAC0832 数/模转换器的结构原理图如图 2.24 所示。DAC0832 由 8 位输入锁存器、8 位 DAC 寄存器、8 位 D/A 转换电路及转换控制电路组成。外部封装结构为 20 引脚的双列直插式。

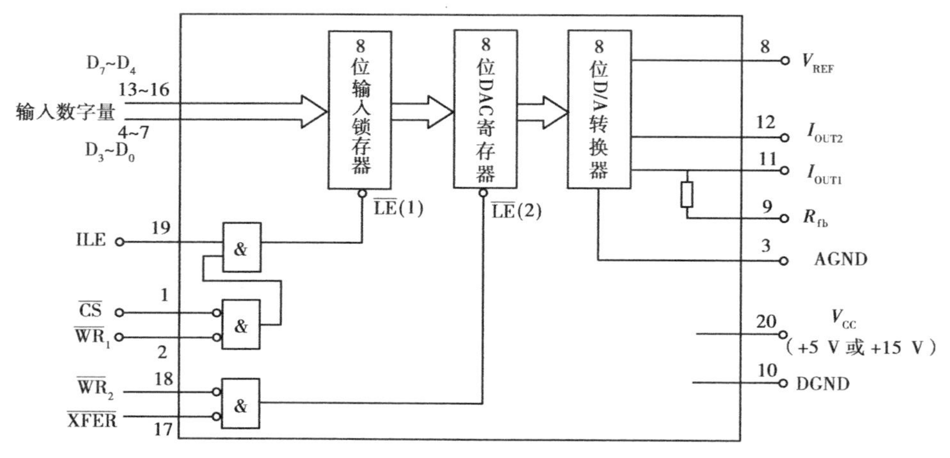

图 2.24　DAC0832 数/模转换器的结构原理图

如图 2.24 所示,$\overline{LE}$为寄存器/锁存器的锁存使能信号端。当$\overline{LE}=1$时,寄存器/锁存器的输出随输入而变化;$\overline{LE}=0$时,数据被锁存在寄存器中,不受输入量变化所影响。由图可知,对于输入锁存器,当 ILE = 1,$\overline{CS}=\overline{WR}_1=0$时,$\overline{LE}_1=1$,允许数据输入;当$\overline{WR}_1=1$时,$\overline{LE}_1=0$,数据被锁存。对于 DAC 寄存器,当$\overline{XFER}=0$,$\overline{WR}_2=0$时,$\overline{LE}_2=1$,允许数据输入;当$\overline{WR}_2=1$时,$\overline{LE}_2=0$,数据锁存在 DAC 寄存器,开始 D/A 转换。

2)DAC0832 的引脚功能

DAC0832 各个引脚的功能如下:

- $\overline{CS}$:片选信号,低电平有效。
- ILE:输入锁存使能信号,高电平有效。
- $\overline{WR}_1$:输入锁存器写选通信号,低电平有效。输入锁存器的锁存使能信号$\overline{LE}_1$由 ILE,$\overline{CS}$,$\overline{WR}_1$的逻辑组合产生,当 ILE = 1,$\overline{CS}=0$,$\overline{WR}_1$为低电平时,将输入数据传送到输入锁存器;当$\overline{WR}_1$为高电平时,输入锁存器中的数据被锁存。以上三个控制信号联合构成第一级输入锁存控制。
- $\overline{XFER}$:数据传送控制信号,低电平有效。
- $\overline{WR}_2$:DAC 寄存器写选通信号,低电平有效。DAC 寄存器的锁存使能信号$\overline{LE}_2$由$\overline{XFER}$,$\overline{WR}_2$的逻辑组合产生,当$\overline{XFER}=0$,$\overline{WR}_2$为低电平时,将输入数据传送到 DAC 寄存器;当$\overline{WR}_2$为高电平时,输入锁存器的内容打入 DAC 寄存器并开始转换。以上两个控制信号联合构成第二级锁存控制。
- $D_7\sim D_0$:数字量输入线。D_7是最高位(MSB),D_0是最低位(LSB)。

- I_{OUT1}:DAC 电流输出端1。其值随 DAC 寄存器的内容线性变化,当输入的数字量为全1时,I_{OUT1}为最大值;输入为全0时,I_{OUT1}为最小值(近似为0)。
- I_{OUT2}:DAC 电流输出端2。在数值上,$I_{OUT1}+I_{OUT2}=$常数。采用单极性输出时,I_{OUT2}常常接地。
- R_{fb}:反馈信号输入端。为外部运算放大器提供一个反馈电压。R_{fb}可由芯片内部提供,也可以采用外接电阻的方式。
- V_{REF}:参考电源输入线。要求外接精密参考电源。一般为 -10 ~ +10 V。
- V_{CC}:电源输入端,一般为 +5 ~ +15 V。
- AGND:模拟地。
- DGND:数字地。

3)DAC0832 与 MCS-51 单片机的接口方法

由于 DAC0832 这种双重缓冲功能,只需要对控制引脚(ILE,$\overline{CS}$,$\overline{WR_1}$,$\overline{XFER}$,$\overline{WR_2}$)进行不同的连接设置,就可以在双缓冲、单缓冲和完全直通三种方式下工作。由于完全直通这种工作方式 DAC0832 不能与微机直接连接,所以很少使用。下面只讨论双缓冲和单缓冲工作方式的接口方法。

A.单缓冲方式接口方法

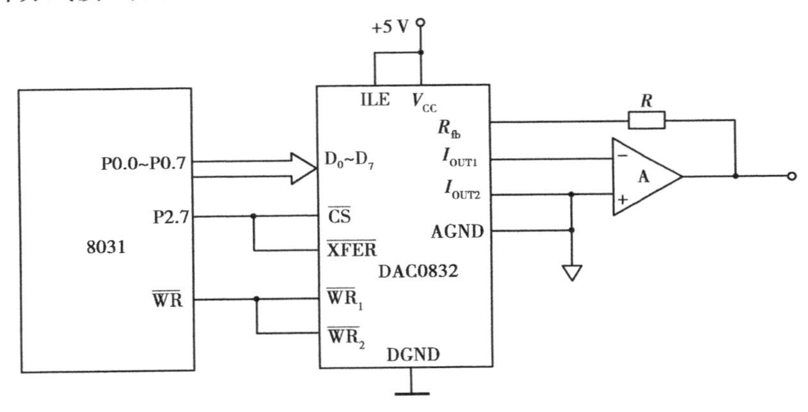

图2.25　DAC0832 的单缓冲方式接口电路

单缓冲方式多用在只有一路 D/A 转换的电路或虽然有多路但不需要同步输出的系统中。单缓冲方式接口方法如图2.25所示。数字输入信号 D_7 ~ D_0直接与8031的 P0 口相连,ILE 接 +5 V,片选信号$\overline{CS}$与数据传送信号$\overline{XFER}$都与地址选择线 P2.7 连接,$\overline{WR_1}$和$\overline{WR_2}$都由8031的$\overline{WR}$端控制。当地址线选择好 DAC0832 后,只要输出$\overline{WR}$控制信号,DAC0832 就能一步完成数字量的输入锁存和 D/A 转换输出。完成一次 D/A 转换的程序如下:

```
MOV DPTR,#7FFFH
MOV A,#data
MOVX @DPTR,A
```

B.双缓冲方式接口方法

在有多路 D/A 转换且需要多路同步进行 D/A 转换输出的系统中,必须用双缓冲方式接口方法。这种方式,数字量的输入锁存和 D/A 转换输出是分两步完成的。首先由 CPU 把各路 D/A 转换器要转换的数字量锁存在各自的输入锁存器中,然后再向各路发出同步的控制信号,把各路输入锁存器中的数据打入各自的 DAC 寄存器,实现同步转换输出。

下面,通过图 2.26 所示的一个二路同步输出的 D/A 转换接口电路,来说明双缓冲方式的接口方法。

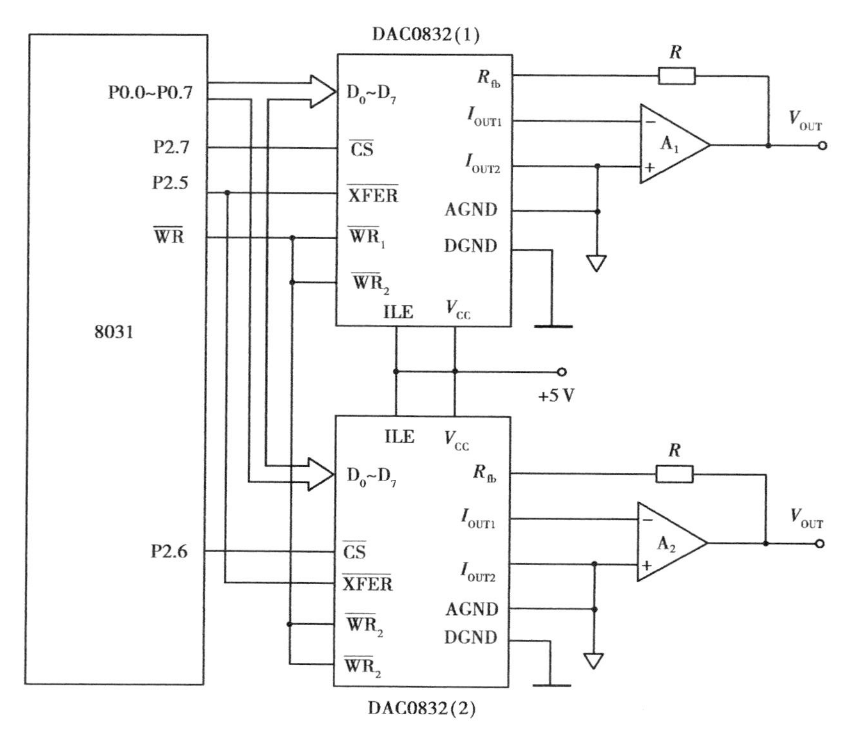

图 2.26　DAC0832 的双缓冲方式接口电路

如图所示,两个 DAC0832 的数字输入信号 D_7 ~ D_0直接与 8031 的 P0 口相连;数据锁存允许信号 ILE 都固定接高电平 +5 V;P2.7 和 P2.6 分别接两个片选信号$\overline{CS}$,控制各路的输入锁存;数据传送信号$\overline{XFER}$都与 P2.5 连接,控制同步输出;$\overline{WR_1}$和$\overline{WR_2}$都由 8031 的$\overline{WR}$端控制。这样,当 P2.7 为 0,且执行 MOVX @DPTR,A 指令时,DAC0832(1)的$\overline{CS}$和$\overline{WR_1}$两个信号均为低电平,锁存允许信号 ILE 固定接高电平,此时打开 DAC0832(1)的第一级输入锁存器,把数据送入该锁存器。然后,使 P2.6 = 0,同样执行 MOVX @ DPTR,A 指令,把 DAC0832(2)的数据送入它的第二级输入锁存器。最后,使 P2.5 = 0,两个 DAC0832 的数据传送信号$\overline{XFER}$有效,把各自输入锁存器中的数据打入各自的 DAC 寄存器,实现同步 D/A 转换输出。

设 DAC0832(1)第一级输入锁存器的地址为 7FFFH,DAC0832(2)的第一级输入锁存器地址为 0BFFFH,同步转换输出的地址为 0DFFFH。完成上述同步 D/A 转换输出功能的程序如下:

```
MOV DPTR,#07TFFH
MOV A,#data1
MOVX @DPTR,A
MOV DPTR,#0BFFFH
MOV A,#data2
MOVX @DPTR,A
```

MOV DPTR,#0DFFFH

MOVX @DPTR,A

注意:DAC0832 为电流输出型,其输出端的连接方法前文已叙。

(2)12 位 D/A 芯片 DAC1208

1)DAC1208 的结构原理

DAC1208 是美国国家半导体公司(National Semiconductor)的 12 位 D/A 转换器,与微处理器完全兼容,是 24 引脚的双列直插式芯片,具有双重输入锁存功能,可直接与微处理器相连。DAC1208 数/模转换器的结构原理图如图 2.27 所示。

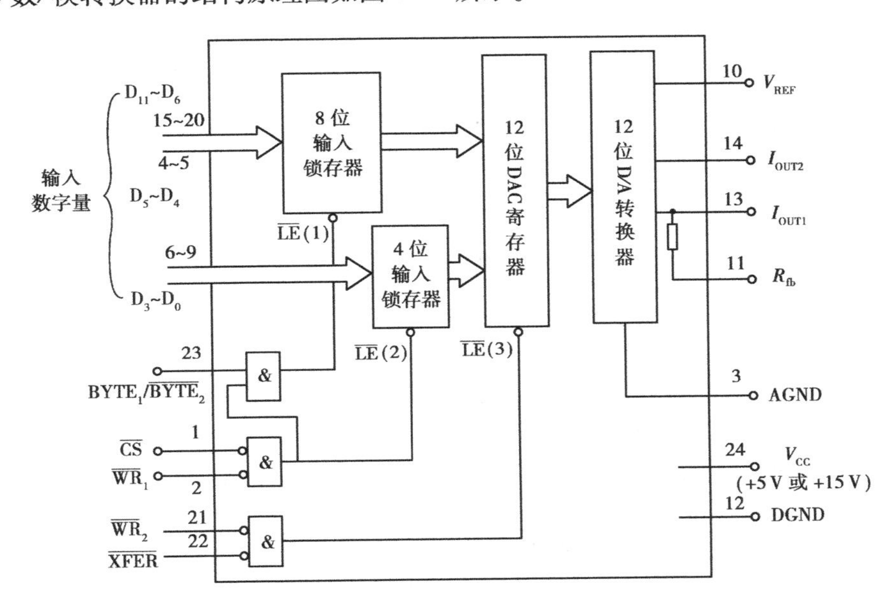

图 2.27 DAC1208 数/模转换器的结构原理图

由图可见,DAC1208 与 DAC0832 转换器的结构相似,所不同的仅仅是 DAC1208 具有 12 位的数据输入端,且输入锁存器由一个 8 位输入锁存器和一个 4 位输入锁存器组成,其中 8 位输入锁存器还要受字节顺序控制端 $BYTE_1/\overline{BYTE_2}$的控制。当要直接将 12 位数字量全部打入输入锁存器,即 4 位和 8 位输入锁存器都要开启时,$BYTE_1/\overline{BYTE_2}$的控制端加高电平;只开启 4 位输入锁存器,则要该控制端为低电平。当 12 位要转换的数字量在输入锁存器中凑齐以后,一次性打入 12 位 DAC 寄存器,进行 D/A 转换。

2)DAC1208 与 MCS-51 单片机的接口方法

DAC1208 与 MCS-51 单片机的接口方法与 DAC0832 的方法相似,如图 2.28 所示。

如图所示,DAC1208 的 12 位输入数据线的低 4 位 D_3 ~ D_0与高 4 位 D_{11} ~ D_8相连,形成 8 位宽度的数据线与 8031 的 P0 口相连。$\overline{WR_1}$ 和$\overline{WR_2}$都由 8031 的$\overline{WR}$端控制;P2.7,P2.6 和 P2.5分别接片选信号$\overline{CS}$,$BYTE_1/\overline{BYTE_2}$和$\overline{XFER}$。图中待转换的数字量分低 8 位和高 4 位两步传入 DAC1208。在这种连接方式中,当 P2.7 =0,P2.6 =1 时,4 位输入锁存器和 8 位输入锁存器都被选通;当 P2.7 =0,P2.6 =0, P2.5 =0 时,4 位输入锁存器和 12 位 DAC 寄存器被选通,启动 D/A 转换。

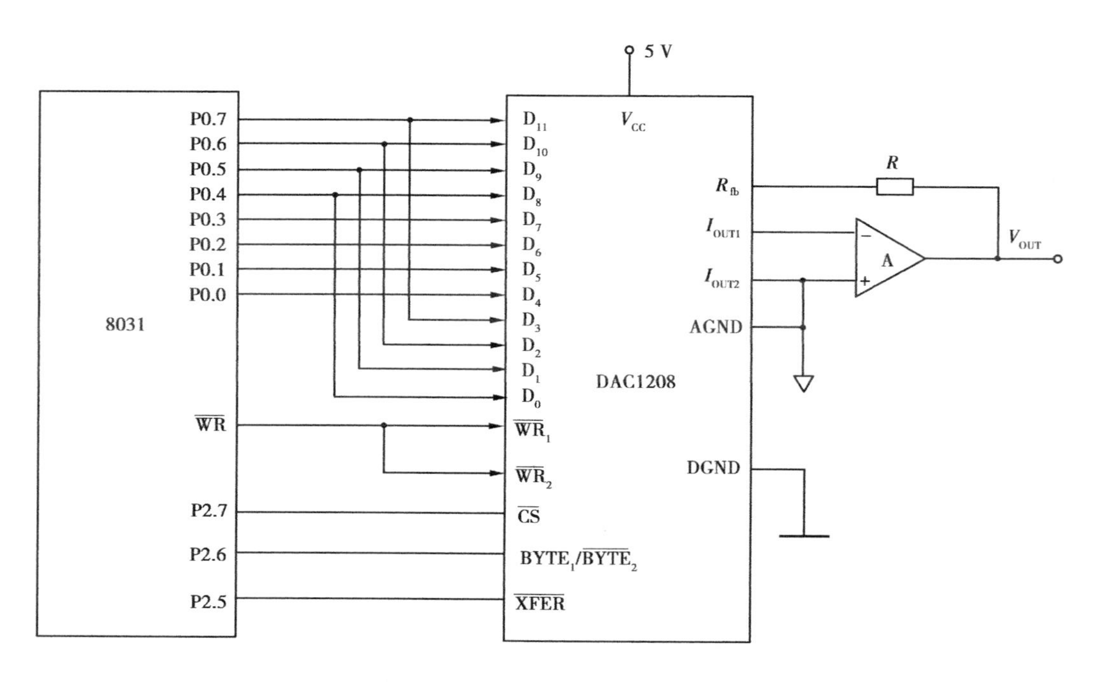

图 2.28　DAC1208 与 MCS-51 单片机的接口

由此可知，D/A 转换器 DAC1208 的输入锁存器的地址为 7FFFH，12 位 DAC 寄存器的地址为 1FFFH。12 位 D/A 转换器程序设计的特点是要将数据分批传送，需将待传送的数据事先按照要求的格式排列好，并存放在以 30H 为首地址的 RAM 中。写出图 2.28 所示的 12 位D/A 转换的程序如下：

```
MOV R0,#30H          ;待转换数据首址送 R0
MOV DPTR,#7FFFH      ;指向 8 位和 4 位输入锁存器
MOV A,@R0            ;待转换数据高 8 位送入 8 位输入锁存器
MOVX @DPTR,A         ;指向 4 位输入锁存器和 12 位 DAC 寄存器
MOV DPTR,#1FFFH      ;指向待转换数据的低 4 位
INC R0               ;待转换数据低 4 位送入累加器 A
MOV A,@R0            ;待转换数据低 4 位送入 4 位输入锁存器，并选通 DAC 寄
                     存器
MOVX @DPTR,A         ;开始 12 位 D/A 转换
```

技能训练　波形发生器

1. 训练目的及要求

1）掌握 DAC0832 与单片机的接口方法；

2）掌握 DAC0832 与单片机的编程方法。

2. 实训指导

(1)主要内容

参照下图制作波形发生器,要求产生频率为 1 kHz,幅值为 5 V 的正弦波。

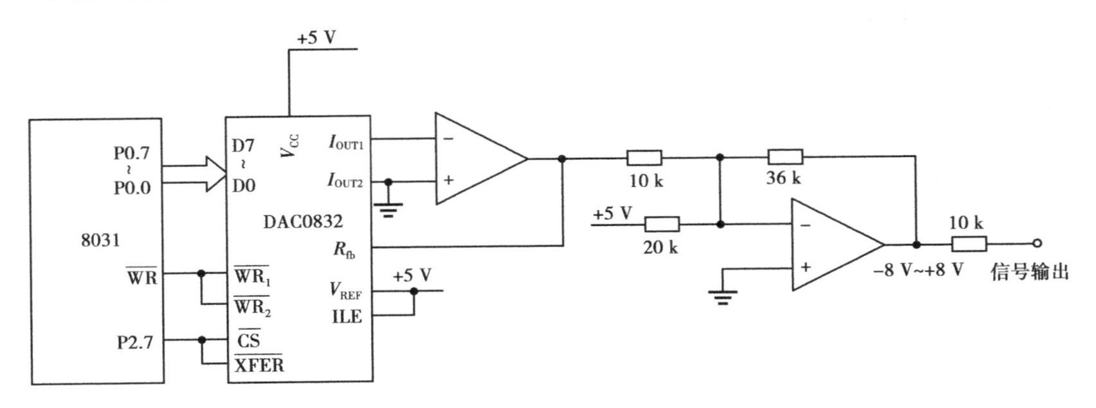

(2)实训步骤

①参考所给的电路图制作电路;

②完成电路的焊接、调试;

③根据训练内容要求绘制程序流程图;

④根据流程图进行程序的编写;

⑤软硬件结合起来进行在线仿真调试,用示波器上观察输出波形,并记录,直至满足要求;

⑥程序固化。

3. 实训报告

实训结束,应认真总结,写出实训报告,具体要求如下:

1)报告包括课题名称、目录、正文、小结和参考文献五部分;

2)正文要求写明训练目的,介绍 DAC0832 的转换性能,简述波形发生器的工作原理,给出完整的电路图,绘制程序流程图(不必给出完整的程序),实际测试的波形,心得体会。

思考练习2

1. 多路模拟量输入通道由哪几部分组成?试画出结构框图。

2. 为什么要进行输入信号的处理?对于单路和多路信号输入,处理方法有什么不同?

3. 简述香农定理的基本内容。采样周期愈小愈好吗?为什么?

4. 采样信号为什么要进行量化处理?量化单位和量化误差如何计算?

5. 采样—保持器有什么作用?工作过程如何?试说明保持电容的大小对数据采集系统的影响。

6. 用 8 位 ADC 芯片组成单极性模拟输入电路,其参考电压为 0 ~ +5 V,求转换后对应以

下输入模拟电压的输出数字量:

(1)10000000;(2)01000000;(3)11111111。

7. A/D 转换器的分辨率与精度有什么区别?试用 ADC0809 来说明。

8. D/A 的电压输出接口有哪几种类型?试用 DAC0832 画出模拟电压输出接口电路。

9. 用 8 位 DAC 芯片组成单极性模拟输入电路,其参考电压为 0 ~ +5 V,求转换后对应以下数字量的电压输出:

(1)00000001;(2)01111111;(3)11111110。

10. 为什么高于 8 位的 D/A 转换器与 8 位的微型计算机接口连接必须采用双缓冲方式?这种双缓冲工作与 DAC0832 双缓冲工作有什么不同?

项目 3

人机交互接口技术

学习目标：

1）掌握独立式键盘和矩阵式键盘的接口方法；

2）掌握 LED 数码管显示器的接口方法；

3）掌握点阵式液晶显示器的接口方法。

能力目标：

1）掌握键盘显示电路的编程方法；

2）掌握点阵式液晶显示器的编程方法。

在微机控制系统中，一般都要有人机对话功能，如输入和修改参数，选择系统的运行工作方式，以及了解系统当前运行的参数、状态与运行结果。人对系统状态的干预和数据的输入的外部设备最常用的是按键和键盘。而系统向人报告运行状态及运行结果最常用的有各种报警指示灯、LED/LCD 以及 CRT 等设备来进行信息显示。人机交互接口技术主要指的就是键盘接口技术和信息显示接口技术。

任务 1　键盘接口技术

任务要求：

掌握键盘与单片机的接口方法及编程方法。

在微机控制系统中，操作人员经常要通过键盘输入数据、程序以及对系统进行调试执行等操作。键盘是若干按键的集合，是向系统提供操作人员干预命令及数据的接口设备。

1. 键盘设计需要解决的几个问题

在微机控制系统中，设计键盘首先要保证按键输入接口和软件应可靠而快速地实现按键信息的输入和按键的功能任务。因此，在进行键盘设计时要注意解决下述问题。

（1）键信息的可靠输入

键盘实际上是一组按键（开关）的集合，其中每一个按键就是一个开关量输入装置。键的闭合与否，取决于机械弹性开关的通、断状态。反映在电压上就是呈现出高电平或低电平，若高电平表示断开,则低电平表示键闭合。所以,通过电平状态(高或低)的检测,便可确定相应按键是否已被按下。但在实际中,仅仅根据电平进行键的确认是不够可靠的,还要进行下面两个方面的处理。

1)重键与连击的处理

在实际操作过程中,若无意中同时或先后按下两个以上的键,这就是连击。系统要确认连击操作过程中究竟是哪个键有效,完全由设计者的意志来决定。既可以把先按下的键或按下时间最长的键视为有效输入,也可以把后释放的键视为有效输入。不过,在计算机控制系统的应用中,通常总是采用单键按下有效,多键同时按下无效的原则进行设计(若系统设有复合键,则另当别论)。

重键指的是有些操作人员按键动作不熟练,会在一个键上的停留时间过长而产生多次击键的效果。为了排除重键的影响,编制程序时,可以将键的释放作为按键的结束。等键释放后,再转去执行对应的功能程序,从而有效地避免一次击键多次执行的错误发生。

2)按键去抖动技术

无论是按键或键盘都是利用机械触点的闭合与断开来确认键的输入。由于按键机械触点的弹性作用,在闭合及断开瞬间均伴随有一连串的抖动过程,其波形如图 3.1 所示。抖动时间的长短,与开关的机械特性有关,一般为 5 ~ 10 ms。按键的稳定闭合期,由操作人员的按键动作所确定,一般为十分之几至几秒。为了保证 CPU 对按键的一次闭合只作一次键输入处理,必须去除抖动影响。通常去除抖动有硬件和软件两种方法。

对于硬件去抖有多种方法,最常用的有滤波去抖电路和双稳态去抖电路。

A. 滤波去抖电路

由于 *RC* 积分电路对振荡脉冲有吸收作用,因此可以让按键信号经过积分电路,选择好积分电路的时间常数就可以去除抖动。这种方法的电路如图 3.2 所示。

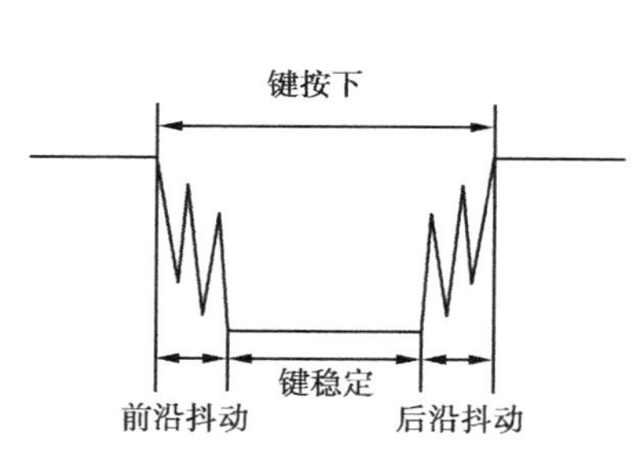

图 3.1　按键抖动波形示意图

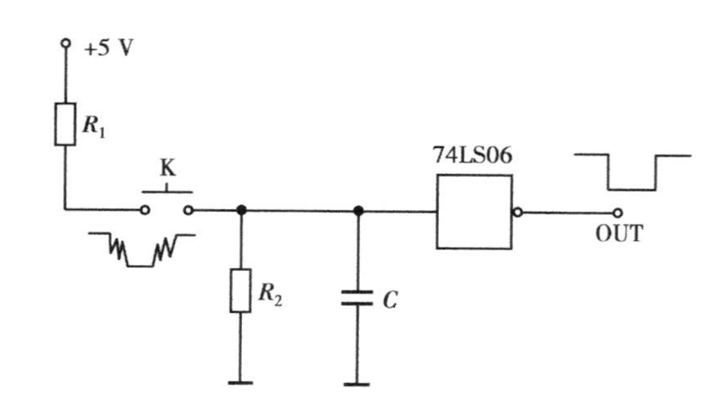

图 3.2　积分滤波去抖电路

由图可知,当键 K 还未按下时,电容 C 两端电压都为 0,非门输出为 1。当键 K 按下时,虽然在触点闭合瞬间产生了抖动,但由于电容 C 两端电压不能突变,只要 R_1,R_2 和 C 取值合适,就可保证电容两端的充电电压波动不超过非门的开启电压(TTL 开启电压为 0.8 V),非门的输出仍然为 1。在按键的稳定期,非门开启,输出为 0。当键 K 断开时,由于电容 C 经过电阻 R_2 放电,C 两端的放电电压波动不会超过非门的关闭电压,因此,非门的输出仍然为 0。所以,只要积分电路的时间常数选取得当,确保电容 C 充电到开启电压,或放电到关闭电压的延迟时间等于或大于 10 ms,该电路就能消除抖动的影响。

B. 双稳态去抖电路

用两个与非门构成一个 RS 触发器，即可构成双稳态去抖电路。其原理电路如图 3.3 所示。

设按键 K 未按下时，键 K 与 A 端(ON)接通。此时，RS 触发器的 Q 端为高电平 1，$\overline{Q}$ 端为低电平 0。Q 端为去抖输出端，输出固定为 1。当键 K 被按下时，将在 A 端将形成一连串的抖动波形，而 $\overline{Q}$ 端在 K 未到达 B 端之前始终为 0。这时，无论 A 处出现怎样的电压(0 或 1)，Q 端固定输出 1。只有当 K 到达 B 端，使 B 端为 0，RS 触发器发生翻转，$\overline{Q}$ 端变为高电平 1，Q 端才变成低电平 0。此时，即使 B 处出现抖动波形，也不会影响 $\overline{Q}$ 端的输出，从而保证 Q 端固定输出为 0。同理，在释放键的过程中，只要一接通 A，Q 端就升至为 1。只要开关 K 不再与 B 端接触，双稳态电路的输出将维持不变。

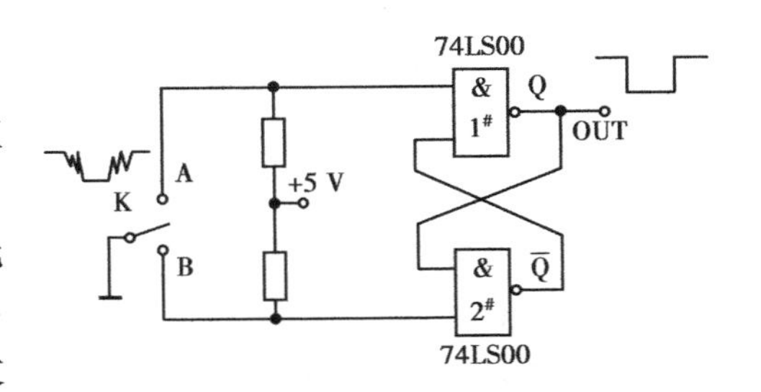

图 3.3　双稳态去抖电路

如前所述，若采用硬件去除抖动的电路，则 *N* 个键就必须配有 *N* 个去抖电路。因此，当键的个数比较多时，硬件去抖会过于复杂。为了解决这个问题，可以采用软件的方法来去除抖动的影响。当第一次检测到有键按下时，先用软件延时 10 ~ 20 ms，然后再确认该键电平是否仍维持闭合状态电平。若保持闭合状态电平，则认为此键确已按下，从而消除了抖动的影响。这种方法由于不需要附加的硬件投入，而被广泛应用，具体程序见后续内容。

(2) 给定键值或给出键号

一组按键或键盘都要通过 I/O 口线查询按键的开关状态，然后通过软件散转转移去实现这些键对应的功能任务。因此，在进行键盘设计时，要在对键识别后，将其转换成为易于进行程序设计的数值，即键值，来实现按键功能程序的散转转移。

(3) 选择键盘的监测方法

在计算机控制系统中，对键的输入进行键盘扫描只是 CPU 工作的一部分，键盘处理只是在有键按下时才有意义。对是否有键按下的信息进行监测的输入方式有中断方式与查询方式两种。

(4) 键盘程序的编制

一个完善的键盘控制程序应解决下列任务：

1) 监测有无按键按下。

2) 有键按下后，在无硬件除抖动电路时，应有软件延时方法除去抖动影响。

3) 有可靠的逻辑处理办法，对重键和连击进行有效的处理。

4) 根据键值输出确定键号以满足散转转移指令的要求。

2. 独立式键盘接口技术

独立式键盘指的是直接用 I/O 线构成的单个键盘电路。每个独立式按键单独占有一根 I/O 口线，每根 I/O 口线上的按键工作状态不会影响其他 I/O 口线的工作状态。独立式按键电路配置灵活，软件结构简单，但每个按键必须占用一根 I/O 口线，在按键数量较多时，I/O 口线浪费较大。故在按键数量不多时，常采用这种按键电路。

图3.4(a)为中断方式的独立式按键电路,图(b)为查询方式的电路。通常按键输入都采用低电平有效。上拉电阻保证了按键断开时,I/O口线有确定的高电平。当I/O口内部有上拉电阻时,外电路可以不配置上拉电阻。

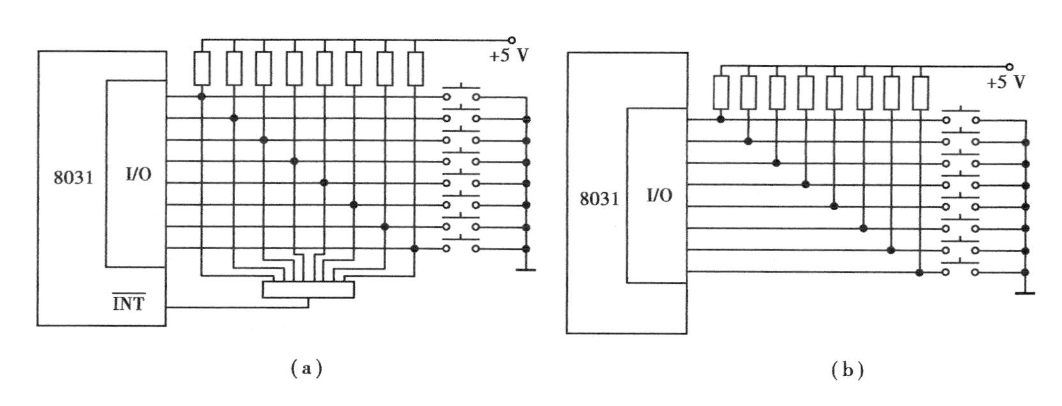

图3.4 独立式键盘的形式

(a)中断方式 (b)查询方式

下面通过中断方式的例子来分析独立式键盘的键盘结构与软件结构。

采用中断方式的键盘接口电路如图3.5所示。在图中,按键$K_0 \sim K_7$全部打开时,对应的各条列线全部为高电平,使8输入与非门(74LS30)输出为低电平,经过非门(74LS04)反向后输出高电平,不产生中断。当有键按下时,按下键所在的列线变为低电平,使8输入与非门(74LS30)输出为高电平,$\overline{INT}_0$端变为低电平,向CPU申请中断。CPU响应中断后,用查询的方法找出被按下的功能键,再通过软件查找出功能键服务程序的入口地址。在该程序中,查询的方法使用了查表散转的方法。主程序和中断服务程序清单如下所示:

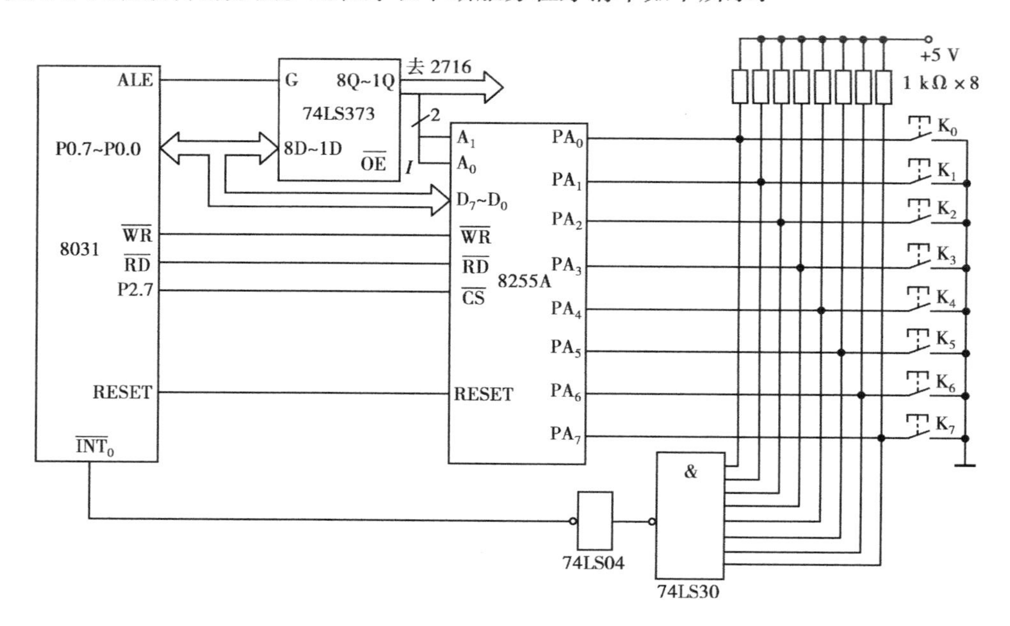

图3.5 用8255A扩展I/O的独立式键盘(中断方式)

```
         ORG     0000H
         AJMP    MAIN              ;上电后自动转向主程序
         ORG     0003H             ;外部中断0入口地址
         AJMP    KEYINT            ;指向键处理中断服务程序
         ORG     0100H
MAIN:    SETB    IT0               ;选择边沿触发方式
         SETB    EX0               ;允许外部中断0
         SETB    EA                ;允许CPU中断
         MOV     DPTR,#07FFFH      ;指向8255
         MOV     A,#90H            ;8255初始化,PA口置为方式0基本输入
         MOVX    @DPTR,A
HERE:    AJMP    HERE              ;等待中断
中断服务程序:
         ORG     0200H
KEYINT:  MOV     R7,#08H           ;设置循环次数
         MOV     DPTR,#7FFCH       ;指向8255的PA口
         MOV     R6,#00H           ;计数寄存器清零
         MOVX    A,@DPTR           ;读入PA口状态
KEY1:    RRC     A
         JNC     KEY2              ;进位标志位PSW.7=0,转向KEY2
         INC     R6                ;计数器加1
         DJNZ    R7,KEY1           ;8个键未查询完,继续下一个键
         RETI
KEY2:    MOV     DPTR,#KEYTAB      ;指向散转表首址
         MOV     A,R6              ;表中的偏移地址计算
         RL      A
         JMP     @A+DPTR           ;转到响应键功能程序入口地址表指针
KEYTAB:  AJMP    K0                ;分别转至8个键的功能程序入口地址
         AJMP    Kl
         AJMP    K2
         AJMP    K3
         AJMP    K4
         AJMP    K5
         AJMP    K6
         AJMP    K7
```

3. 矩阵式键盘接口技术

矩阵式键盘(或行列式键盘)由行线和列线组成,按键设置在行线和列线的交叉点上,按键的两端分别连接在行线和列线上。这种键盘在按键数量比较多的时候,可以节约I/O口线。

虽然这种键盘的响应速度不及独立式键盘,但因为计算机的处理速度远远高于人敲击键的速度,所以这一点无关紧要。因此,这种键盘是计算机控制系统中最主要的应用形式。

(1)矩阵式键盘的工作原理

矩阵式键盘电路原理参见图3.6所示。这种键盘由行线和列线组成,按键设置在行线和列线的交叉点上,按键的两端分别连接在行线和列线上。行线通过上拉电阻接+5 V,当没有键闭合时,被嵌位在高电平状态。当某一键闭合时,则该键所对应的行线与列线短路,此时,行线的电平由列线决定。反之,如果是列线上接上拉电阻,道理相同,请读者自己分析。

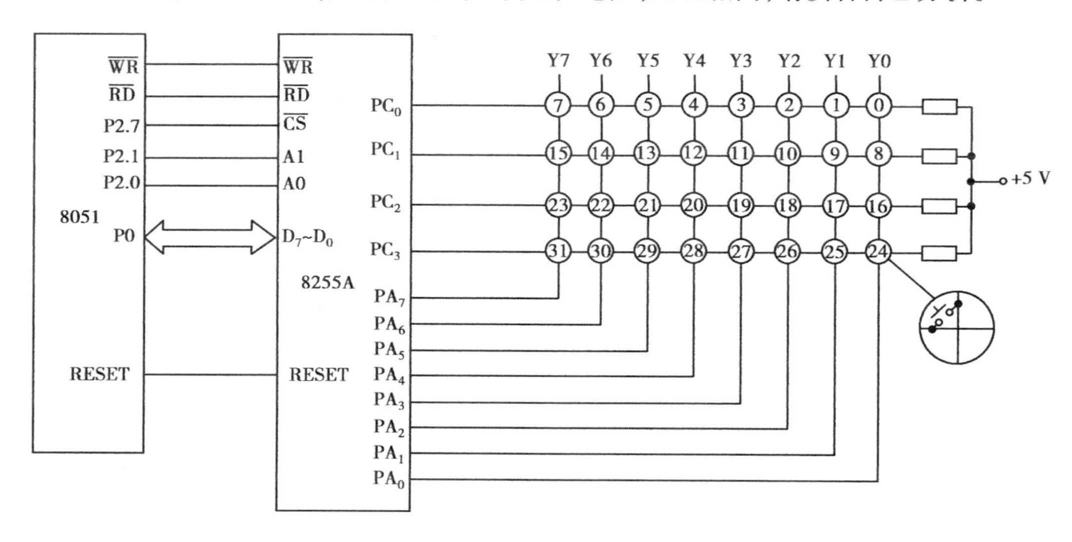

图3.6　用8255A扩展I/O口的矩阵式键盘

这种键盘工作时要解决好三个问题:

1)要确定键盘中是否有键按下。方法是:把所有列线置成低电平,即送出全扫描字,然后将行线电平读入CPU并判断,如果有键按下,总会有一根行线电平被拉至低电平,使行输入不全为1。

2)要确定具体是哪个键被按下。方法是:逐列给列线送低电平,即列扫描,并查所有行线状态,如果全为1,则所按下之键不在此列;否则所按下的键必在此列,这样,根据所输出的列值与读入的行值,即可确定被按下的键。

3)要确定具体的键值(键号),因为键盘上的每一个键都有一个键值与之对应。要确定键值,一种方法是将行线和列线按二进制顺序排列,当某键按下时,键盘扫描程序执行到给该列置低电平,读出各行为非全1状态,这时行列数据组合成键值;另一种方法是因为按第一种方法得到的键值分散度大且不等距,用于查表散转指令不太方便。对于不是4×4、8×4或8×8结构的键盘,使用同样不太方便,所以常常采用依次排列的赋键值的方法。在这里键值与键号一致。

(2)矩阵式键盘的工作方式

在计算机控制系统中,CPU要承担系统的全部工作,键盘扫描只是其工作的内容之一。CPU在完成整个系统的各项任务时,就存在如何能既不过多占用CPU的工作时间,又能保证及时地响应键操作的问题。因此,要根据系统的要求,选择合适的键盘工作方式。键盘工作方式有编程扫描方式、定时扫描方式和中断扫描方式三种。

1)编程扫描方式

编程扫描方式也称查询扫描方式,是利用 CPU 的空闲时间调用键盘扫描子程序,响应键盘的输入请求。在执行某个功能键的服务程序时,CPU 不再响应其他键的输入请求。下面以图3.6所示的8255扩展I/O口组成的矩阵式键盘为例,介绍编程扫描方式的工作过程与键盘扫描子程序。

在图3.6所示的键盘中,采用依次排列的赋键值方法,键值与键号一致,键依次排列为0~31,共32个键。由一个8位PA口和一个4位PC口组成4×8的行列式键盘。

具体扫描过程为:

①判断键盘上有无键按下。判断的方法是:通过PA口置列电平全为低电平,即输出全扫描字00H,并读入行电平,即PC口状态,若PC_0~PC_3为全1,则键盘无键按下,否则有键按下。

②去除键的机械抖动影响。当判断有键按下后,软件延时一段时间(一般在10 ms左右),再判断键盘状态,如果仍为该键按下,则认为本次按键有效,否则无效。

③求按下键的键号。按照行列式键盘的工作原理,对键盘进行逐列扫描。先置PA_0=0,然后读入PC口的值,看是否为0XFH,若等于0XFH,说明该列无键按下;再置PA_1=0,然后读入PC口的值,看是否为0XFH,若不等于0XFH,说明该列有键按下,读取该按键的行值和列值,即可求出键值。

这种顺序排列的键号按照行首键号与列号相加的办法处理,即键号=行首键号+列号,每行的行首键号按PC_0~PC_3依次为0,8,16,24,列号按PA_0~PA_7依次为0~7。

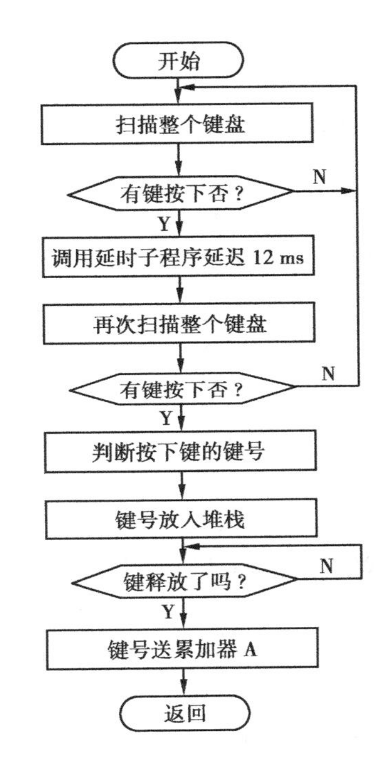

图3.7　键扫描子程序软件流程图

④为了防止重键的影响,闭合一次仅进行一次键功能操作,方法是等待键释放以后,再将键号送入累加器A中。

键扫描子程序流程图如图3.7所示。

子程序的出口状态:(A)=键号。

键扫描子程序清单如下:(8255A的初始化,置PA口为基本输出口、PC口为基本输入口,放在主程序中)

```
        ORG     0100H
KEY:    ACALL   KS1             ;调判断有无键按下子程序
        JNZ     LK1             ;有键按下时,(A)≠0 转去抖延时子程序
        AJMP    KEY             ;无键按下返回
LK1:    ACALL   T12MS           ;调 12 ms 延时子程序
        ACALL   KS1             ;调判断有无键按下子程序
        JNZ     LK2             ;键按下(A)≠0 转列扫描
        AJMP    KEY             ;若无键按下返回
```

```
LK2:    MOV     R2,     #0FEH       ;首列扫描字入 R2
        MOV     R4,     #00H        ;首列号入 R4
LK4:    MOV     DPTR,#7CFFH         ;列扫描字送 8255A 的 PA 口
        MOV     A,R2
        MOVX    @DPTR,A
        MOV     DPTR,#7EFFH         ;指向 8255 的 PC 口
        MOVX    A,@DPTR             ;从 8255 的 PC 口读入行状态
        JB      ACC.0,LONE          ;第 0 行无键按下,转查第 1 行
        MOV     A, #00H             ;第 0 行有键按下,该行首键号#00H 送入 A
        AJMP    KN                  ;转求键号
LONE:   JB      ACC.1,LTWO          ;第 1 行无键按下,转查第 2 行
        MOV     A,#08H              ;第 1 行有键按下,该行首键号#08H 送入 A
        AJMP    KN
LTWO:   JB      ACC.2,LTHR          ;第 2 行无键按下,转查第 3 行
        MOV     A,#10H              ;第 2 行有键按下,该行首键号#10H 送入 A
        AJMP    KN
LTHR:   JB      ACC.3,NEXT          ;第 3 行无键按下,转查下一列
        MOV     A,#18H              ;第 3 行有键按下该行首键号#18H 送入 A
KN:     ADD     A,R4                ;求键号,键号 = 行首键号 + 列号
        PUSH    ACC                 ;键号入栈保护
WAIT:   ACALL   KS1                 ;等待按键释放
        JNZ     WAIT                ;键释放后,键号送入 A
        POP     ACC
        RET                         ;键扫描结束,出口状态(A) = 键号
NEXT:   INC     R4                  ;指向下一列,列号加 1
        MOV     A,R2                ;判断 8 列扫描完没有
        JNB     ACC.7,KND           ;8 列扫描完,返回
        RL      A                   ;扫描字左移一位,转变为下一列扫描字
        MOV     R2,A                ;扫描字入 R2
        AJMP    LK4                 ;转下一列扫描
KND:    AJMP    KEY
KS1:    MOV     DPTR,#7CFFH         ;指向 PA 口
        MOV     A,#00H              ;全扫描字#00H
        MOVX    @DPTR,A             ;全扫描字入 PA 口
        MOV     DPTR,#7EFFH         ;指向 8255 的 PC 口
        MOVX    A,@DPTR             ;从 8255 的 PC 口读入行状态
        CPL                         ;变正逻辑,以高电平表示有键按下
        ANL     A,#0FH              ;屏蔽高 4 位
        RET                         ;出口状态,(A)≠0 时有键按下
```

```
T12MS: MOV    R7,#18H        ;延时 12 ms 子程序
TM:    MOV    R6,#0FFH
TM6:   DJNZ   R6,TM6
       DJNZ   R7,TM
       RET
```

编程扫描方式只有在 CPU 空闲时才调用键盘扫描子程序，因此，在系统软件方案设计时，应考虑其扫描子程序的调用要能满足键盘的响应要求。

2）定时扫描的工作方式

在该方式中利用单片机内部定时器产生定时中断，CPU 响应中断后对键盘进行扫描。定时扫描方式的键盘硬件电路与查询扫描方式相同，其软件流程如图3.8所示。

定时扫描方式在本质上是中断方式，因此，图 3.8 是一个中断服务程序流程图。按照程序要求，在单片机的片内 RAM 位寻址区设置去抖动标志 KM 和处理标志 KP 两个标志位，具体扫描过程如下：

当无键按下时，KM，KP 置零并返回。当键盘中有键按下时，先检查 KM 标志，若 KM＝0，表示尚未作去抖动处理，此时中断返回，同时 KM 置 1。因为中断返回后要经 10 ms 才可能再次中断，相当于实现了 10 ms 延时效果，因而程序中不需另设消抖动延时。当再次定时中断后检查 KP 标志，由于开始时 KP＝0，程序进行键号处理并使 KP 置 1，然后返回。第三次定时中断时，由于 KM，KP 均为 1，表示键处理完毕，返回原来的 CPU 状态。

3）中断扫描工作方式

在微机控制系统的工作过程中，键盘输入操作并不是很频繁，因此，无论是编程扫描工作方式还是定时扫描工作方式，都占用 CPU 的大量时间，不管有没有键的输入，CPU 总要在一定的时间内进行扫描。为了进一步提高 CPU 效率，可以采用中断扫描工作方式。

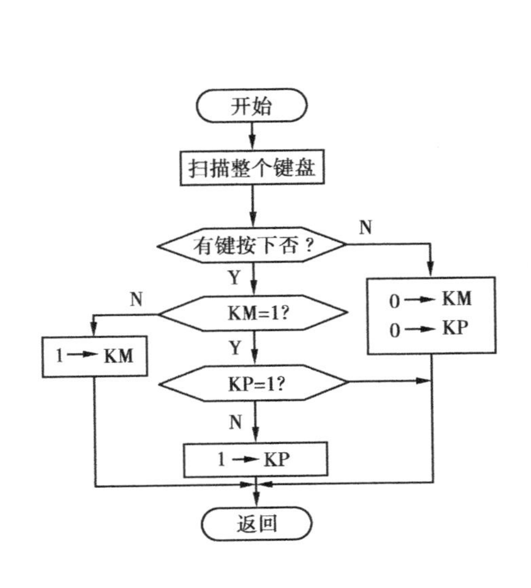

图 3.8　定时扫描程序流程图

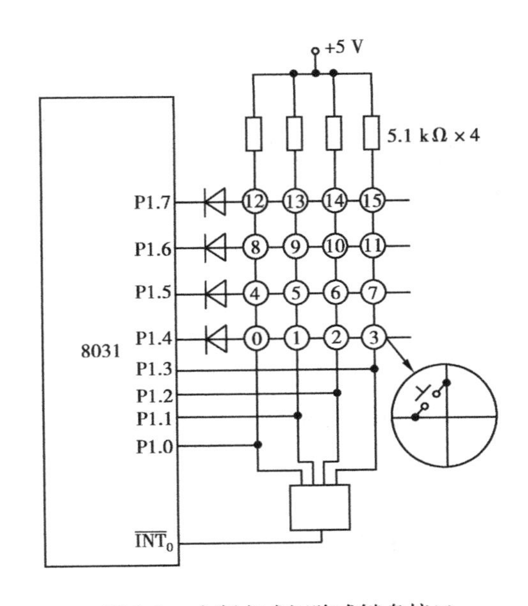

图 3.9　中断方式矩阵式键盘接口

中断扫描方式的接口电路如图 3.9 所示。该键盘直接由 8031 的 P1 口构成 4 ×4 行列式键盘。键盘的列线与 P1 口低 4 位相连，键盘的行线通过二极管接到 P1 口的高 4 位，因此，初始化时，使 P1.7 ~ P1.4 置低电平。没有键按下时，所有列线均为 1，经过 4 输入与门，输出高电平到 $\overline{INT_0}$ 引脚，此时不申请中断。当有键按下时，$\overline{INT_0}$ 端为低电平有效，向 CPU 发出中断申请，若 CPU 开放外部中断，则响应中断请求，进入中断服务程序。在中断服务程序中除完成键识别、键功能处理外，还须有消除键抖动、防止多次重复执行键功能等措施。

(3) 串行接口扩展矩阵式键盘

在计算机控制系统中，微机的任何 I/O 或扩展 I/O 都可以构成键盘。在以 MCS-51 单片机为核心的控制系统中，可提供用户直接使用的 I/O 线很少，大多采用扩展 I/O 口来构成非编码行列式键盘。典型的键盘接口有三种：①通用 I/O 扩展口(如 8155、8255 等)；②串行 I/O 扩展口；③专用键盘显示芯片(如 8279)。通用 I/O 扩展口前面已经讲过，在此不再多述。由于带有行列式键盘的应用系统中通常都有显示器，为节省 I/O 资源，往往把显示器电路与行列式键盘做在一个接口电路中。专用键盘显示芯片 8279 就是能完成这样任务的一种芯片，可参见后面的任务 3。

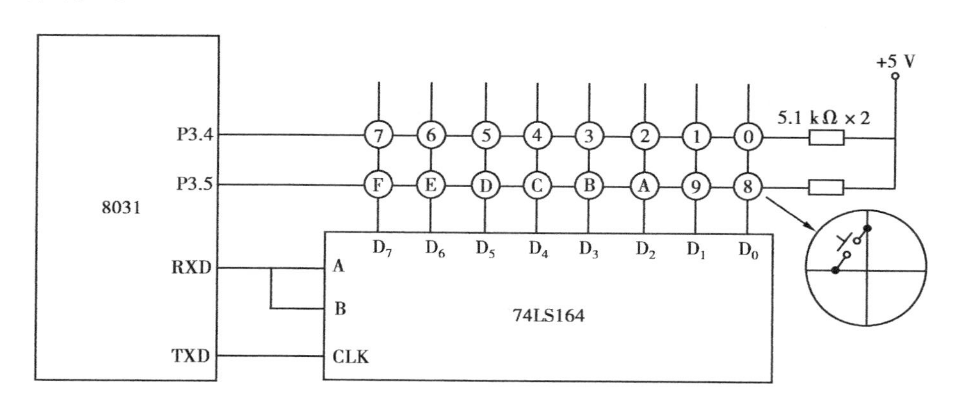

图 3.10 串行口扩展的矩阵式键盘

串行 I/O 扩展口的键盘接口的方法如图 3.10 所示。它由移位寄存器 74LS164 和 16 键(2 ×8)矩阵组成。串行接口扩展矩阵式键盘的程序设计参见任务 3。

技能训练 简易计算器的设计

1. 训练目的及要求

掌握键盘扫描电路和 LED 显示电路的工作原理和编程方法。

2. 实训指导

(1) 主要内容

根据所给的电路图设计一个简易的计算器，能实现三位正整数的加减法。

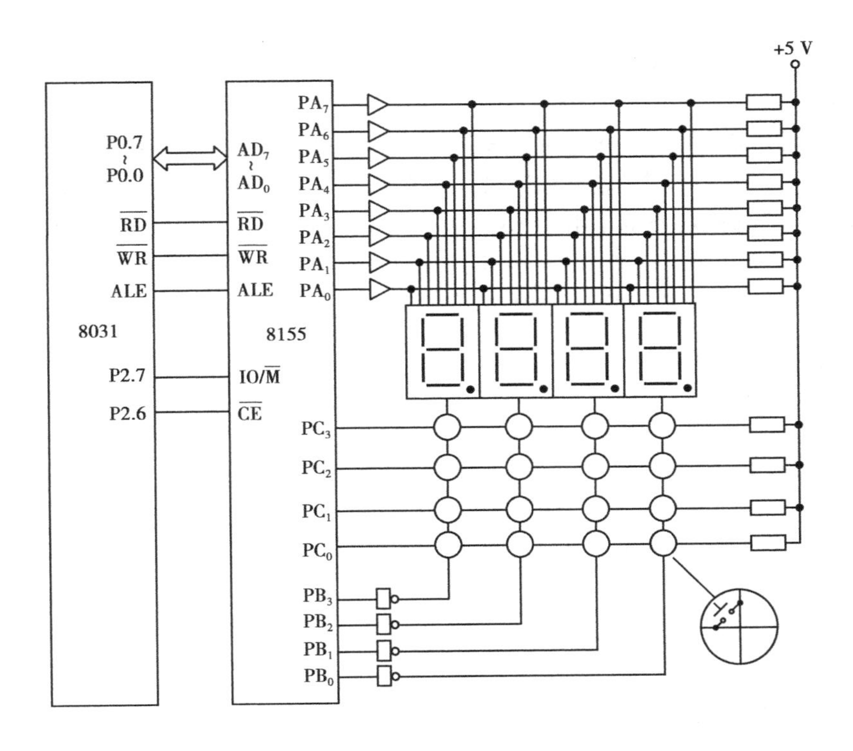

(2)实训步骤

①参考所给的电路图制作电路;

②完成电路的焊接、调试;

③根据训练内容要求绘制程序流程图;

④根据流程图进行程序的编写;

⑤软硬件结合起来进行在线仿真调试,直至满足要求;

⑥将程序固化到实验板上;

⑦编写实训报告。

3.报告格式要求

1)报告包括课题名称、目录、正文、小结和参考文献五部分;

2)正文要求写明训练目的,介绍8155的工作原理,简述键盘的扫描原理,LED显示原理,给出完整的电路图,绘制程序流程图,不必给出完整的程序。

任务2 信息显示接口技术

任务要求:

1)了解LED显示器和点阵式LCD的工作原理;

2)掌握LED显示器与单片机的接口方法及编程方法;

3)掌握点阵式LCD显示器与单片机的接口方法及编程方法。

为了使操作人员及时掌握生产情况,在一般的微型计算机控制系统或智能化仪器中,都配有信息显示器件。

常用的显示器件有:①显示和记录仪表;②CRT 显示终端;③LED 或 LCD 显示器;④大屏幕显示器。在这些显示器件中,显示和记录仪表只适用于企业的技术改造;CRT 多用于大、中型控制系统中;大屏幕显示器主要用于车站、码头、体育场馆、大型生产装置的现场显示;在小型计算机控制系统及智能化仪器中,主要用 LED 和 LCD 进行显示。

任务 2 主要介绍 LED 数码管和 LCD 液晶显示器的接口技术。

1. LED 显示接口技术

(1)LED 显示器的结构及原理

LED(发光二极管显示器)显示器是计算机控制系统中的廉价输出设备,它由若干个发光二极管组成,由于这些二极管的制造材料不同,可相应发出红、黄、蓝、紫等各种单色光,能显示出各种字符,常用的 LED 有 7 段数码管和"米"字形数码管。它们的外形及引脚如图 3.11 所示。

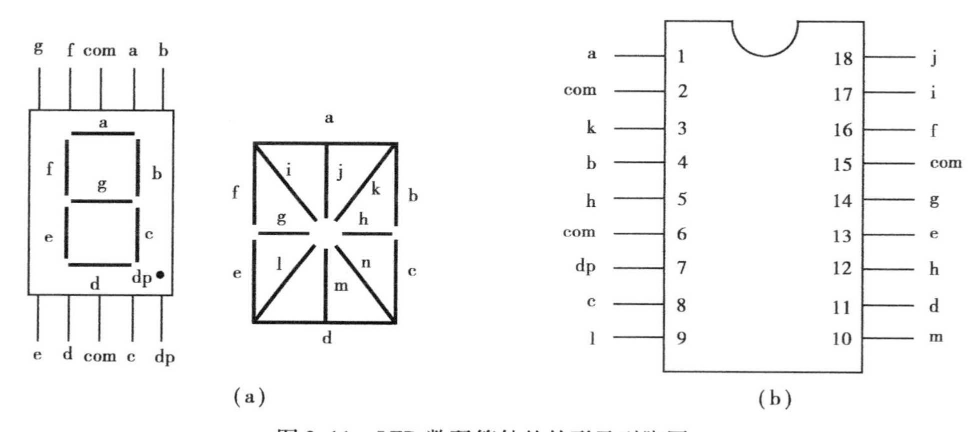

图 3.11　LED 数码管件的外形及引脚图

(a)7 段数码管外形及引脚　(b)"米"字形数码管外形引脚

LED 显示器(通常称为数码管)是由七段发光二极管组成来显示字段。常用的七段 LED 显示器的结构如图 3.12 所示,其中 dp 为小数点显示段。从各发光段电极连接方式来分,数码管可分为共阴极和共阳极两种方式。所谓共阴极方式就是将所有发光二极管的阴极连在一起作为公共端 com,如图(a)所示,当 com 接低电平,dp,g ~ a 中的某个字段的阳极接高电平时,对应的字段才能点亮。而所谓共阳极方式就是将所有发光二极管的阳极连在一起作为公共端 com,如图(b)所示,当 com 接高电平,dp,g ~ a 中的某个字段的阴极接低电平时,对应的字段才能点亮。在实际应用中要注意每段发光二极管所需电流一般为 5 ~ 15 mA。因此,由微型机发出的显示控制信号必须经过驱动电路才能使显示器正常工作。

使不同数码"段"的二极管发光就能显示不同的字母或数字。如图所示,让 a,b,c,d 和 g 段同时发光,则显示"3"字。因此,要将 7 段 LED 数码管与计算机连接,只要将计算机的一个 8 位并行输出口与数码管的发光二极管引脚相连即可。8 位并行输出口输出不同的字节数据就可以显示不同的数字或字母。通常将控制发光二极管的 8 位字节数据称为段选码。共阳极与共阴极的段选码互为补数。一部分数字和字母的段选码如表 3.1 所示。

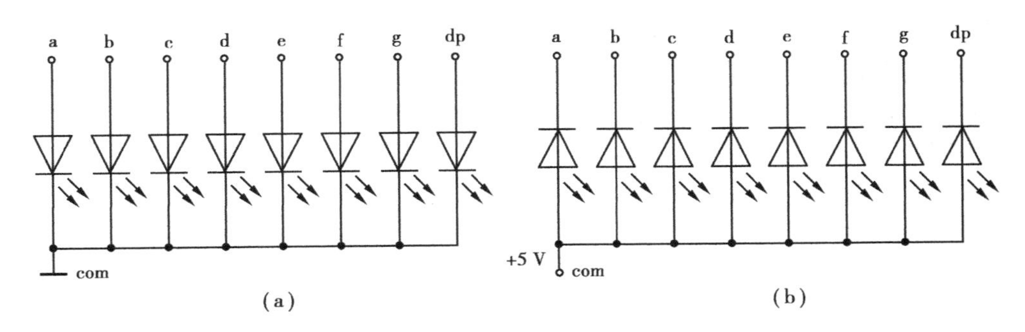

图3.12 LED数据管的结构接法图
(a)共阴极接法 (b)共阳极接法

表3.1 数字或字母的段选码

数字或字母	段选码		数字或字母	段选码	
	共阴极	共阳极		共阴极	共阳极
0	3FH	C0H	8	7FH	80H
1	06H	F9H	9	6FH	90H
2	5BH	A4H	A	77H	88H
3	4FH	B0H	B	7CH	83H
4	66H	99H	C	39H	C6H
5	6DH	92H	D	5EH	0AH
6	7DH	82H	E	79H	86H
7	07H	F8H	F	71H	8EH

(2)LED显示器与显示方式

在计算机控制系统中,常常要使用LED数码管构成*N*位LED显示器。图3.13是*N*位LED显示器的构成原理图。

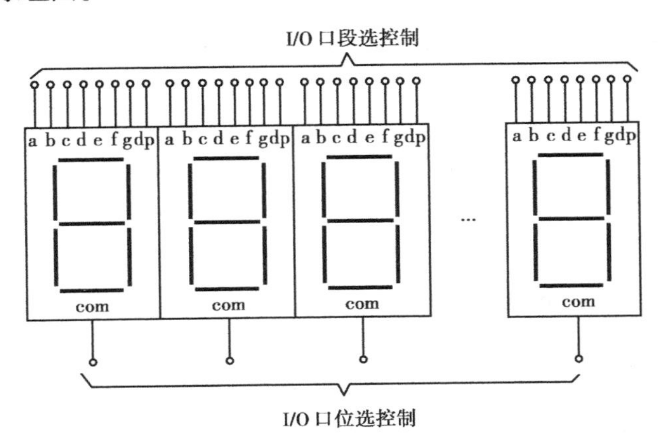

图3.13 *N*位LED显示器

N 位 LED 显示器有 N 根位选线和 $8\times N$ 根段选线。段选线控制字符选择,即控制显示的内容;位选线控制显示位的亮、暗,即控制在哪个 LED 上显示。

LED 显示器有静态显示与动态显示两种方式。根据显示方式的不同,位选线和段选线与计算机的连接方法也各不相同。

1)LED 静态显示方式

静态显示是由微型机一次输出要显示字符的段选码,就能保持该显示结果,直到发出新的段选码进行刷新为止。LED 显示器工作在静态显示方式下,共阴极(或共阳极)连接在一起接地(或 +5 V),每位的段选线(a ~ dp)与一个 8 位并行口相连。如图 3.14 所示。

这种显示占用机时少,显示可靠,因而在工业过程控制中得到了广泛应用。但这种显示方法使用元件多,占用 I/O 资源较多,如 N 位静态显示器要求有 $N\times 8$ 根 I/O 口线,故只用在显示位数较少时,在位数较多时经常采用动态显示方式。

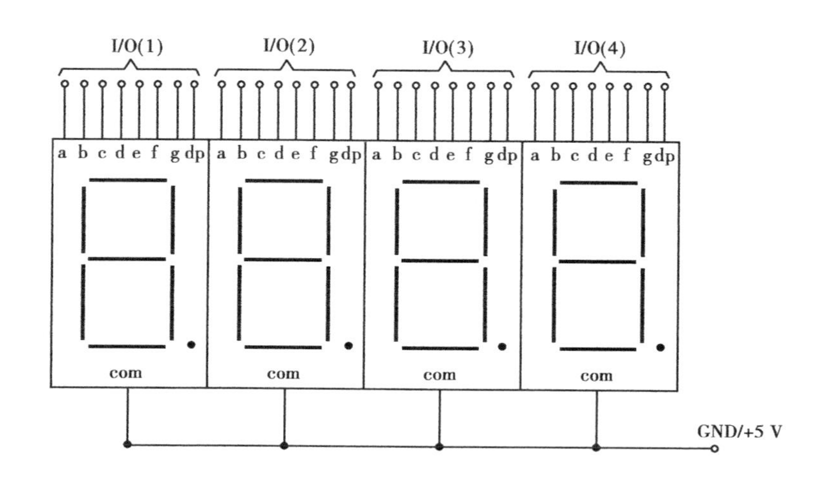

图 3.14　4 位静态 LED 显示器电路

2)LED 动态显示方式

动态显示,就是微型计算机周期性地对显示器件进行扫描。显示器件分时工作,每次只有一个显示器显示,但由于人的视觉有暂留现象,只要扫描周期定得合适,人仍能感觉到所有的显示器都在显示。当位数较多的 LED 显示器工作时,由于动态显示每次只有一个显示器显示,因此为了简化电路,降低成本,将所有显示位的段选线并联在一起,由一个 8 位 I/O 口控制,而共阴极线(或共阳极线)分别由相应的 I/O 口线控制。图 3.15 就是一个 8 位 LED 动态显示器电路。

图中所示 8 位 LED 动态显示电路只需要两个 8 位 I/O 口,其中一个控制段选码,一个控制位选码。由于所有位的段选码都由一个 I/O 口控制,因此,在每个瞬间,8 位 LED 只可能显示相同的字符。要想每位显示不同的字符,必须采用周期扫描显示方式。即在每一瞬间只使某一位显示相应字符。在此瞬间,段选控制 I/O 口输出相应字符段选码,位选控制 I/O 口在该显示位送入选通电平(共阴极送低电平、共阳极送高电平)以保证该位显示相应字符。如此轮流,使每位显示该位应该显示的字符,并保持延时一段时间(一般为 1 ~ 5 ms),从而造成视觉暂留效果。例如,如果设图中的数码管为共阴极 LED,要求 8 位 LED 动态显示数为 12345678

时，I/O(1)和 I/O(2)轮流送入的段选码、位选码及显示状态如表3.2所示。

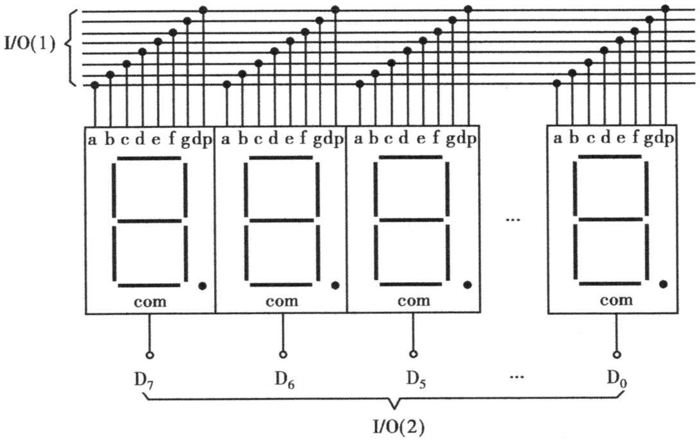

图3.15　8位动态LED显示器电路

表3.2　8位数码管动态扫描一周期状态显示

段选码 I/O(1)	位选码 I/O(2)	显示器显示状态
7FH	FEH	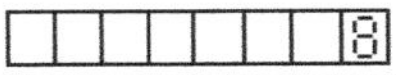 8
07H	FDH	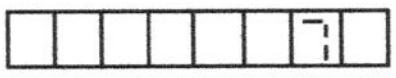 7
7DH	FBH	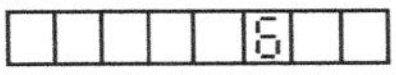 6
6DH	F7H	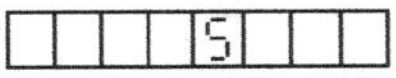 5
66H	EFH	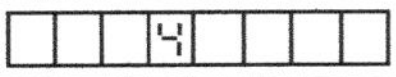 4
4FH	DFH	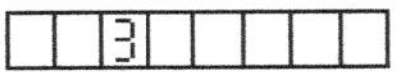 3
5BH	BFH	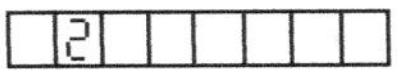 2
06H	7FH	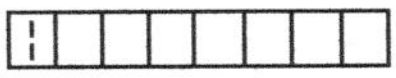 1

段选码、位选码每送入一次后延时1～5 ms。不断循环送出相应的段选码、位选码，就可以获得视觉稳定的显示状态。表中的段选码、位选码都是按共阴极LED设置的，如果是共阳极LED，表中的段选码和位选码要做相应的改变。

(3)LED显示器接口技术

通过LED显示器的显示原理可知，必须要将显示的字符转换成相应的段选码才能显示出来。这种转换有软件译码和硬件译码两种方式。下面通过一些实例来说明使用软件译码或硬件译码的一些接口技术。

1)软件译码显示器接口技术

由于显示方式的不同，软件译码的显示接口又分为动态显示接口和静态显示接口。下面就以一个6位LED动态显示接口电路来说明软件译码动态显示接口技术。

图3.16所示的是8031通过8155扩展I/O控制的6位LED动态显示接口电路。

图中PA口输出段选码，PB口输出位选码。由于PA，PB口的驱动能力有限，所以PA口经过驱动器74LS07与数码管相连，PB口经过7406缓冲器/驱动器反向后与数码管相连。

设待显示的字符存放在地址为30H～35H的RAM中，对8155初始化完成后，从显示缓冲区内取出一位要显示的数（十六进制数），利用软件译码的方法求出待显示字符所对应的段选码，然后由PA口输出，并经过74LS07驱动器放大后送到各显示器的数据总线上。到底哪一位数码管显示，要由位选码来决定。只有位选信号$PB_i=1$（经驱动器变为低电平）时，对应位上的数码段才按段选码显示。若将各位从左至右依次进行显示，每个数码管连续显示1 ms，显示完最后一位数后，再重复上述过程，由于人的视觉暂留，看到的是6位数"同时"显示。

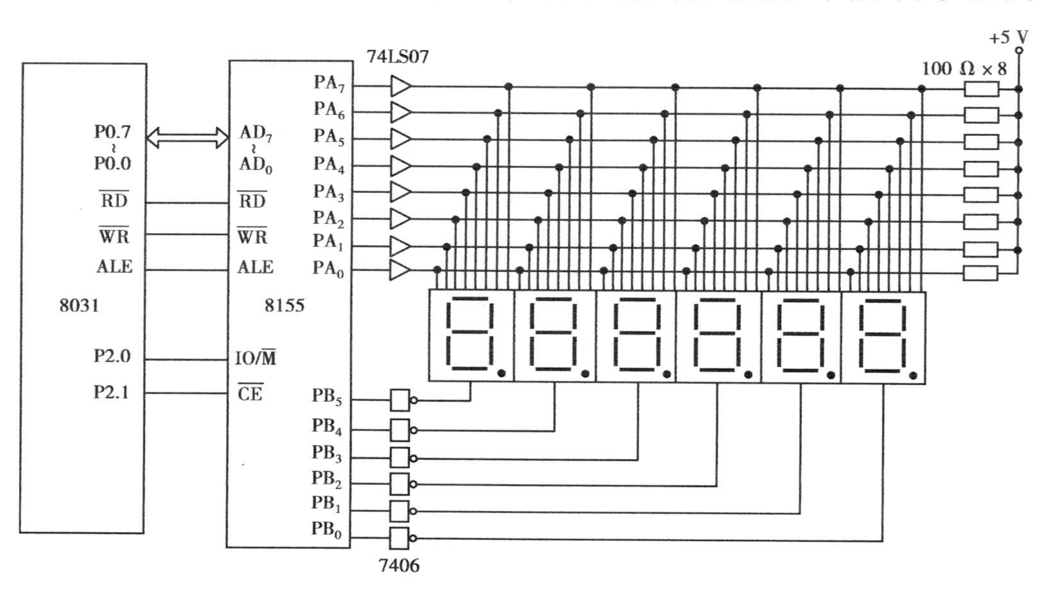

图3.16　6位动态显示接口电路

完成动态显示任务的程序流程图如图3.17所示，动态显示子程序清单如下：

```
          ORG     0100H
DISPLAY:  MOV     R0,#30H         ;显示缓冲区首地址送R0
          MOV     R2,#20H         ;位选码指向最左一位
DISPLAY1: MOV     A,@R0           ;取出要显示的数
          MOV     DPTR,#SEGTBL    ;指向换码表首址
          MOVC    A,@A+DPTR       ;取出显示段选码
          MOV     DPTR,#0FD01H    ;从8155的PA口输出显示码
          MOVX    @DPTR,A
          MOV     A, R2           ;从8155的PB口输出位选码
          INC     DPTR
          MOVX    @DPTR,A
          ACALL   D1MS            ;延时1 ms
          MOV     A,R2
          JNB     ACC.0,DISPLAY2  ;6位都显示完了吗？未完，继续显示
          RET
```

```
DISPLAY2: INC     R0                 ;求下一位待显示的数的存放地址
          MOV     A,R2               ;求下一个位选码
          RRA     A
          MOV     R2,A
          AJMP    DISPLAY1
D1MS:     MOV     R3,#7DH            ;延时 1 ms
DL1:      NOP
          NOP
          DJNZ    R3,DL1
          RET
SEGTBL:   DB 3FH, 06H,5BH,4FH,66H,6DH,7DH,07H,
          DB 7FH,6FH,77H,7CH,39H,5EH,79H,71H
```

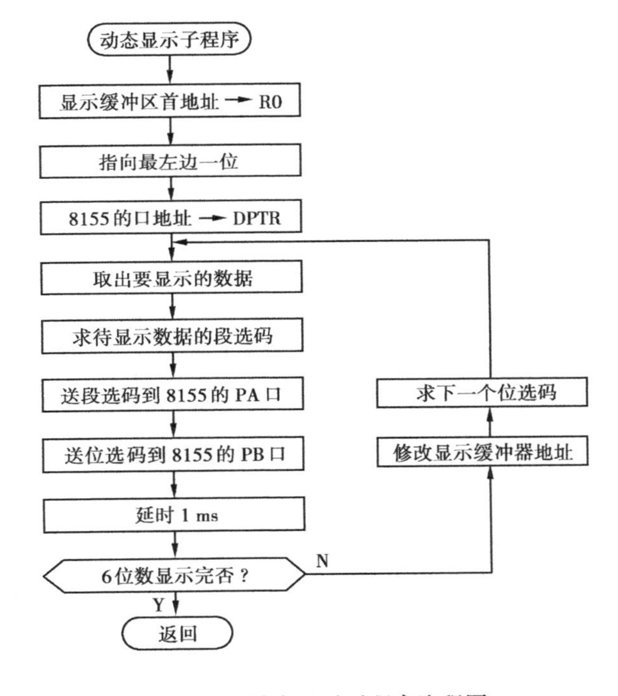

图 3.17　动态显示子程序流程图

由于静态显示电路的最大优点是只要不送新的数据,则显示值不变。且微型计算机不用像动态显示那样不间断地扫描,因而节省了大量机时,适用于工业过程控制及智能化仪器。软件译码的 6 位 LED 静态显示电路原理图如图 3.18 所示。

在该显示电路中,6 位数码显示器共用同一组总线,每个 LED 显示器均配有一个锁存器(74LS377),用来锁存待显示的数据。74LS244 为总线驱动器,由 $\overline{WR}$ 和 P2.7 来控制。当 $\overline{WR}$ 和 P2.7 同时为低电平时,74LS244 打开,将 P0 口线上的数据传送到各个显示器的锁存器 74LS377 中。当被显示的数据从 P0 口经 74LS244 传送到各锁存器的输入端后,到底哪一个锁存器选通,取决于地址译码器 74LS138 输出位的状态,即 P2.0 ~ P2.6 的状态。

在图 3.18 所示的显示系统中,根据地址译码器 74LS138 与数据锁存器 74LS377 的连接,

从左到右各显示位的地址依次为4000H,4100H,4200H,4300H,4400H,4500H。由于这是一个静态显示接口电路,输出显示位的地址就选中了显示位,即发出了位选信号,故只要向显示位的LED地址输出一次段选码数据,就可以显示一位。

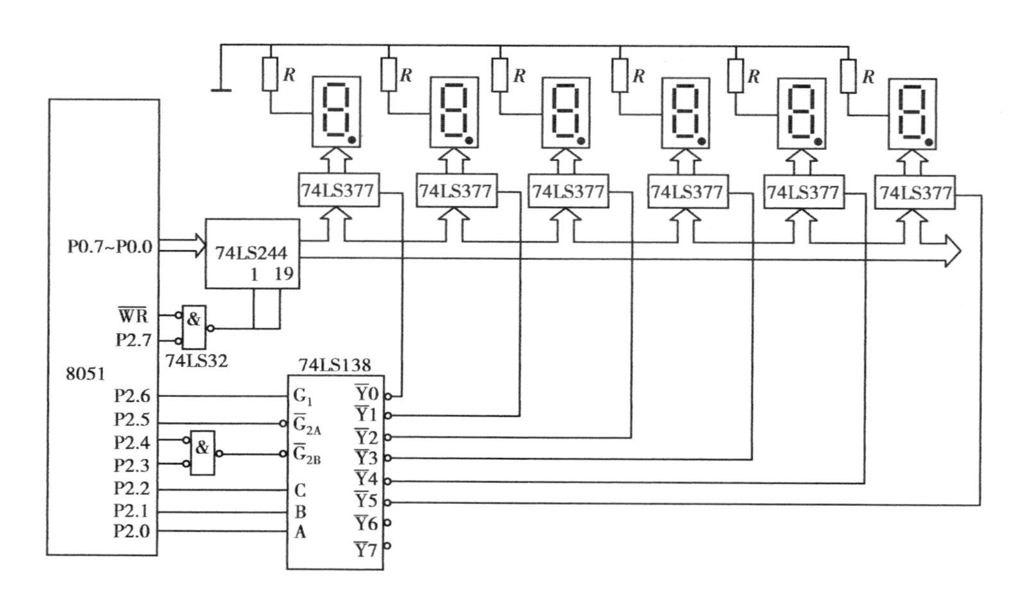

图3.18　用锁存器连接的6位静态显示电路

设显示缓冲区地址为30H~32H,6位静态显示电路的程序清单如下:

```
          ORG    0100H
DISPLAY:  MOV    R0,#30H        ;建立显示缓冲区地址指针
          MOV    R1,#03H        ;设置循环次数
          MOV    R2,#40H        ;指向最左边一位
          MOV    R3,#00H
LOOP:     MOV    A,@R0          ;取BCD码高4位送去显示
          SWAP   A
          ANL    A,#0FH
          MOV    DPTR,#SEGTABLE
          MOVC   A,@A+DPTR
          MOV    DPH,R2
          MOV    DPL,R3
          MOVX   @DPTR,A
          MOV    A,@R0          ;取BCD码低4位送去显示
          ANL    A,#0FH
          MOV    DPTR,#SEGTABLE
          MOVC   A,@A+DPTR
          INC    R2             ;求下一个显示位地址
          MOV    DPH,R2
```

```
            MOV     DPL,R3
            MOVX    @DPTR,A
            INC     R0              ;求下一个要显示的BCD码存放地址
            INC     R2              ;求下一个显示位地址
            DJNZ    R1, LOOP        ;判断6位显示模型是否已送完,未完继续
            RET                     ;已送完,返回
SEGTABLE:   DB 3FH,06H,5BH,4FH,66H,6DH,7DH,07H,
            DB 7FH,67H,77H,7CH,39H,5EH,79H,71H
```

2)硬件译码LED显示器接口技术

从以上的介绍可以看出,软件译码LED显示器接口电路,无论动态显示电路,还是静态显示电路,其从十六进制数或BCD码转换到7段显示代码的方法是一样的,都是利用软件查表法来实现的。这种方法的特点是电路简单,显示速度有所下降。

所谓硬件译码,就是用硬件译码器直接求得显示代码。这样,不仅可以节省计算机的时间,而且程序设计简单,只要把十六进制数或BCD码从相应的端口输出即可完成显示。由于显示芯片的不同,显示电路也不相同,下面介绍几种常用的硬件译码显示电路。

①由74LS47组成的硬件译码静态显示电路

74LS47是具有驱动能力的BCD-7段译码专用显示芯片,图3.19所示的是一个4位LED静态硬件译码显示电路。

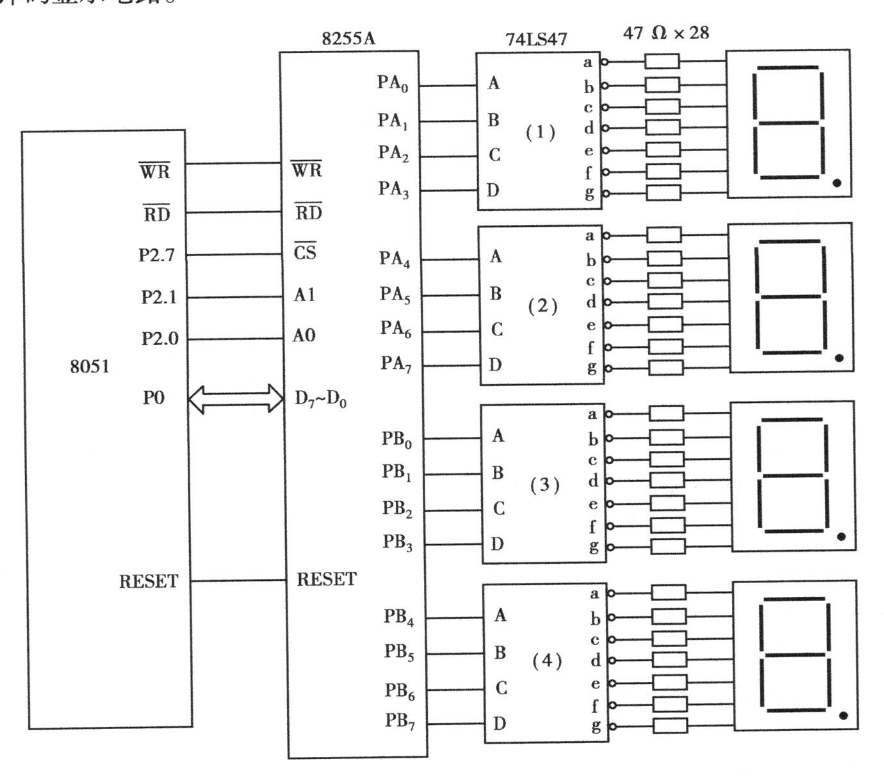

图3.19　74LS47硬件译码电路

如图3.19所示,8255A为扩展接口,利用8255A的A口、B口作为输出口和锁存器。由于BCD码为4位二进制数,故每个端口可控制两位LED显示器。每位LED显示器与8255A每4口之间接一片74LS47,用来完成BCD码-7段显示码的转换。在该图中,只有4位LED显示器,如果要扩充显示位,可按上述方法再增加8255A接口芯片,其译码器、显示器的连接方法完全与本图相同。

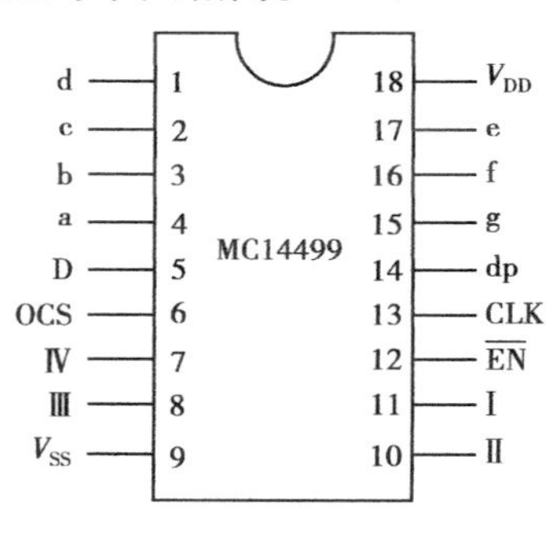

图3.20 MC14499的管脚

②串行输入硬件译码芯片MC14499

前面所介绍的硬件译码芯片,主要用在并行口中。串行口硬件译码常用的芯片是串行输入BCD码——十进制译码驱动芯片MC14499。

MC14499的引脚配置如图3.20所示。芯片的各引脚名称及功能如下:

- D:串行BCD码数据输入端;
- OCS:振荡器外接电容端,外接电容使片内振荡器产生200~800 Hz扫描信号以防LED闪烁;
- a,b,c,d,e,f,g,dp:七段显示输出端,输出段译码;
- Ⅰ,Ⅱ,Ⅲ,Ⅳ:字位选择端。用来产生LED选通信号,四中选一;
- CLK:时钟输入端,用以提供串行接收的控制时钟。标准时钟频率为250 kHz;
- $\overline{EN}$:芯片使能端。为0时,允许接收串行数据输入;为1时,数据锁存入锁存器。

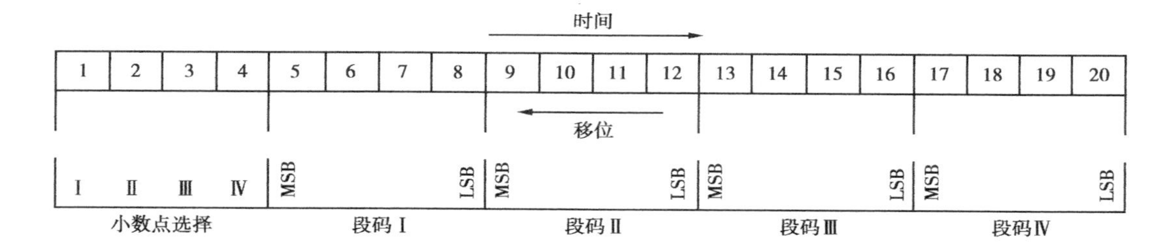

图3.21 MC14499的帧串行输入数据格式

由于MC14499片内具有BCD译码器和串行接口,所以它几乎可以与任何单片机接口相连。MC14499每一次可接收20位串行输入数据,20位串行数据提供了4位BCD码和4位小数点选择位。如图3.21所示,前4位用于控制4个LED显示器的小数点是否显示,后16位是4个LED显示器的BCD码输入数据。其相应的字符如表3.3所示。

由于MC14499片内有锁存器,送入一帧(20位)数据后,这些数据保存在MC14499中,可靠地驱动4位LED显示器显示锁存器中的数据字符。当系统需要4位以上的LED显示器时,可将多个MC14499级联,每增加一片MC14499时,可增加4位LED显示,如图3.22所示。

在多片MC14499级联时,必须使每帧数据的前4位均为1,因此,在这种情况下,LED中的小数点将无法使用。此时DP端作为串行数据输出端,与下一级MC14499相连。

在每帧数据传送之前,必须将$\overline{EN}$置0,然后传送20位数据,数据传送完以后,再将$\overline{EN}$置1。对于n个MC14499级联,需进行n次上述过程。

MCS-51 单片机与 MC14499 接口电路有两种方案可供选择。

表3.3　MC14499 的 BCD 码显示字符

BCD 码	显示字符	BCD 码	显示字符
0000	0	1000	8
0001	1	1001	9
0010	2	1010	A
0011	3	1011	I
0100	4	1100	I I
0101	5	1101	U
0110	6	1110	-
0111	7	1111	熄灭

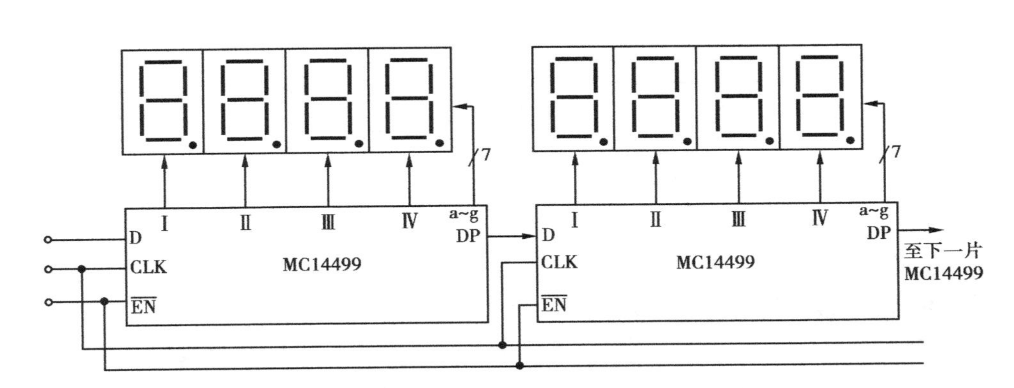

图3.22　多个 MC14499 级联

- 并行 I/O 口控制方案

该方案如图3.23所示，可由 P1 口的三根 I/O 口线分别提供时钟信号、串行数据和使能信号的输入。

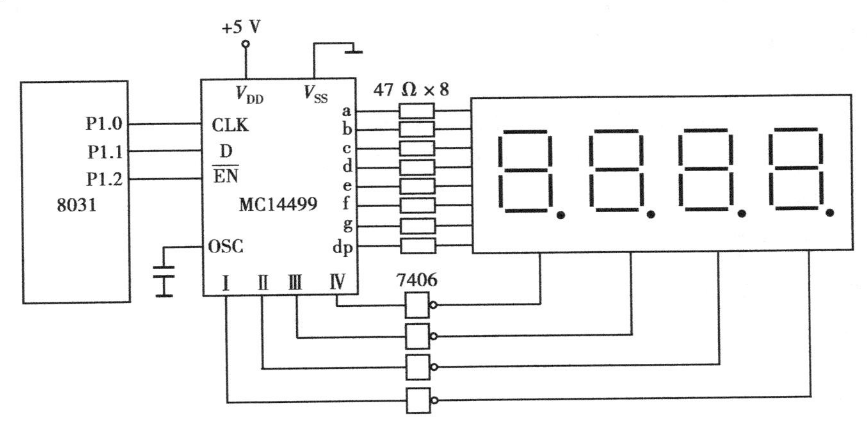

图3.23　MCS-51 并行口与 MC14499 的接口电路

• 串行 I/O 口控制方案

具体的接口应用电路见后面任务 3。

2. LCD 显示接口技术

液晶显示器 LCD(Liquid Crystal Display)是一种利用液晶的扭曲/向列效应制成的新型显示器。由于具有显示信息丰富、功耗低、体积小、重量轻、超薄等其他显示器无法比拟的优点,被广泛用于单片机控制的智能仪器、仪表和低功耗电子产品中。

(1)LCD 的基本结构及工作原理

液晶显示器的结构如图 3.24 所示。

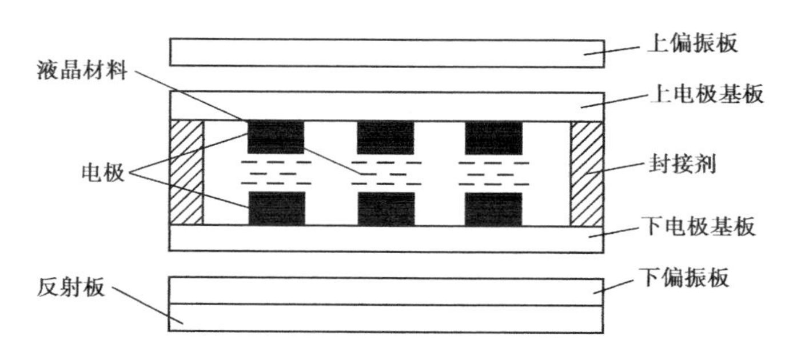

图 3.24 液晶显示器基本结构

在上、下玻璃电极之间封入向列型液晶材料,液晶分子平行排列,上、下扭曲 90°,外部入射光线通过上偏振片后形成偏振光,通过平行排列的液晶材料后被旋转 90°,再通过与上偏振片垂直的下偏振片,被反射板反射回来,呈透明状态;当上、下电极加上一定的电压后,电极部分的液晶分子转成垂直排列,失去旋光性,从上偏振片入射的偏振光不被旋转,光无法通过下偏振片返回,因而呈黑色。根据需要,将电极做成各种文字、数字、图形,就可以获得各种状态显示。

按显示类型分,LCD 可分为段式 LCD 和点阵式 LCD。

段式 LCD 是指以长条状显示像素组成一位显示类型的液晶显示模块显示,主要用于显示字符和数字,不能满足图形曲线和汉字显示的要求。段式 LCD 的驱动方式一般有驱动和时分分割驱动两种,其显示原理与 LED 显示器类似,不同的是 LED 是电路驱动,而 LCD 是电压驱动。

点阵式液晶显示模块相对于段码式 LCD 或 LED 的区别在于不仅它可以显示字符,还可以显示各种图形、曲线及汉字,并且可以实现屏幕上下左右滚动、动画、分区开窗口、反转、闪烁等功能,用途十分广泛。

(2)点阵式 LCD 显示模块

液晶显示模块具有显示数字、字母、汉字和图形符号的能力,它是由液晶显示器件和专用的行、列驱动器、控制器 3 部分组成。下面以内置 SED1520 控制器的液晶显示器 MG12232 为例,介绍点阵式 LCD 的接口方法与编程实现。

1)SED1520 的主要特点

SED1520 是一种点阵图形式液晶驱动器,可直接与 8 位 CPU 相连,使用方便。SED1520 通常集列驱动器和控制器于一体,作为内藏式控制器,广泛应用于小规模液晶模块的显示。

SED1520 驱动器的主要特点为：

- 内部显示 RAM 容量为 2 560 位。其每一位数据控制液晶屏上一点的亮灭状态。“1”表示亮，“0”表示暗。
- 具有 16 个行驱动和 61 个列驱动，可方便与 SED1521 配合，进行单一列的扩展。
- 总线速度可达 10 MHz，显示占空比为 1/16 或 1/32。

采用 SED1520 作为驱动器的液晶模块，根据液晶屏的大小不同，SED1520、SED1521 对行、列的组合有所不同。

2）MG12232 模块的引脚功能

MG12232 液晶显示器是采用 SED1520 驱动控制器的点阵式 LCD，点阵为 122 × 32，需要两片 SED1520 组成，由 E1、E2 分别选通。一个 SED1520 显示控制器能控制 80 × 16 点阵液晶的显示，其显示 RAM 共 16 行，分 2 页，每页 8 行，每一页的数据寄存器分别对应液晶屏幕上的 8 行点。当设置了页地址和列地址后就确定了显示 RAM 中的唯一单元。屏幕上的每一列对应一个显示 RAM 的字节内容，且每列最下面一位为 MSB，最上面一位为 LSB，即该 RAM 单元字节数据由低位到高位的各个数据位对应于显示屏上某一列的由高到低的 8 个数据位。对显示 RAM 的一个字节单元赋值就是对当前列的 8 行（1 页）像素点是否显示进行控制。MG12232 的内部结构图如图 3.25 所示。

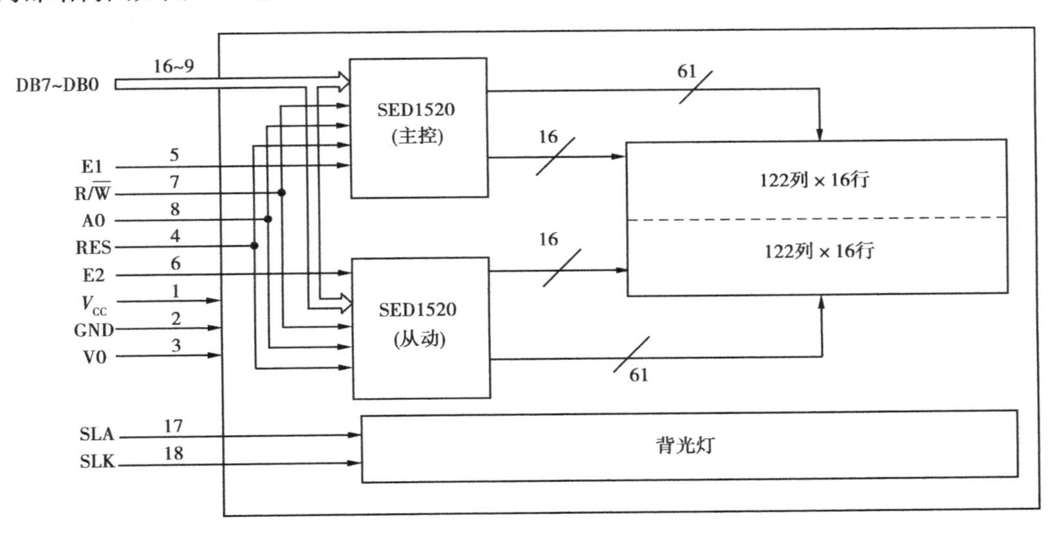

图 3.25　MG12232 的内部结构图

MG12232 模块共有 18 个引脚，各引脚定义如下：

- V_{CC}：电源输入端 +5 V。
- GND：接地端。
- V0：液晶显示驱动电源。
- RES：接口时序类型选择。RES = 1 为 M6800 时序，其操作信号是 E 和 R/W；RES = 0 为 Intel 8080 时序，操作信号是 RD 和 WR。
- E1：主工作方式使能信号。
- E2：从工作方式使能信号。

• $R/\overline{W}$:在 Intel 8080 时序时为写,低电平有效;在 M6800 时序时为读、写选择信号,$R/\overline{W}=1$为读,$R/\overline{W}=0$ 为写。

• A0:数据/指令选择信号。A0 = 1 表示出目前数据总线上的是数据;A0 = 0,表示出目前数据总线上的是指令或读出的状态。

• DB7 ~ DB0:数据总线。

• SLA:背光灯正电源。

• SLK:背光灯负电源。

3. 点阵式 LCD 显示模块与单片机的接口实例

(1) MG12232 模块与 MCS-51 单片机的接口方法

MG12232 点阵液晶显示模块与计算机有两种连接方式,一种是直接访问方式,一种是间接控制方式。

所谓直接访问方式就是将液晶显示模块的接口作为存储器或 I/O 设备直接挂在计算机总线上。计算机通过地址译码控制 E1 和 E2 的选通,读/写操作信号 $R/\overline{W}$ 由地址线 A1 控制,命令/数据寄存器选择信号 A0 由地址线 A0 控制。

间接控制方式是计算机通过自身的或系统的并行接口与液晶显示模块连接,如 8031 的 P1 口和 P3 口,8255A 等并行接口芯片。计算机通过对该并行接口输出状态的编程操作,完成对液晶显示模块所需时序的操作和数据的传输。这种间接控制方式的电路简单,控制时序通过编程来实现。

图 3.26 给出的是 MG12232 与 8031 单片机的接口电路,该电路采用的是直接访问方式。

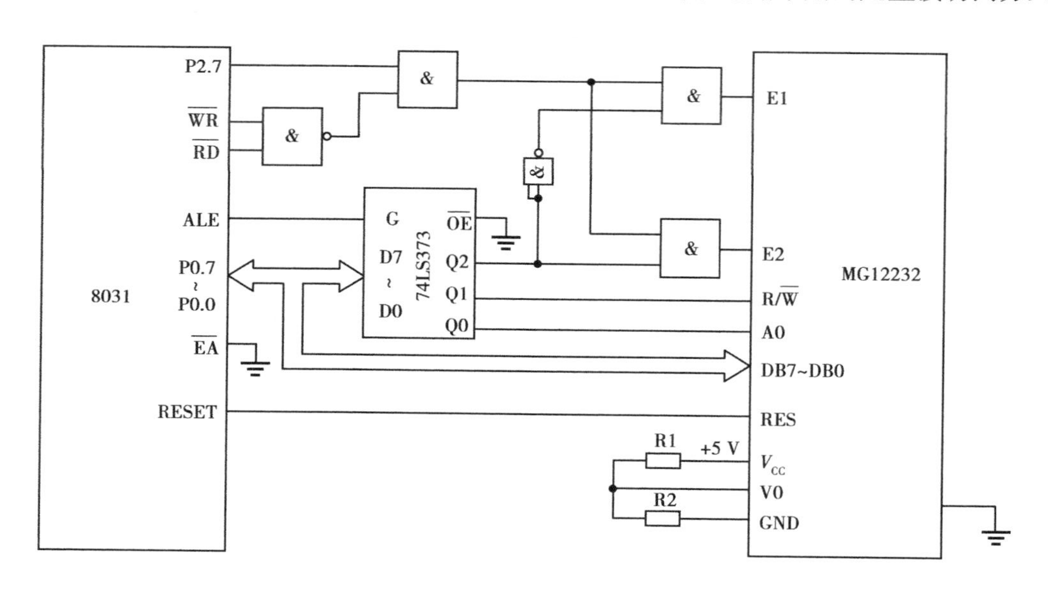

图 3.26 点阵液晶显示模块的直接访问方式接口电路

(2) SED1520 液晶显示驱动器的指令集

SED1520 液晶显示驱动器有 13 条指令。下面以和 M6800 系列 MPU 接口为例(RES = 1)介绍 13 种指令。

①读状态字

控制信号		控制代码							
R/$\overline{W}$	A0	DB7	DB6	DB5	DB4	DB3	DB2	DB1	DB0
1	0	BUSY	ADC	OFF/ON	RESET	0	0	0	0

BUSY：0 表示准备好状态，1 表示忙状态；

ADC：0 表示反向输出（左向），1 表示正常输出（右向）（具体见 ADC 选择）；

OFF/ON：0 表示显示打开，1 表示显示关闭；

RESET：0 表示正常状态，1 表示复位状态。

当 SED1520 处于“忙”状态时，除了读状态指令，其他指令均不起任何作用，因此在访问 SED1520 时，都要先读一下状态字，判断是否“忙”。

②复位

控制信号		控制代码							
R/$\overline{W}$	A0	DB7	DB6	DB5	DB4	DB3	DB2	DB1	DB0
0	0	1	1	1	0	0	0	1	0

执行复位指令后，使显示起始行置为第 0 行，列地址置为第 0 列，页地址置为第 3 页。

③占空比选择

控制信号		控制代码							
R/$\overline{W}$	A0	DB7	DB6	DB5	DB4	DB3	DB2	DB1	DB0
0	0	1	0	1	0	1	0	0	0/1

DB0 =0 占空比为 1/16，DB0 =1 占空比为 1/32。驱动 32 行液晶显示时，使 DB0 为 1；驱动 16 行时，使 DB0 =0。

④显示起始行设置

控制信号		控制代码							
R/$\overline{W}$	A0	DB7	DB6	DB5	DB4	DB3	DB2	DB1	DB0
0	0	1	1	0	显示起始行（0～31）				

有规律地修改行号，可实现滚屏功能。

⑤终止驱动选择

控制信号		控制代码							
R/$\overline{W}$	A0	DB7	DB6	DB5	DB4	DB3	DB2	DB1	DB0
0	0	1	0	1	0	0	1	0	0/1

该指令用软件终止 SED1520 的 LCD 驱动的输出。使系统在不显示状态下停止对 LCD 的驱动输出，从而降低系统的功耗。终止驱动指令须在关显示状态下输入。DB0 =0 为正常驱动，DB0 =1 为终止驱动。

⑥ADC 选择指令

控制信号		控制代码							
R/$\overline{W}$	A0	DB7	DB6	DB5	DB4	DB3	DB2	DB1	DB0
0	0	1	0	1	0	0	0	0	0/1

该指令用来设置列驱动输出口与液晶屏的列驱动线的连接方式。DB0 = 0 为反向排序，DB0 = 1 为正向排序。

⑦显示开/关指令

控制信号		控制代码							
R/$\overline{W}$	A0	DB7	DB6	DB5	DB4	DB3	DB2	DB1	DB0
0	0	1	0	1	0	1	1	1	1/0

DB0 = 0 为关显示；DB0 = 1 为开显示。该指令不影响显示 RAM 内容。

⑧设置页地址

控制信号		控制代码							
R/$\overline{W}$	A0	DB7	DB6	DB5	DB4	DB3	DB2	DB1	DB0
0	0	1	0	1	1	1	1	页地址(0～3)	

⑨设置列地址

控制信号		控制代码							
R/$\overline{W}$	A0	DB7	DB6	DB5	DB4	DB3	DB2	DB1	DB0
0	0	0	列地址(0～79)						

显示 RAM 被分成四页，每页 80 个字节，当设置了页地址和列地址后，就确定了显示 RAM 中的唯一单元，该单元由高到低的各个数据位，对应于显示屏上某一列的 8 行数据位。

⑩改写方式设置指令

控制信号		控制代码							
R/$\overline{W}$	A0	DB7	DB6	DB5	DB4	DB3	DB2	DB1	DB0
0	0	1	1	1	0	0	0	0	0

该指令发出后，使得每次写数据后列地址自动增 1，而读数据后列地址仍保持原值不变。这种称为“改写模式”（Read Modify Write）的方式，为逐个读取像点修改的工作提供了方便。

⑪改写方式结束指令

控制信号		控制代码							
R/$\overline{W}$	A0	DB7	DB6	DB5	DB4	DB3	DB2	DB1	DB0
0	0	1	1	1	0	1	1	1	0

该指令执行后，将结束改写方式，以后无论读或写数据后，列地址都增 1。

⑫写数据

控制信号		控制代码							
R/$\overline{W}$	A0	DB7	DB6	DB5	DB4	DB3	DB2	DB1	DB0
0	1	显示数据							

⑬读数据

控制信号		控制代码							
R/$\overline{W}$	A0	DB7	DB6	DB5	DB4	DB3	DB2	DB1	DB0
1	1	显示数据							

正常状态下,写数据或读数据后,列地址将自动增1。

(3)液晶显示控制的编程

以图3.26的电路为例,结合SED1520的指令集,可以得出对两片SED1520的操作的端口地址如表3.4所示。

表3.4　液晶显示控制端口地址

	A15	A14	A13	A12	A11	A10	A9	A8	A7	A6	A5	A4	A3	A2	A1	A0
写E1指令	1	×	×	×	×	×	×	×	×	×	×	×	×	0	0	0
写E1数据	1	×	×	×	×	×	×	×	×	×	×	×	×	0	0	1
读E1状态	1	×	×	×	×	×	×	×	×	×	×	×	×	0	1	0
读E1数据	1	×	×	×	×	×	×	×	×	×	×	×	×	0	1	1
写E2指令	1	×	×	×	×	×	×	×	×	×	×	×	×	1	0	0
写E2数据	1	×	×	×	×	×	×	×	×	×	×	×	×	1	0	1
读E2状态	1	×	×	×	×	×	×	×	×	×	×	×	×	1	1	0
读E2数据	1	×	×	×	×	×	×	×	×	×	×	×	×	1	1	1

MG12232液晶显示模块由两片SED1520内置控制器来控制,由E1、E2分别选通,以控制显示屏的左右两半屏。由于篇幅有限,本例只给出在左半屏(E1=1,E2=0)显示一个16×16的汉字的例程。

液晶显示控制程序设计如下:在显示字符之前,液晶要进行初始化和清屏处理。其中液晶的初始化主要要完成一系列操作:复位—终止驱动选择—设置占空比—ADC选择—设置起始行—开显示。

在完成了液晶的初始化和清屏处理后,进入中文汉字的显示程序,流程图如图3.27所示。具体程序如下:

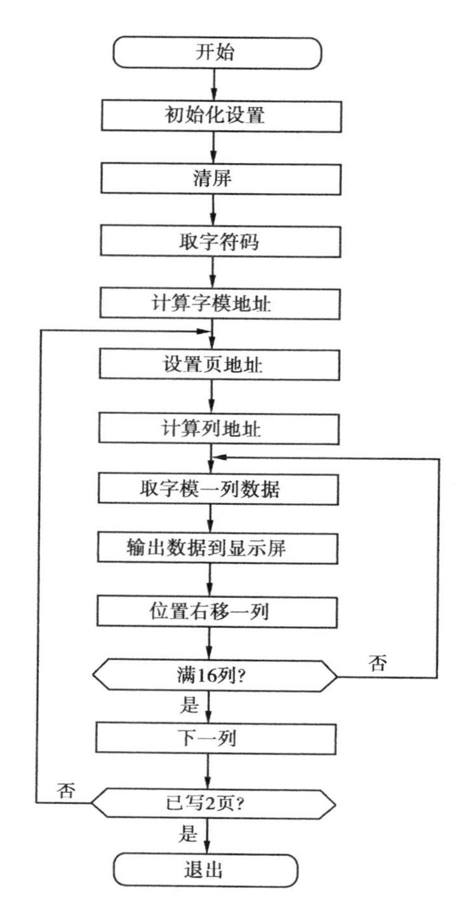

图 3.27　汉字显示流程图

```
CWADD1    EQU    08000H          ;写指令代码地址(E1)
DWADD1    EQU    08001H          ;写显示数据地址(E1)
CRADD1    EQU    08002H          ;读状态字地址(E1)
DRADD1    EQU    08003H          ;读显示数据地址(E1)

COLUMN    EQU    30H             ;列地址寄存器
PAGE_     EQU    31H             ;页地址寄存器 D1,DO:页地址
CODE_     EQU    32H             ;字符代码寄存器
COUNT     EQU    33H             ;计数器
COM       EQU    20H             ;指令寄存器
DAT       EQU    21H             ;数据寄存器

          ORG    0
          JMP    MAIN

;--------------------------------------
```

```
;初始化程序
INIT:       MOV     COM, #0E2H          ;复位
            LCALL   PRO
            MOV     COM, #0A4H          ;关闭休闲状态
            LCALL   PRO
            MOV     COM, #0A9H          ;设置 1/32 占空比
            LCALL   PRO
            MOV     COM, #0A0H          ;正向排序设置
            LCALL   PRO
            MOV     COM, #0C0H          ;设置显示起始行为第一行
            LCALL   PRO
            MOV     COM, #0AFH          ;开显示设置
            LCALL   PRO
            RET
;-----------------------------------------------
;清屏
CLEAR:      MOV     R4,#00H             ;页面地址暂存器设置
CLEAR1:     MOV     A,R4                ;取页地址值
            ORL     A,#0B8H             ;“或”页面地址设置代码
            MOV     COM,A               ;页面地址设置
            LCALL   PRO
            MOV     COM,#00H            ;列地址设置为“0”
            LCALL   PRO
            MOV     R3,#50H             ;一页清 80 个字节
CLEAR2:     MOV     DAT,#00H            ;显示数据为“0”
            LCALL   PR1
            DJNZ    R3,CLEAR2           ;页内字节清零循环
            INC     R4                  ;页地址暂存器加一
            CJNE    R4,#04H,CLEAR1      ;RAM 区清零循环
            RET
;-------------------------------
;写指令代码子程序(E1)
PRO:        PUSH    DPL
            PUSH    DPH
            MOV     DPTR,#CRADD1        ;设置读状态字地址
PR01:       MOVX    A,@DPTR             ;读状态字
            JB      ACC.7,PR01          ;判“忙”标志为“0”,否再读
            MOV     DPTR,#CWADD1        ;设置写指令代码地址
            MOV     A,COM               ;取指令代码
            MOVX    @DPTR,A             ;写指令代码
```

```
            POP     DPH
            POP     DPL
            RET
;-----------------------------------
;写显示数据子程序(E1)
PR1:        PUSH    DPL
            PUSH    DPH
            MOV     DPTR,#CRADD1        ;设置读状态字地址
PR11:       MOVX    A,@DPTR             ;读状态字
            JB      ACC.7,PR11          ;判“忙”标志为“0”,否再读
            MOV     DPTR,#DWADD1        ;设置写显示数据地址
            MOV     A,DAT               ;取数据
            MOVX    @DPTR,A             ;写数据
            POP     DPH
            POP     DPL
            RET
;-----------------------------------
;中文显示子程序
CCW_PR:     MOV     DPTR,#CCTAB         ;确定字符字模块首地址
            MOV     A,CODE_             ;取代码
            MOV     B,#20H              ;字模块宽度为 32 个字节
            MUL     AB                  ;代码×32
            ADD     A,DPL               ;字符字模块首地址
            MOV     DPL,A               ;字模库首地址+代码×32
            MOV     A,B
            ADDC    A,DPH
            MOV     DPH,A
            PUSH    COLUMN              ;列地址入栈
            PUSH    COLUMN              ;列地址入栈
            MOV     CODE_,#00H          ;代码寄存器借用为间址寄存器
CCW_1:      MOV     COUNT,#10H          ;计数器设置为 16
            MOV     A,PAGE_             ;读页地址寄存器
            ANL     A,#03H              ;取页地址有效值
            ORL     A,#0B8H             ;“或”页地址设置代码
            MOV     COM,A               ;设置页地址
            LCALL   PR0
            POP     COLUMN              ;取列地址值
MOV         COM,COLUMN                  ;设置列地址值
            LCALL   PRO
CCW_2:      MOV     A,CODE_             ;取间址寄存器值
```

```
              MOVC    A,@A+DPTR          ;取汉字字模数据
              MOV     DAT,A              ;写数据
              LCALL   PR1                ;区域 E1
INC           CODE_                      ;间址寄存器加 1
              INC     COLUMN             ;列地址寄存器加 1
              MOV     A,COLUMN           ;判列地址是否超出区域范围
DJNZ          COUNT,CCW_2                ;当页循环
              MOV     A,PAGE_            ;读页地址寄存器
              JB      ACC.7,CCW_3        ;判完成标志 D7 位,"1"则完成退出
              INC     A                  ;否则页地址加 1
              SETB    ACC.7              ;置完成位为"1"
              CLR     ACC.3
              MOV     PAGE_,A
              MOV     CODE_,#10H         ;间址寄存器设置为 16
              LJMP    CCW_1              ;大循环
CCW_3:        RET

;-------------------------------------
;中文字符库
CCTAB:
              DB 000H,004H,0e4H,024H,024H,064H,0b4H,02fH; 南
              DB 024H,0a4H,064H,024H,024H,0e6H,004H,000H
              DB 000H,000H,07fH,004H,005H,005H,005H,07fH
              DB 005H,005H,005H,025H,044H,03fH,000H,000H

              DB 000H,004H,004H,0e4H,024H,024H,025H,026H; 京
              DB 024H,024H,024H,0e4H,006H,004H,000H,000H
              DB 000H,020H,010H,019H,00DH,041H,081H,07fH
              DB 001H,001H,005H,00dH,038H,010H,000H,000H
;-------------------------------------
;中文演示显示程序段
MAIN:
              LCALL   INIT
              LCALL   CLEAR
              MOV     PAGE_,#02H
              MOV     COLUMN,#00H
              MOV     CODE_,#00H
              LCALL   CCW_PR
              SJMP    $
              END
```

技能训练　电子时钟的设计

1. 训练目的及要求

1）掌握点阵式液晶显示器与单片机的接口方法；

2）掌握点阵式液晶显示器的控制原理及编程方法。

2. 实训指导

（1）主要内容

参考图3.26设计一个电子时钟。利用8031的定时器和中断系统实现计时功能，将时间显示在液晶屏上，要求显示时、分、秒。

（2）实训步骤

①参考所给的电路图制作电路；

②完成电路的焊接、调试；

③根据训练内容要求绘制程序流程图；

④根据流程图进行程序的编写；

⑤软硬件结合起来进行在线仿真调试，直至满足要求；

⑥将程序固化到实验板上。

3. 报告格式要求

1）报告包括课题名称、目录、正文、小结和参考文献五部分。

2）正文要求写明训练目的，介绍点阵式液晶显示器的工作原理以及控制方法，绘制完整的电路图，绘制程序流程图（不必给出完整的程序），心得体会。

任务3　键盘显示器典型接口电路

任务要求：

1）了解串行口硬件译码键盘显示器接口方法；

2）理解8279与单片机的接口方法。

在计算机控制系统中，既需要键盘，又需要显示器。为了节省微机的I/O口线，常常把键盘和显示电路做在一起，构成实用的键盘/显示器电路。下面介绍几个典型的键盘/显示器接口电路及其软件设计。

1. 串行口硬件译码键盘显示器接口

在MCS-51单片机组成的控制系统中，串行口不用作通讯时，常用来组成键盘显示器电路。如果采用软件进行显示译码，静态显示扩展芯片较多，而动态显示又占用CPU太多的时间,因此常采用串行口硬件译码键盘/显示器接口电路。

2. 串行口硬件译码键盘显示接口设计

1)硬件设计

图3.28所示的是使用三块芯片构成的硬件译码锁存的动态显示及键盘电路,动态扫描由硬件管理。

如图3.28所示,该电路由显示和键盘两部分组成。

● 显示部分

如图所示,显示部分采用MC14499硬件译码驱动显示。在该接口电路中,由MCS-51单片机的串行数据发送端TXD提供时钟信号,串行数据接收端RXD输出串行数据,P3.4控制MC14499的使能端EN。单片机的串行口工作在移位寄存器输出方式(方式0)。为了使串行口的数据输出速率与MC14499接收速率相匹配,MCS-51单片机的工作频率应为3 MHz。

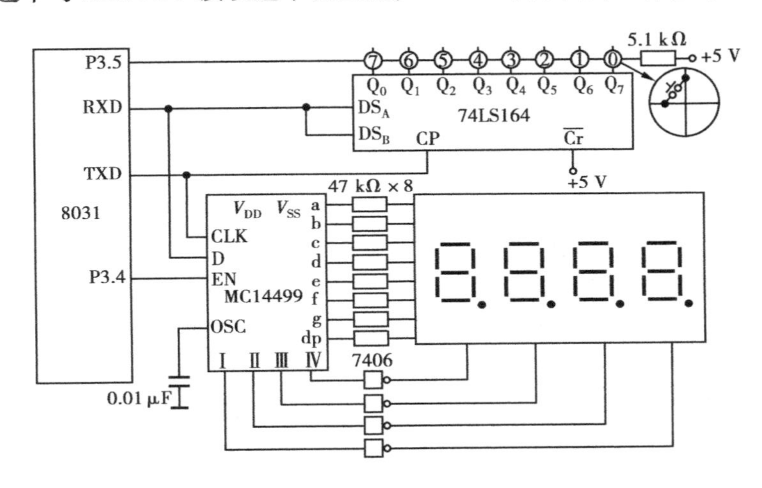

图3.28　串行口硬件译码键盘显示接口电路

● 键盘部分

在键盘部分,使用了串行输入、并行输出移位寄存器74LS164。74LS164是串行输入、并行输出移位寄存器,并带有清除端。

2)软件设计

在进行显示程序设计之前,将要显示数字的BCD码按千位、百位、十位和个位依次存放在@R0的高4位、低4位,@R0+1的高4位、低4位中。由于MC14499片内有锁存器,送入一帧(20位)数据后,这些数据保存在MC14499中,可靠地驱动4位LED显示器显示锁存器中的数据字符,所以可以分成显示子程序和键盘子程序两个部分。程序清单如下:

显示子程序:

```
DISPLAY:   MOV    SCON,#00H       ;设串行口工作方式0
           MOV    R0,#DDAT        ;待显示字节地址(千位、百位)
           MOV    R2,#02H         ;显示字节数
           CLR    P3.4            ;启动MC14499,EN=0
LOOP:      MOV    A,@R0           ;串行口发送一个显示字节
```

```
            MOV     SBUF,A
STEPl:      JNB     TI,STEPl
            CLR     TI
            INC     R0              ;指向下一个显示字节
            DJNZ    R2,LOOP         ;转串行口发送下一个显示字节
            SETB    P3.4            ;关闭 MC14499,EN = 1
            RET                     ;显示完毕
键盘处理子程序:
KEY:        MOV     A,#00H          ;送全扫描字
            MOV     SBUF,A
STEP2:      JNB     TI,STEP2
            CLR     TI
KEY1:       JB      P3.5,KEY1       ;等待键按下
            ACALL   DELAY10MS       ;键按下,去抖动延时
            JB      P3.5,KEYl       ;去抖动,再次等待键按下
            MOV     R7,#08H         ;键按下,求键号初始化,置列线数
            MOV     R6,#0FEH        ;逐列扫描,置首列扫描字
            MOV     R4,#00H         ;键号存于 R4 中
            MOV     A,R6
KEY2:       MOV     SBUF,A          ;开始逐列扫描
STEP3:      JNB     TI,STEP3
            CLR     TI
            JNB     P3.5,KEY3       ;该列键按下,转该键处理
            MOV     A,R6            ;该列无键按下,转下列扫描
            RL      A               ;取下列扫描字
            MOV     R6,A
            INC     R4              ;键号加 1
            DJNZ    R7,KEY2         ;8 列未扫完,继续扫描
            ACALL   DISPLAY         ;8 列扫完,调用一次显示
            AJMP    KEY             ;未查到按下键,重新扫描
KEY3:       MOV     A,#00H          ;等待键释放
            MOV     SBUF,A
STEP4:      JNB     TI,STEP4
            CLR     TI
STEP5:      JNB     P3.5,STEP5      ;键未释放,等待
            RET                     ;键释放,结束,出口状态;(R4) = 键号
DELAY10MS:  MOV     R7,#0AH         ;延时 10 ms 子程序
DELAY1MS:   MOV     R6,#0FFH
DELAY0:     DJNZ    R6,DELAY0
            DJNZ    R7,DELAY1MS
```

RET

3.8279 **可编程键盘/显示器接口芯片**

Intel 8279 是一种通用的可编程的键盘/显示器接口芯片，单个芯片就能完成键盘输入和LED 显示控制两种功能。

8279 的封装形式为 40 引脚双列直插式，其引脚如图 3.29 所示。

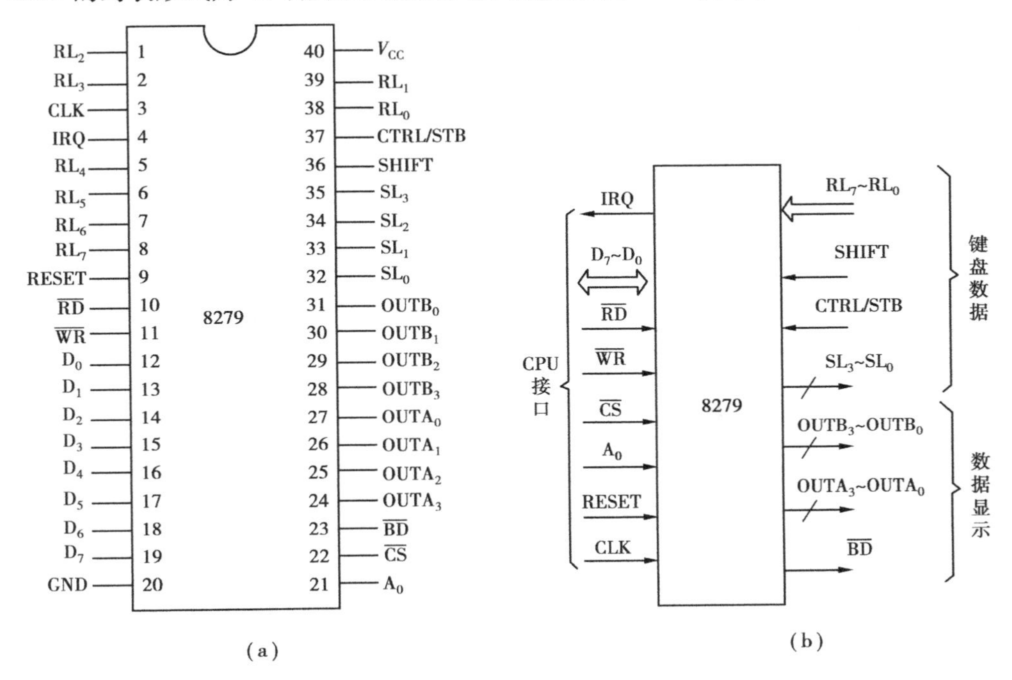

图 3.29 8279 的引脚及功能图

(a)8279 的引脚图 (b)引脚功能

各引脚的功能如下：

- $D_0 \sim D_7$(数据总线)：双向、三态总线，和系统数据总线相连；用于 CPU 和 8279 间的数据/命令传送。
- CLK(系统时钟)：输入线。为 8279 提供内部时钟的输入端。要求为 100 kHz。
- RESET(复位)：输入线。当 RESET = 1 时，8279 复位，其复位状态为 16 个字符显示；编码扫描键盘——双键锁定；程序时钟编程为 31。
- $\overline{CS}$(片选)：输入线。当$\overline{CS}=0$时 8279 被选中，允许 CPU 对其读写，否则被禁止。
- A_0(数据选择)：输入线。当 $A_0=1$ 时 CPU 写入数据为命令字，读出数据为状态字；$A_0=0$ 时 CPU 读、写的字节均为数据。
- $\overline{RD}$、$\overline{WR}$(读、写信号)：输入线。低电平有效，来自 CPU 的控制信号，控制 8279 的读、写操作。
- IRQ(中断请求)：输出线。高电平有效。

在键盘工作方式中，当 FIFO/传感器 RAM 存有数据时，IRQ 为高电平。CPU 每次从 RAM 中读出数据时，IRQ 变为低电平。若 RAM 中仍有数据，则 IRQ 再次恢复为高电平。

在传感器工作方式中,每当检测到传感器状态变化时,IRQ 就出现高电平。

• $SL_0 \sim SL_3$(扫描线):输出线。用来扫描键盘和显示器。它们可以编程设定为编码(4 取 1)或译码输出(16 取 1)。

• $RL_0 \sim RL_7$(回复线):输入线。它们是键盘矩阵或传感器矩阵的列(或行)信号输入线。

• SHIFT(移位信号):输入线。高电平有效。

该输入信号是 8279 键盘数据的次高位(D_6),通常用来扩充键开关的功能,可以用作键盘上、下挡功能键。在传感器方式和选通方式中,SHIFT 无效。

• CTRL/STB(控制/选通):输入线。高电平有效。

在键盘工作方式时,该输入信号是键盘数据的最高位(D_7),通常用来扩充键开关的控制功能,作为控制功能键用;在选通输入方式时,该信号的上升沿可将来自 $RL_0 \sim RL_7$ 的数据存入 FIFO RAM 中;在传感器方式下,该信号无效。

• $OUTA_0 \sim OUTA_3$(A 组显示信号):输出线。

• $OUTB_0 \sim OUTB_3$(B 组显示信号):输出线。

• $\overline{BD}$(显示消隐):输出线。低电平有效。该信号在数字切换显示或使用消隐命令时,将显示消隐。

4.8279 可编程键盘/显示器接口的应用

(1)8279 接口与编程的一般方法

8279 键盘/显示器接口的一般接法如图 3.30 所示。

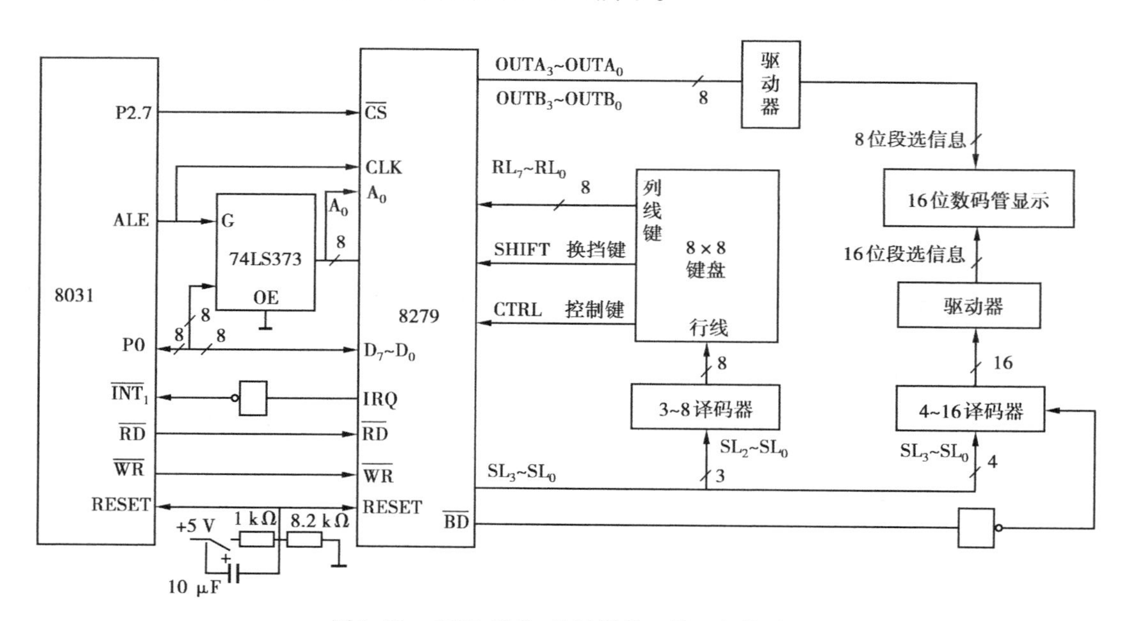

图 3.30　8279 键盘/显示器接口的一般接法

8279 键盘配置最大为 8×8。扫描线由 $SL_0 \sim SL_2$ 通过 3-8 译码器提供,接入键盘列线(设扫描线为列线);查询线用来检测键盘,由回复线 $RL_0 \sim RL_7$ 提供,接入键盘行线(设定查询线为行线)。

8279 显示器最大配置为 16 位显示,位选线由扫描线 $SL_0 \sim SL_3$ 经 4-16 译码器、驱动器提供;段选线 $OUTB_0$ ~ $OUTB_3$，$OUTA_0$ ~ $OUTA_3$ 通过驱动器提供。$\overline{BD}$ 信号线可用来控制译码器，实现显示器的消隐。

与 8031 连接无特殊要求，除数据线 P0 口、$\overline{WR}$、$\overline{RD}$ 可直接连接外，$\overline{CS}$ 由 8031 地址线选择。时钟由 ALE 提供，ALE 可直接与 8279 的 CLK 相连，由 8279 设置适当的分频数，分频至 100 kHz。A_0 选择线可由地址线选择。8279 的 RESET 按图中连接，为上电复位方式。使用 SHIFT 和 CTRL/STB 时，可按图中连接。

8279 的中断请求线须经反相器与 8031 的 $\overline{INT_0}$/$\overline{INT_1}$ 相连。

(2)8279 键盘/显示器接口应用特性

对 8279 键盘、显示器编程时，必须充分了解典型键盘/显示器接口的应用特征。它包括：操作命令字、操作状态字、输入/输出数据的字节格式定义；使用外部译码和内部译码时键盘/显示器的结构；键盘按键的键值键号分布等。8279 的操作命令字、操作状态字、输入/输出数据的字节格式定义的说明在很多单片机书中都有说明，在此不作详述，下面主要对其余两项作一介绍。

1)8279 的内部译码与外部译码

在键盘/显示器工作方式中 SL_0 ~ SL_3 为键盘的列扫描线和动态显示的位选线。当选择内部译码时($D_0=1$)，SL_0 ~ SL_3 每一时刻只能有一位为低电平输出。此时 8279 只能外接 4 位显示器和 4×8 的键盘。

当选择外部译码时($D_0=0$)，SL_0 ~ SL_3 呈计数分频式波形输出。外接 4-16 译码器可外接 16 位显示器位选。SL_0 ~ SL_2 外接 3-8 译码器时，与 RL_0 ~ RL_7 构成 8×8 矩阵键盘(键输入数据格式中只能计入 SL_0 ~ SL_2 的 8 种状态)。

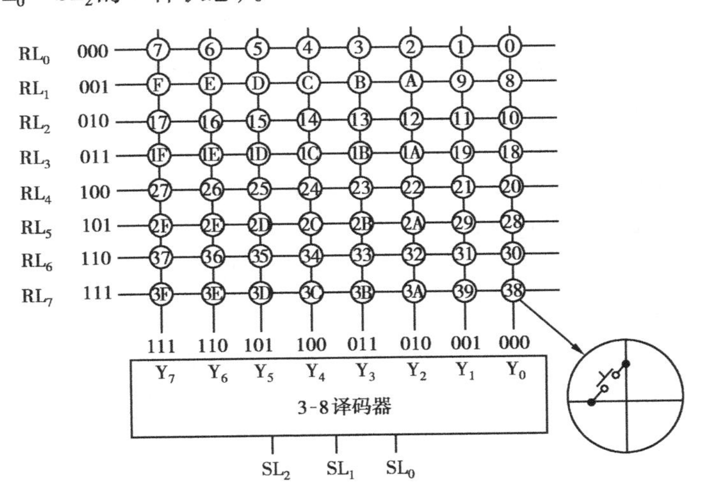

图 3.31　8×8 键盘键值与键号

2)键盘键值键号的分布

对于图 3.31 中的 8×8 键盘，如果规定扫描线(SL_0 ~ SL_2)为列线，回复线(RL_0 ~ RL_7)为行线。则在数据输入格式中，用 D_5，D_4，D_3 表示 SL_0 ~ SL_2 的 8 个译码状态，用 D_2，D_1，D_0 表示 RL_0 ~ RL_7 的 8 个状态。因此，8×8 键盘的键值如图 3.31 所示。由于 64 个键的键值均依次排列，也可作为键号使用。

(3)8279 **键盘/显示器接口的编程方法**

对于图 3.30 所示的一般接口电路,键盘的读出既可用中断方式,也可用查询方式。因此 8279 键盘/显示器接口的编程方法主要有两种。在这里主要介绍查询方式的 8279 键盘/显示器接口的编程方法。

用图 3.30 所示的接口电路, 16 位 LED 显示, 8×8 键盘,键盘采用查询方式读出。按图中接法,命令字、状态字口地址为 7FFFH;数据输入/输出口地址为 7FFEH。16 位显示数据的段选码存在 8031 片内 RAM 的 30H ~ 3FH 单元;64 个键的键值读出后存放在 40H ~ 7FH 中。8031 的晶振频率为 6 MHz。

程序清单如下:

```
        ORG     0100H
START:  MOV     DPTR,#7FFFH     ;指向命令/状态口地址,CS=0,A0=1
        MOV     A,#OD1H         ;清除命令
        MOVX    @DPTR,A         ;命令字送入
WAIT:   MOVX    A,@DPTR         ;读入状态字
        JB      ACC.7,WAIT      ;未清除完,等待
        MOV     A,#2AH          ;程序时钟对 ALE l0 分频得 100 kHz
        MOVX    @DPTR,A         ;命令送入
        MOV     A,#08H          ;键盘/显示器工作方式命令,16 位显示,
                                ;编码扫描键盘,双键锁定
        MOVX    @DPTR,A         ;命令送入
        MOV     R0,#30H         ;段选码存放单元首址
        MOV     R7, #10H        ;显示 16 位数
        MOV     A,#90H          ;写显示 RAM 命令,地址自增特征 AI=1
        MOVX    @DPTR,A         ;命令送入
        MOV     DPTR,#7FFEH     ;指向数据口地址,CS=0,A0=0
LOOP1:  MOV     A,@R0
        MOVX    @DPTR,A         ;段选码送入 8279 显示 RAM
        INC     R0              ;指向下一段选码
        DJNZ    R7,LOOPl        ;16 个段选码送完?
        MOV     R0,#40H         ;送完转此,40H 为键值存放单元首址
        MOV     R7,#40H         ;有 64 个键值
LOOP2:  MOV     DPTR,#7FFFH     ;指向命令/状态口
LOOP3:  MOVX    A, @DPTR        ;读 8279 状态字
        ANL     A,#0FH          ;取状态字节低 4 位
        JZ      LOOP3           ;FIFO 中无键值时等待键输入
        MOV     A,#40H          ;读 FIFORAM 命令
        MOVX    @DPTR,A         ;命令送入
        MOV     DPTR,#7FFEH     ;指向数据口地址
        MOVX    A,@DPTR         ;读入键值
```

```
        ANL     A,#3FH          ;没使用CTRL、SHIFT时,屏蔽高2位
        MOV     @R0,A           ;键值读入内存40H～7FH
        INC     R0              ;指向下一个键值存放单元
        DJNZ    R7,LOOP2        ;读完40H个键值?
HERE:   AJMP    HERE            ;键值读完等待
```

在上述程序中,由于对键按下是采用查询方式,故设有等待键输入指令。

思考练习3

1. 键盘设计需要解决的几个问题是什么？键盘为什么要去除抖动？在计算机控制系统中如何实现去抖动？

2. 在工业过程控制中,键盘分为哪几种类型？它们各有什么特点和用途？

3. 试说明非编码键盘的工作原理。

4. 非编码键盘的工作方式有哪几种？请简要说明。

5. LED发光二极管组成的段数码管显示器,就其结构来讲有哪两种接法？不同接法对字符显示有什么影响？

6. 多位LED显示器显示方法有哪几种？它们各有什么特点？

7. 无论动态显示还是静态显示,都有硬件译码和软件译码之分,这两种译码方法其段、位译码方法各有什么优缺点？

8. LCD显示与LED显示原理有什么不同？这两种显示方法各有什么优缺点？

9. 试用8255A的PC口设计一个$4 \times 4 = 16$的键阵列,其中0～9为数字键,A～F为功能键,采用查询方式设计一个键盘接口电路,并编写键盘扫描程序。

10. 试用8155A的并行扩展口构成键盘显示器接口。LED采用共阴极动态显示软件译码,键盘采用逐列扫描查询工作方式。试编写实现程序。

11. 试用8031的串行口与一片串行输入、并行输出的移位寄存器74LS164组成键盘显示器接口扩展一个8位LED显示和16位键盘接口电路,并编写实现程序。

项目 4
常用执行器及控制程序设计

学习目标：

1）理解常用执行器、伺服电机、步进电机、电磁阀的基本工作原理，掌握其基本应用；

2）掌握巡回检测程序、报警处理程序、定时程序设计基本方法；

3）掌握直流电机、步进电机的控制方法。

能力目标：

1）掌握常用执行器的基本操作技能；

2）能够硬件、软件结合控制直流电机、步进电机。

任务1　常用执行器

任务要求：

1）理解执行器的功能及作用；

2）掌握直流伺服电机、交流伺服电机、步进电机、电磁阀的基本原理及正确应用。

在微机控制系统中，执行器接受来自控制器的控制信号，把微机发出的控制信号转换为被控对象的相应动作，使控制过程按照规定的要求进行，因此，执行器是微机控制系统中重要的组成部分。微机控制系统各环节的最终实现，是要由执行器来完成的。如果执行器选择和运用不当，会造成控制系统达不到控制目的，甚至造成严重的生产事故。因此，必须充分重视执行器的使用。

执行器由执行机构和调节机构组成，它接受来自控制器的控制信号，由执行机构转换成角位移或线位移输出，再驱动调节机构改变被调介质的物质量（或能量），以达到要求的状态。

执行器的种类很多，有电动式、气动式、液动式，其中电动式具有控制方便、使用广泛的特点。由于篇幅所限，只介绍常用的电动式执行器：伺服电机、步进电机和电磁阀。

1. 伺服电机

伺服电机又称为执行电动机，它具有服从控制信号要求而动作的功能，能把所收到的电信号转换成电动机轴上的角位移或角速度输出。在信号到来之前，转子静止不动；信号到来后，转子立即转动；当信号消失，转子能够及时自行停止转动。因此被称为伺服电机。常用的伺服电机分为直流和交流伺服电动机两大类。伺服电机不仅需要启动、停止的伺服性，而且还需要具有对转速大小和方向的可控性。通常有三种控制方法：一是幅值控制，二是相位控制，三是幅值相位控制；幅值控制是保持控制电压的相位不变，只是通过改变其幅值来进行控制；相位控制是保持控制电压的幅值不变，只是通过改变控制电压的相位进行控制；幅值相位控制是通过同时改变控制电压的幅值和相位来进行控制。

(1)直流伺服电动机

直流伺服电动机用于直流伺服系统中，作为执行元件。它有电磁式和永磁式之分。直流伺服电动机的工作原理与一般直流电机相同。电动机转速 n 为：

$$n = E/K_{1j} = (U_a - I_aR_a)/K_{1j}$$

式中 E 为电枢反电动势；K_1 为常数；j 为每极磁通；U_a，I_a 分别为电枢电压和电枢电流；R_a 为电枢电阻。改变电枢电压 U_a 或改变磁通 ϕ，均可控制直流伺服电动机的转速，但一般采用控制电枢电压的方法。在永磁式直流伺服电动机中，励磁绕组被永久磁铁所取代，磁通 ϕ 恒定。当电枢绕组中通有电流时，则电枢电流与磁通相互作用而产生转矩使转子转动。

直流伺服电动机有两种控制方法：用电枢绕组进行控制和用励磁绕组进行控制。用电枢绕组进行控制的机械特性和调节特性的线性度好，在控制系统中得到了广泛应用。

由于直流伺服电动机存在体积细长，不利于机械安装，电刷容易磨损且易产生火花，交流电源需要通过驱动器转换成直流等缺点。20 世纪 80 年代以来，随着集成电路、电力电子技术和交流可变速驱动技术的发展，永磁交流伺服驱动技术有了突出的发展，各国著名电气厂商相继推出各自的交流伺服电动机和伺服驱动器系列产品，并不断完善和更新。交流伺服系统已成为当代高性能伺服系统的主要发展方向，原来的直流伺服系统面临被淘汰。

(2)交流伺服电动机

交流伺服电机的任务是把所收到的电信号转换成电动机轴上的角位移或角速度输出。交流伺服电动机的工作原理与交流感应电动机相同。在定子上有两个相空间位移 90°电角度的励磁绕组 W_f 和控制绕组 W_c。W_f 接一恒定交流电压，利用施加到 W_c 上的交流电压或相位的变化，达到控制电动机运行的目的。交流伺服电动机具有运行稳定、可控性好、响应快速、灵敏度高以及机械特性和调节特性的非线性度指标严格(要求分别小于 10% ~15% 和小于 15% ~25%)等特点。伺服电机内部的转子是永磁铁，驱动器控制的 $U/V/W$ 三相电形成电磁场，转子在此磁场的作用下转动，同时电机自带的编码器反馈信号给驱动器，驱动器根据反馈值与目标值进行比较，调整转子转动的角度。伺服电机的精度决定于编码器的精度(线数)。

20 世纪 90 年代以后，世界各国已经商品化了的交流伺服系统是采用全数字控制的正弦波伺服驱动器。交流伺服驱动装置在传动领域的发展日新月异，交流伺服电动机已经取代直流伺服电动机。

永磁交流伺服电动机同直流伺服电动机比较，主要优点有：

1)无电刷和换向器，因此工作可靠，对维护和保养要求低；

2)定子绕组散热比较方便；

3)惯量小，易于提高系统的快速性；

4)适应于高速大力矩工作状态；

5)同功率下有较小的体积和重量。

2. 步进电机

步进电机实际上是一个数字/角度转换器,也是一个串行的数/模转换器。三相步进电机的结构原理,如图 4.1 所示。

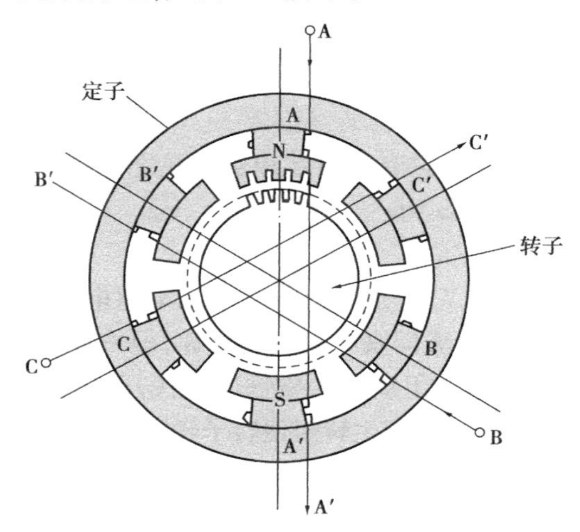

图 4.1　步进电机原理图

从图 4.1 可以看出,三相步进电机的定子上有 6 个等分的磁极 A,A′,B,B′,C,C′, 相对的两个磁极组成一组,分别构成 A—A′相,B—B′相,C—C′相,相邻两个磁极间的夹角为 60°。当某一绕组有电流通过时,该绕组相应的两个磁极立即形成 N 极和 S 极,每个磁极上各有 5 个均匀分布的矩形小齿。

步进电机的转子上没有绕组,而是由 40 个短形小齿均匀分布在圆周上,相邻两齿之间的夹角为 9°。当某相绕组通电时,对应的磁极就会产生磁场,并与转子形成磁路。若此时定子的小齿与转子的小齿没有对齐,则在磁场的作用下,转子转动一定的角度使转子齿与定子齿对齐。由此可见错位是促使步进电机旋转的根本原因。

例如,在单三拍控制方式中假如 A 相通电,B、C 两相都不通电,在磁场的作用下使转子齿与 A 相的定子齿对齐。若以此作为初始状态,设与 A 相磁极中心对齐的转子齿为 0 号齿,由于 B 相磁极与 A 相磁极相差 120°,且$\frac{120°}{9°}=13°\ \frac{3°}{9°}$不为整数,所以此时转子不能与 B 相定子齿对齐,只是 13 号小齿靠近 B 相磁极的中心线,与中心线相差 3°,如果此时突然变为 B 相通电,而 A、C 两相都不通电,则 B 相磁极迫使 13 号转子齿与之对齐整个转子就转动 3°,此时,称电机走了一步。

同理,按照 A—B—C—A 顺序通电一周,则转子转动 9°。

步进电动机的步距角可由下边的公式求得:

$$Q_S = \frac{360°}{NZ_r}$$

式中,$N=M_cC$ 为运行拍数,其中 M_c 为控制绕组相数;C 为状态系数。采用单三拍或双三拍时 $C=1$;采用单六拍或双六拍时 $C=2$。

Z_r 为转子齿数。

3. 电磁阀

电磁阀是常用的电动执行器之一,其结构简单、价格低廉,结构如图 4.2 所示,它是利用线圈通电后,产生电磁吸力提升活动铁芯,带动阀塞运动控制气体或液体流通、通断。

电动调节阀也是电磁阀的一个类型,其基本结构由电动执行机构和调节阀两大部分组成,电动调节阀是以电动机为动力元件,将控制器输出信号转换为阀门开度,它是一种连续动作的执行器,如图4.3所示。

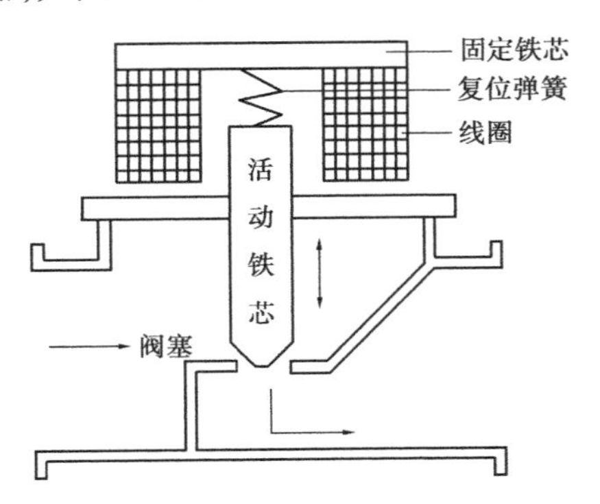

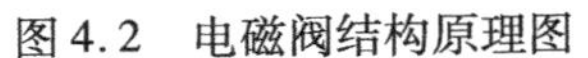

图4.2　电磁阀结构原理图

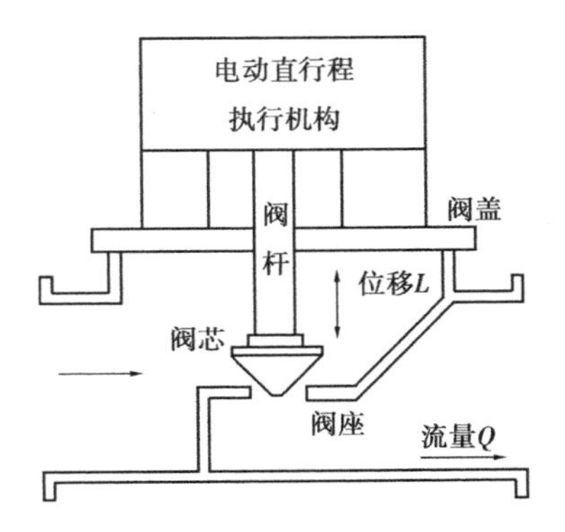

图4.3　电动调节阀结构原理图

图4.3所示为直线移动的电动调节阀原理,阀杆的上端与执行机构相连接,当阀杆带动阀芯在阀体内上下移动时,改变了阀芯与阀座之间的流通面积,即改变了阀的阻力系数,其流过阀的流量也同时改变,从而达到了调节流量的目的。调节阀因结构、安装方式及阀芯形式不同,可分为多种类型。以阀芯形式分类:有平板型、柱塞型、窗口型和套筒型等。不同的阀芯结构,其调节阀的流量也不一样。

电磁阀有两通阀和三通阀,如图4.4所示。

(a)

(b)

图4.4　常用电磁阀

(a)两通阀　(b)三通阀

两通阀:有直通单座和直通双座两种形式。单座阀适于低压差场所;双座阀有两个阀芯阀座,结构复杂,流体作用于上下阀芯上方向相反的两个推力接近相等,相互抵消,因此阀芯的不平衡力非常小,适用于阀前后压差较大的场合。

三通阀:这种阀有三个出入口与三条管道连接,按作用方式分为合流式和分流式两种。合流式是两路流体汇合成一路,而分流式则是由一路流体分为两路流出。

在应用中应了解调节阀的流量特性,根据控制系统的要求选择不同特性的调节阀。调节阀的流量特性是指流过阀门的相对流量值与阀门的相对开度值之间的关系。

任务2　巡回检测程序设计

任务要求:

1)理解巡回检测程序设计的工作原理;

2)掌握编写巡回检测程序的基本方法。

1. 概述

在生产过程中,经常需要测量和处理大量的数据。使用微机巡回检测技术进行数据的检测和处理,可以大大降低工作强度,提高检测数据的精度。所谓巡回检测就是对生产过程中的各个参数以一定的周期进行检查和测量,检测的数据通过计算机处理后,再进行显示、打印、报警等操作。由于通常检测的是模拟量,因此要经过量化处理后转化为数字量,然后再进行处理。

2. 巡回检测举例

下面以8031单片机对8个模拟量进行巡回检测为例,介绍数据采样程序的编写方法。控制系统电路原理图如图4.5所示。

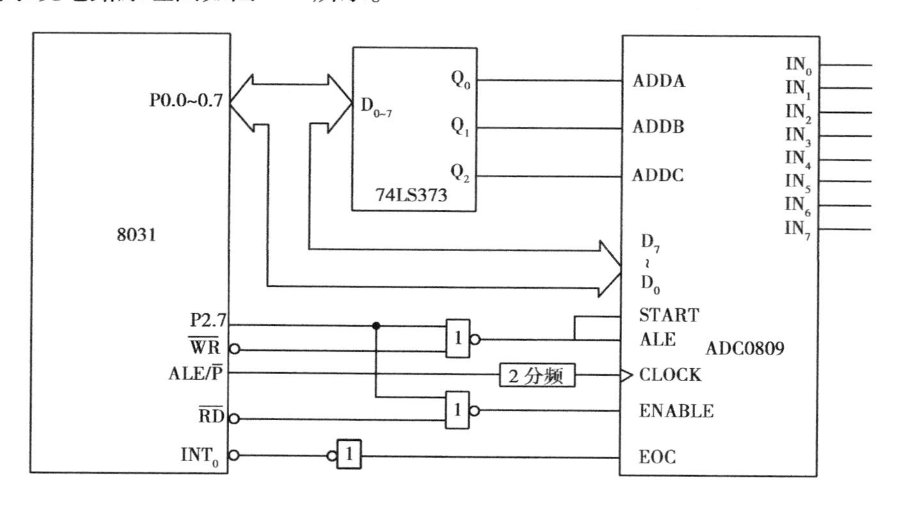

图4.5　8通道巡回检测电路原理图

系统中采用了一片ADC0809来实现8个模拟量的采样和数据转换工作,8个通道的巡回检测是通过中断程序完成数据采样的,当ADC0809对一个通道的模拟量转换完成后,向8031CPU的INT_0端发出一外中断请求信号,由中断服务程序读取该通道的数据,用R6作为存放采样通道的次数据,R0作为数据存放的地址指针。

采样程序编制如下:

```
        ORG     0000H
        AJMP    START
        ORG     0003H
```

```
        AJMP    SAMP
ATART:  MOV     DPTR,#0F00H     ;设置第一个通道号
        MOV     R6,#08H         ;(R6)设置为通道个数为8
        MOV     R0,#40H         ;R0为数据区首地址
        MOVX    @DPTR,A         ;启动A/D转换器
WAIT:   SJMP    WAIT            ;等待采样数据转换完成后发中断信号
        INC     DPTR
        INC     R0
        DJNZ    R6,WAIT         ;8个通道未完,继续
        (数据处理程序)
        AJMP    ATART
SAMP:   MOVX    A,@DPTR         ;中断服务程序
        MOVX    @R0,A
        RETI
```

任务3　报警处理程序设计

任务要求:

1)理解掌握硬件报警程序的基本原理和程序编写方法。

2)理解掌握软件理报警程序的基本原理和程序编写方法。

报警程序的设计方法根据报警参数及传感器的具体情况可分为两种:全软件报警程序和硬件申请、软件处理报警程序。全软件报警程序方法是,被测参数如温度、压力、流量、速度、成分等参数经传感器、变送器、模/数转换器,送到微型机后,再与规定的上、下限值进行比较,根据比较的结果进行报警或处理,整个过程都由软件实现。这种报警程序又分为简单上、下限报警程序和上、下限报警处理程序。硬件申请、软件处理报警程序方法是,报警要求不是通过程序比较法得到,而是直接由传感器产生。当被测量高于上限值或低于下限值时这些传感器产生开关量信号,然后通过中断的办法来实现报警或报警处理。

1. 硬件报警程序设计

对于一些根据开关量状态进行报警的系统,可以采用硬件申请中断的方法直接将报警模型送到报警器中。这种报警方法的条件为被测参数与给定值的比较是在传感器中进行的,例如,电结点式压力计、电结点式温度计等,都属于这种传感器,尽管原理有所不同,它们的共同点都是当检测值超过(或低于)上限(或下限)极限值时,结点开关闭合从而产生报警信号。这类报警系统电路如图4.6所示。

在图4.6中,SL1和SL2分别为液位上、下限报警结点,SP表示蒸汽压力下限报警结点,ST是炉膛温度上限超越结点,当各参数均处于正常范围时,P1.0~P1.3各位均为高电平不需要报警。但只要三个参数中的一个(或几个)超限(即结点闭合),8031的$\overline{INT_0}$线电平会由高变

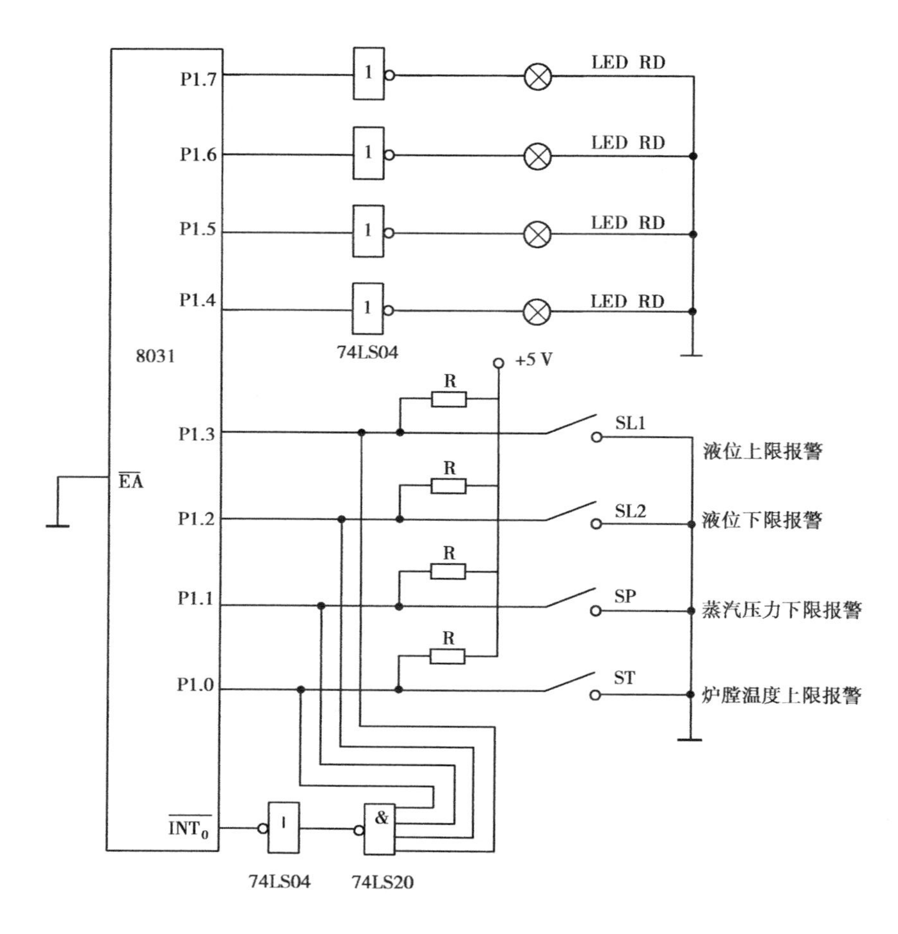

图 4.6　锅炉硬件直接报警系统原理图

低,向 CPU 发出中断申请信号。响应后 CPU 读入报警状态 P1.0 ~ P1.3 的值,然后从 P1 口的高 4 位 P1.4 ~ P1.7 输出,完成超限报警的工作。本系统不用对参数进行反复采样、比较,无须专门确定报警模型,采用中断工作方式既节省了 CPU 的宝贵时间,又能不失时机地实现参数超限报警。

根据图 4.6 写出硬件直接报警程序:

```
        ORG     000H
        AJMP    MAIN        ;上电自动转向主程序
        ORG     0003H       ;外部中断方式 0 入口地址
        AJMP    ALM
        ORG     002BH
MAIN:   SETB    IT0         ;选择脉冲下降沿触发方式
        SETB    EX0         ;开外部中断 0
        SETB    EA          ;CPU 开中断
ADR:    SJMP    ADR
        ORG     0040H
```

```
ALM:    MOV     A,#0FF H        ;P1 口设置为输入状态
        MOV     P1,A
        MOV     A,P1            ;取报警状态
        SWAP    A               ;A 中高 4 位与低 4 位互换
        MOV     P1,A
        RETI
```

2. 软件报警程序设计

在锅炉三冲量调节系统中,是通过蒸汽流量、炉膛液面、水流量综合后,对锅炉的进水量进行调节控制的。整个系统设计有三个参数报警系统,即水位上、下限,炉膛温度上、下限,以及蒸汽压力下限报警,如图4.7所示。

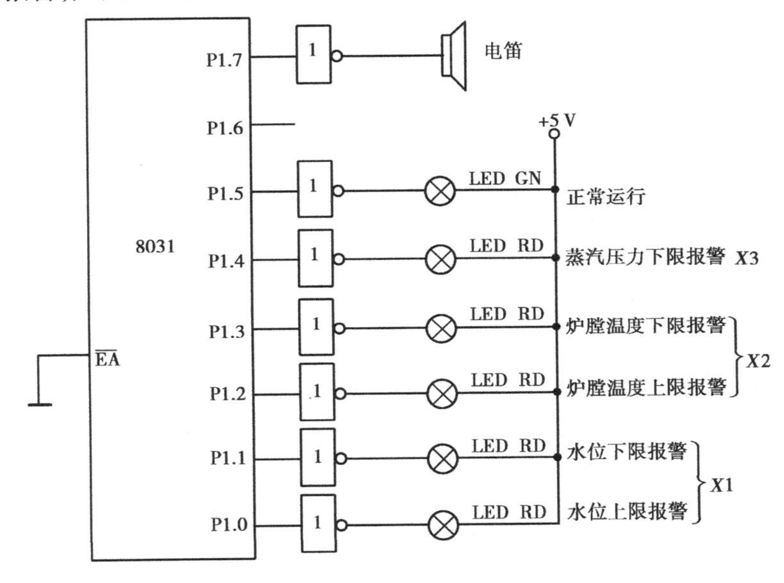

图4.7　锅炉软件报警系统原理图

在图中,要求当系统各参数全部正常时,绿灯亮,若某一个参数不正常,将发出声光报警信号。由于各位都接有74LS06反向器,所以,当某位为"1"时该位发光二极管亮。

程序流程图如图4.8所示,设计思路是设置一个报警模型标志单元ALARM,然后把各参数的采样值分别与上、下限值进行比较,若某一位需要报警,则该位置1。所有参数判断完后,再看报警模型单元ALARM的内容是否为00H,若为00H则表示各参数正常,绿灯发光。如果报警模型单元ALARM的值不为00H,则表示有参数越限,输出报警模型。

报警程序编写如下:(其中,三个参数的采样值 *X*1,*X*2,*X*3 依次存放在以SAMP为首地址的单元,报警极限值放在以LIMIT为首地址的单元,报警标志位单元为ALM)

```
        ORG     8000H
ALM:    MOV     SPTR,#SAMP      ;采样值存放地址 DPTR
        MOVX    A,@ DPTR        ;取 X1
        MOV     ALM,#00H        ;报警模型单元清零
ALM0:   CJNE    A,LIMIT,AD1     ;X1 > MAX1?
```

```
ALM1:   CJNE    A,LIMIT+1,AD2     ;X1<MAN1?
ALM2:   INC     DPTR              ;取 X2
        MOVX    A,@DPTR
        CJNE    A,LIMIT+2,AD3     ;X1>MAX2?
ALM3:   CJNE    A,LIMIT+3,AD4     ;X1<MAN2?
ALM4:   INC     DPTR              ;取 X3
        MOVX    A,@DPTR
        CJNE    A,LIMIT+4,AD4     ;X3<MIN3?
DONE:   MOV     A,00H             ;判断是否有报警
        CJNE    A,LIMIT,FF        ;若有,转 FF
        SETB    05H
        MOV     A,ALM
        MOV     P1,A
        RET
FF:     SETB    07H               ;置电笛位
        ATMP    DONE1
SAMP    EQU     8100H
        LIMIT   EQU  30H
        ALM     EQU  20H
AD1:    JNC     OUT1              ;X1>MAX1 则转到 OUT1
        AJMP    ALM1
AD2:    JC      OUT2              ;X1<MIN1 则转到 OUT2
        AJMP    ALM2
AD3:    JC      OUT3              ;X1>MAX2 则转到 OUT3
        AJMP    ALM3
AD4:    JC      OUT4              ;X1<MIN2 则转到 OUT4
        AJMP    ALM4
AD5:    JC      OUT5              ;X1<MIN3 则转到 OUT5
        AJMP    DONE
OUT1:   SETB    00H               ;置 X1 上限报警位
        AJMP    ALM2
OUT2:   SETB    01H               ;置 X1 下限报警位
        AJMP    ALM2
OUT3:   SETB    02H               ;置 X2 上限报警位
        AJMP    ALM4
OUT4:   SETB    03H               ;置 X2 下限报警位
        AJMP    ALM4
OUT5:   SETB    04H               ;置 X3 下限报警位
        AJMP    DONE
```

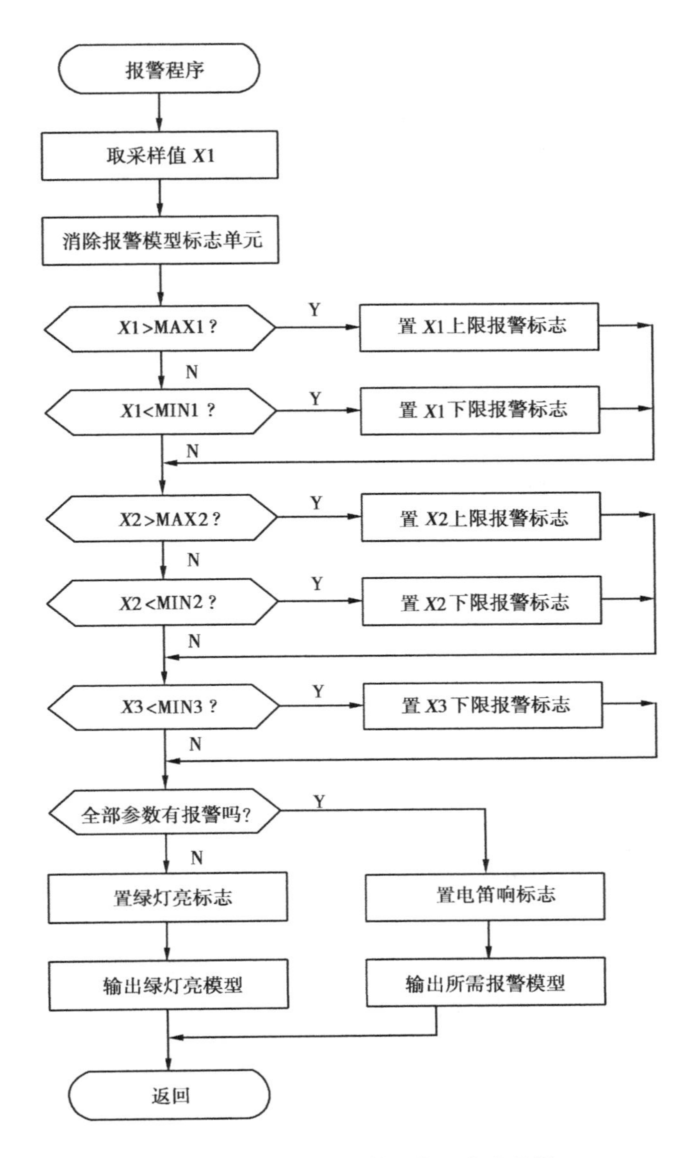

图4.8　锅炉软件报警系统程序流程图

任务4　定时程序设计

任务要求：

1）掌握软件定时程序的设计方法；

2）掌握和硬件定时程序的设计方法。

定时程序在微机控制系统中使用非常广泛，微机控制系统是一个采样控制系统，采样周期需要使用定时程序实现。定时程序可分为软件定时程序和硬件定时程序两种。

1. 软件定时程序

软件定时程序是一个循环程序,循环体中不包含任何指令或只包含空操作指令。由于每条指令执行所需要的时间(机器周期)是固定的,根据循环的指令条数可以计算出整个循环体的执行时间。或根据时间可以确定出循环体的指令数以及循环次数。

例如:

```
DELAY:  MOV     R7,N        ;需要1个机器周期,N为立即数
        NOP                 ;需要1个机器周期
D1:     NOP
        DJNZ    R7,D1       ;需要2个机器周期
```

则这段程序的执行时间为:$t = [1+1+1+2+(1+2)\times(N-1)]\times T$

$= [5+3\times(N-1)]T$

式中,T 为单片机的机器周期,N 为循环次数。若晶振频率为 6 MHz,则机器周期为 2 μs。设 N 为 166 次,则定时为 1 ms。

如果需要定时的时间比较长,可以采用双重循环程序。例如:需要定时 250 ms,则需要外循环 250 次(0FAH)。程序如下:

```
DELAY2: MOV     R6,#0FAH
DELAY:  MOV     R7,#0A6H
        NOP
D1:     NOP
        DJNZ    R7,D1
        DJNZ    R6,DELAYQ
        RET
```

也可以采用调用子程序的形式来设计定时程序。由于软件定时的外循环的指令未计算在内,并且定时操作时 CPU 处于原地循环,因此软件定时只适合定时精度不高,以及系统对实时性要求不高的场合。

2. 硬件定时程序

自动控制系统中,要求微机能够进行实时控制,因此,不能用软件定时程序实现定时,而必须采用硬件定时。硬件定时的集成电路很多,可使用单片机内部的定时/计数器可编程定时器芯片 8253 等。硬件定时程序的设计首先要设置定时器的工作方式和时间常数,然后启动定时器,定时器时间到时发出中断请求信号,通知 CPU 中断,执行中断服务程序。

现以 8031 单片机中的定时器为例,介绍硬件定时程序的设计。

例:设单片机的晶振频率为 6 MHz,用内部定时器产生一个周期为 500 μs 的等宽正方波脉冲,从 P1.7 端口输出。

分析:单片机内部有两个定时器 T0,T1,任选其一,选 T0,它有三种工作方式,即方式 0、方式 1、方式 2。要产生一个周期为 500 μs 的等宽正方波脉冲,只能选可自动加载初始值的工作方式 2。

定时时间计算:定时时间 = (2^8 − 计数初值) × 机器周期,6 MHz 晶振频率下,一个机器周

期为 2 μs,因此,计数器的初值 = 2^8 - 定时时间/机器周期 = 83H。

由于只用 T0,因此,TMOD 寄存器初始化的状态字应为 02H。

程序设计如下:

```
        MOV     TMOD,#02H       ;设置 T0 为工作方式 2
        MOV     TH0,#83H        ;设置计数初始值
        MOV     TL0,#83H        ;保存计数初始值
        SETB    EA              ;开中断
        SETB    ET0             ;T0 中断允许
        SETB    TR0             ;启动中断
WAIT:   AJMP    WAIT
中断服务程序:
        CPL     P1.7            ;方波输出
        RETI
```

任务5 直流电机控制程序设计

任务要求:

1)理解直流伺服电机调速原理;

2)掌握开环脉冲调速系统的基本方法;

3)理解闭环脉冲调速系统的基本原理。

1. 中小功率直流电机调速原理

直流伺服电机的转速由电枢电压 U_a决定。在定子励磁电压和负载转矩恒定时,电枢电压越高,电动机转速就越快;电枢电压为 0 V 时,电动机就停转;改变电枢电压的极性,电动机就反转。因此直流伺服电机的调速可以通过控制电枢电压来实现。

对于中小功率直流伺服电机高速系统,使用微机或单片机控制是极为方便的,其方法是通过改变电动机电枢电压接通或断开时间的比值来控制电动机速度,这种方法称为脉冲宽度调制(而脉冲幅值不变),简称 PWM。

当电机通电时,速度增加;电机断电时,速度逐渐减少。只要通电和断电时间保持一定值,则电动机就能达到一定的稳定速度。改变通电和断电的时间值,就能改变电动机的速度。

设电动机在一直通电情况下(即断电时间为 0)的最大速度为 V_{max},占空比 $D = t_1/T$,则电动机的平均速度为

$$V_d \approx V_{max}D$$

平均速度与占空比可近似地看成线性关系。

2. 开环脉冲调速系统

图4.9 为一个双向电动机控制接口电路图,采用 8155 作为并行接口电路,A 口为输出,B 口和 C 口为输入方式。A 口 PA1,PA0 经 74LS125 和 74LS06 控制 4 个光电隔离器和 4 个大功

率场效应管 IRF640,接到直流电动机 M 上。

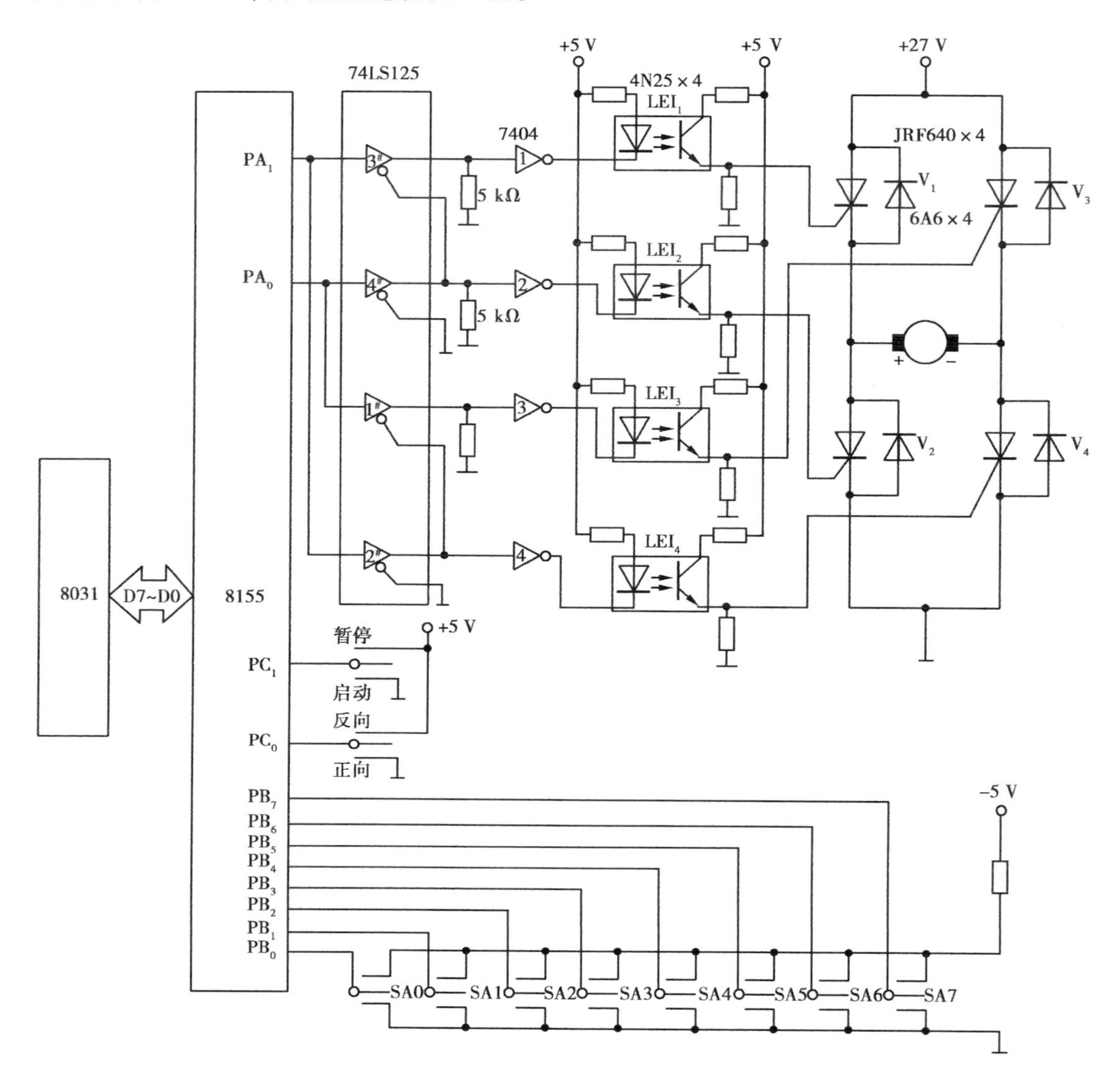

图 4.9 双向电动机控制接口电路图

当单片机经 8155 的 A 接口输出 02H 控制模型($PA_1=1,PA_0=0$)时,由于锁存器 74LS125 中三态门 2 是打开的,所以光电隔离器 LEI4 导通并发光,光敏三极管输出为高电平,因而使大功率场效应开关管 JRF 640(SW_4)导通。同理,74LS125 三态门 4 输出为 0,使得三态门 3 的控制端口也为"0"电平,因此,三态门 3 打开使光电隔离器 LEI_1发光并导通因而使 SW_1导通。同理,此时 SW_2和 SW_3是关断的,因此,电流从左至右流过直流电动机使电动机正转。当 PA_1和 PA_0端口输出为 01H 控制模型时,锁存器 74LS125 中的三态门 1、三态门 4 输出为"1",使得 SW_2和 SW_3接通,SW_1和 SW_4关断电流由右向左流过电动机使电动机反转。

同理,可决定出刹车及滑行时的模型分别为 03H,00H。电动机工作状态真值表如表 4.1 所示。

表4.1　双向控制电动机工作状态真值表

PA_1	PA_0	状态	SW_1	SW_2	SW_3	SW_4
1	0	正转	1	0	0	1
0	1	反转	0	1	1	0
1	1	刹车	0	1	0	1
0	0	滑行	0	0	0	0

为了实现脉冲宽度调速，用8155 B口接口的8个开关作为脉冲宽度给定值N，C口的PC_0和PC_1各接一个单刀双掷开关，PC_0位为方向控制位，当$PC_0=0$时，电动机正向运行；$PC_0=1$时电动机反转。PC_1位用来控制电动机的启动和停止，若$PC_1=0$，电动机启动；若$PC_1=1$，电动机停止。

控制系统软件设计如下：双向电动机控制系统程序设计的基本思想是，首先对8155初始化，设其A口为输出方式，B口为输入方式，C口为输入方式，然后分别读入给定值N和方向控制标志，接着进行启动判断决定是否需要启动，如不需要启动则继续检查；若需要启动还需进一步判断电动机的转动方向，然后按照要求输出正向(或反向)控制代码，并查对及判断脉冲宽度(单位脉冲个数)是否达到给定值，如未达到要求，则继续输出控制代码；一旦达到给定值，便输出刹车(或滑行)代码。此后，继续重复上述过程即可达到给定的电动机旋转速度。其程序流程图如图4.10所示。设8031的P2.6，P2.5与8155的$\overline{CE}$、$IO/\overline{M}$相连，则8155的控制口地址为BF00H。

根据图4.10可写出双向电动机控制程序如下：

```
          ORG      1000H
START:    MOV      DPTR,#0BF00H     ;指向8155控制口
          MOV      A,#01H           ;8155初始化
          MOVX     @DPTR,A
LOOP:     MOV      DPTR,#0BF02H     ;指向8155的B口
          MOVX     A,@DPTR          ;读入并存储给定值N
          MOV      20H,A
          CPL      A                ;计算并存储N̄
          INC      A
          MOV      21H,A
          MOV      DPTR,#0BF03H     ;指向C口,读入状态标志
          MOVX     A,@DPTR
          JB       ACC.0,FSZD       ;判断方向。反向转INVERT
          MOV      A,#02H           ;取正向代码
ZSZD:     MOV      DPTR,#0BF01H     ;指向A口,输出控制代码
          MOVX     @DPTR,A
          MOV      22H,20H          ;延时t1
DELAY1:   ACALL    DELAY0
```

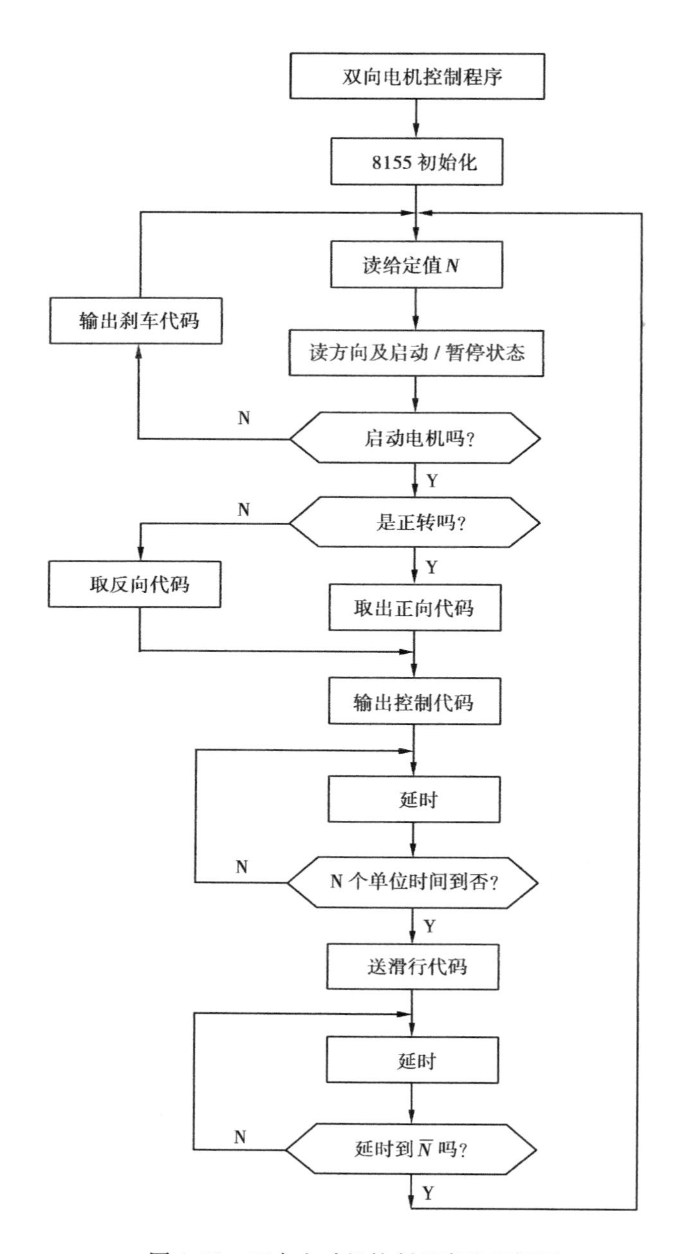

图 4.10　双向电动机控制程序流程框图

```
          DJNZ    22H,DELAY1
          MOV     A,#00H         ;输出滑行代码
          MOVX    @DPTR,A
          MOV     23H,21H        ;延时 t2
DELAY2:   ACALL   DELAY0
          DJNZ    22H,DELAY12
          AJMP    LOOP
STOP:     MOV     A,03H
```

```
        MOV     DPTR,#0BF01H    ;指向 8155A 口,输出刹车代码
        MOVX    @DPTR,A
        AJMP    LOOP
FSZD:   MOV     A,01H           ;输出反向代码
        AJMP    LOOP
DELAY0: (延时程序)
```

3. 闭环脉冲宽度调速系统

为了提高电动机脉冲宽度调速系统的精度,通常采用闭环脉冲宽度调速系统。闭环系统是在开环系统的基础上增加了电动机速度检测回路,意在将检测到的速度与给定值进行比较,并由数字调节器(PID 调节器或直接数字控制)进行调节,其原理框图如图 4.11 所示。

在图 4.11 中先用光电码盘将每一个采样周期内直流伺服电机的转速进行检测并计数,再经锁存器送到微型计算机与数字给定值(由拨码盘给定)进行比较,并进行 PID 运算,再经锁存器送到 D/A 转换器,将数字量变成模拟量,由脉冲发生器产生调节脉冲,经驱动器放大后控制电动机转动。由于积分调节的作用,该系统可以消除静差。

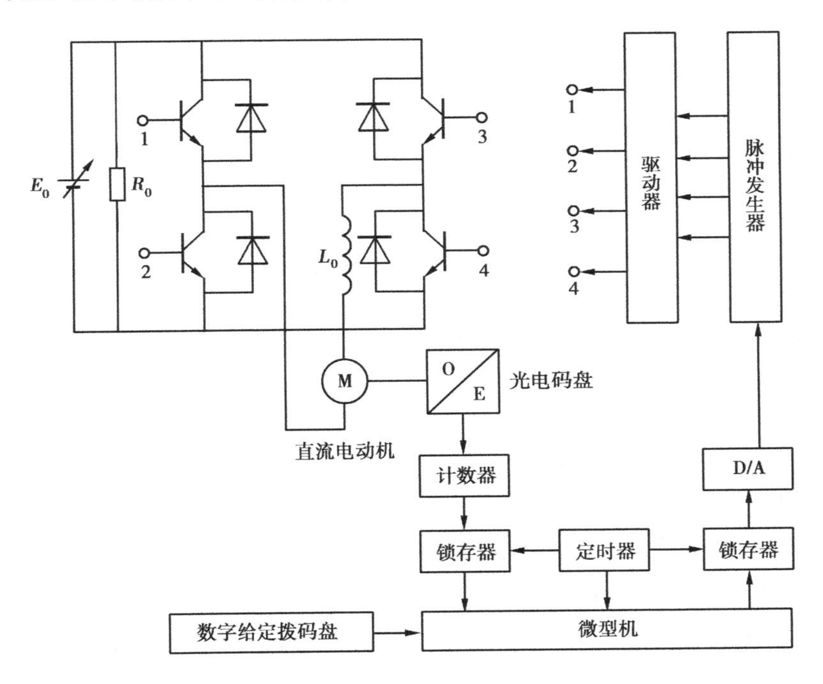

图 4.11　闭环脉冲宽度调速系统原理图

闭环脉冲调速系统的程序设计涉及具体的算法(如 PID),将在以后章节介绍,这里不再举例。

随着科学技术的发展,电动机转速测量的方法也在不断地更新与完善。现在已经由模拟量速度测量传感器逐渐向数字式传感器发展。常用的转速传感器有测速发电机、光电码盘、电磁式码盘、光栅以及霍尔元件等。若需了解这些传感器可参考其他书籍。

技能训练 直流电机控制

1. 训练目的及要求

1)理解掌握用单片机控制直流电机的电路;
2)掌握单片机控制直流电机的方法。

2. 实训指导

1)按照图4.12所示,搭建用单片机控制直流电机的电路。

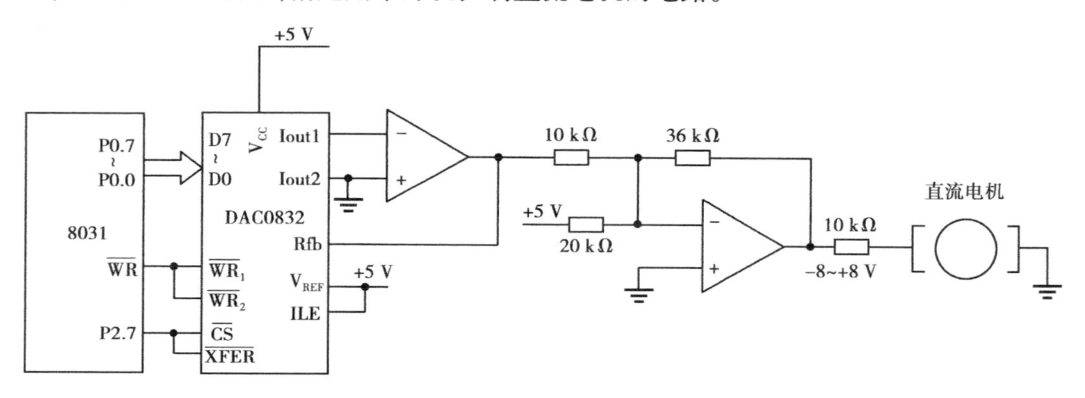

图4.12 单片机控制直流电机的电路图

2)改变DAC0832输出电压的极性,控制直流电机转动方向;
3)改变DAC0832输出电压的大小,控制直流电机的转速;
4)根据训练内容要求绘制程序流程图;
5)根据流程图编写程序;
6)软硬件结合起来进行在线仿真调试,直至满足要求;
7)用程序控制直流电机;
①改变控制直流电机转动方向的参数,观察直流电机转动方向;
②改变控制直流电机转速的参数,测量直流电机转速;
③记录以上数据。

3. 实训报告

实训结束,应认真总结,写出实训报告,具体要求如下:
1)实训报告应包括实训名称、目录、正文、小结和参考文献五部分;
2)正文要求写明训练目的,基本原理,参数记录、实训过程及步骤、心得体会。

任务6　步进电机控制程序设计

任务要求：

1)理解步进电机控制系统原理；

2)掌握步进电机控制程序设计的方法。

步进电机是工业过程控制及仪表中的主要控制元件之一。在数字控制系统中，由于它可以直接接受计算机输出的数字信号，而不需要进行数/模转换，因此用起来非常方便。步进电机角位移与控制脉冲间精确同步，若将角位移的改变转变为线性位移、位置、体积、流量等物理量的变化便可实现对它们的控制。并具有快速定位能力和精确步进的显著特点。由于步进电机精度高以及不用位移传感器即可达到精确的定位，被广泛应用于定位场合和工业过程控制的位置控制系统中。

1. 步进电机控制系统原理

典型的微型机控制步进电机系统原理图如图4.13所示。微型机的主要作用是把并行二进制码转换成串行脉冲序列，并实现方向控制，每当步进电机得到一个脉冲，便沿着转向控制线信号所确定的方向转动一步。在允许负载下，知道初始位置，根据步距角的大小和实际走的步数，便可得到步进电机的最终位置。

下面介绍微型机控制步进电机系统中，如何生成脉冲序列，如何控制方向等技术问题。

(1)脉冲序列的生成

微型机控制步进电机系统中，是由计算机产生一序列脉冲波的。首先用软件输出一个高电平，再利用延时程序延时一段时间，而后输出低电平，再延时一段时间，就形成了脉冲波。高、低电平延时的长短由步进电机的工作频率决定，这个脉冲波通过接口电路后，由驱动电路将功率放大，然后去驱动步进电机。

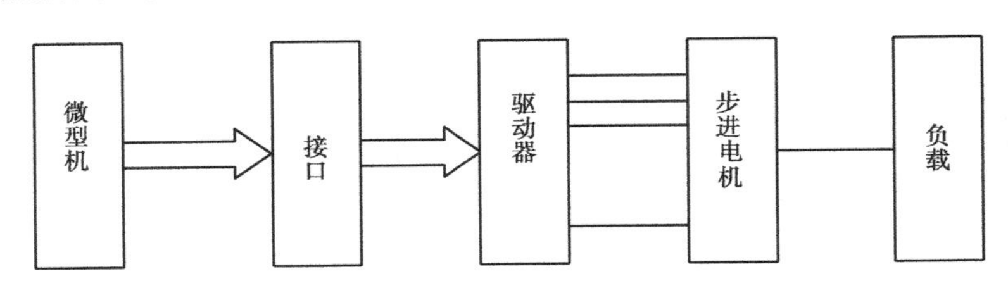

图4.13　用微型机控制步进电机原理框图

(2)方向控制

步进电机常用的有三相、四相、五相、六相步进电机4种，本书以三相步进电机为例分析步进的方向是如何进行控制的，其他三种原理类似。

三相步进电机的工作方式有三种：单三拍、双三拍、三相六拍，正向转动的通电顺序如下：

1)单三拍　→A→B→C→A

2)双三拍　→AB→BC→CA→AB

3)三相六拍　→A→AB→B→BC→C→CA→A

如要反向转动,则通电顺序反之即可。如单三拍的反转通电顺序为→A→C→B→A。

微型机控制步进电机的方法是:

1)用接口电路的每一位控制一相绕组,例如用8255A控制三相步进电机时,可用PC_0,PC_1,PC_2分别接至步进电机的A,B,C三相绕组。

2)根据选定的步进电机及控制方式,写出相应的控制方式的控制模型。

3)按控制模型的顺序,编制发送脉冲序列的程序,即可控制步进电机正(或反)转。

对于三相步进电机的三种控制方式的正方向控制模型分别列表如下:

①单三拍

步序	控制位			工作状态	控制模型
	PC_2	PC_1	PC_0		
1	0	0	1	A	01H
2	0	1	0	B	02H
3	1	0	0	C	04H

②双三拍

步序	控制位			工作状态	控制模型
	PC_2	PC_1	PC_0		
1	0	1	1	AB	03H
2	1	1	0	BC	06H
3	1	0	1	CA	05H

③三相六拍

步序	控制位			工作状态	控制模型
	PC_2	PC_1	PC_0		
1	0	0	1	A	01H
2	0	1	1	AB	03H
3	0	1	0	B	02H
4	1	1	0	BC	06H
5	1	0	0	C	04H
6	1	0	1	CA	05H

如果将步序倒过来,即为反方向控制模型。

2. 步进电机控制程序设计

(1)步进电机与微型机接口

由于步进电机的驱动电流比较大,所以微型机与步进电机的连接都需要专门的接口电路及驱动电路。接口电路可以是锁存器,也可以是可编程接口芯片,如8255,8155等。驱动器可用大功率复合管也可以是专门的驱动器。有时为了抗干扰或避免一旦驱动电路发生故障,造成功率放大器中的高电平信号进入微型机而烧毁芯件,在驱动器与微型机之间加一级光电隔离器。目前已经生产出许多专门用于步进电机或交流电动机的接口器件(或接口板),用户可根据需要选用。

(2)步进电机控制程序设计

以8031型单片机控制步进电机为例,如图4.14所示。步进电机的驱动脉冲由8031型单片机编程实现,通过8255的A端口的PA0,PA1,PA2送出,驱动步进电机的A,B,C三相通过8255的B口读取起/停、正/反转控制信号,S1闭合表示允许电动机起动,S2闭合表示控制电动机正转。程序编写如下:其中8255的A口地址为7CH,B口地址为7DH,其控制口地址为7FH。

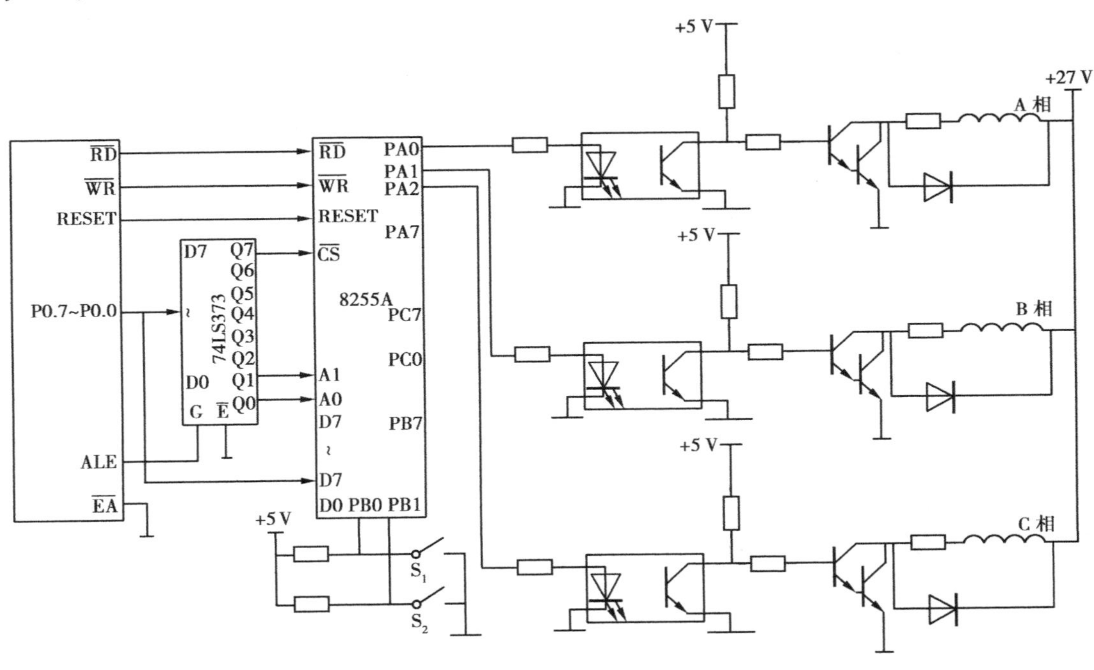

图4.14　步进电机控制电路

```
        MOV     R0,#7FH      ;指向8255A的控制口地址
        MOV     A,#8BH       ;向8255A写入控制字
        MOVX    @R0,A
RT0:    MOV     R0,#7DH      ;指向8255A的B口
        MOVX    A,@R0        ;读取S1,S2的值
        JB      ACC.0,RT0
        JB      ACC.1,LOOP2
LOOP1:  MOV     R0,#7CH      ;指向8255的A口
        MOV     A,#01H       ;正转
        MOVX    @R0,A
```

```
        LCALL   DELAY
        MOV     A,#03H
        MOVX    @R0,A
        LCALL   DELAY
        MOV     A,#02H
        MOVX    @R0,A
        LCALL   DELAY
        MOV     A,#06H
        MOVX    @R0,A
        LCALL   DELAY
        MOV     A,#04H
        MOVX    @R0,A
        LCALL   DELAY
        MOV     A,#05H
LOOP2:  MOV     R0,#7CH         ;反转
        MOV     A,#01H
        MOVX    @R0,A
        LCALL   DELAY
        MOV     A,#05H
        MOVX    @R0,A
        LCALL   DELAY
        MOV     A,#04H
        MOVX    @R0,A
        LCALL   DELAY
        MOV     A,#06H
        MOVX    @R0,A
        LCALL   DELAY
        MOV     A,#02H
        MOVX    @R0,A
        LCALL   DELAY
        MOV     A,#03H
        MOVX    @R0,A
        LCALL   DELAY
        SJMP    RT0
```

以上程序设计方法对于节拍比较少的程序是可行的。但是,当步进电机的节拍数比较多时,用这种立即数传送法将会使程序很长,通常采用循环程序进行设计。所谓循环程序就是把环型节拍的控制模型按顺序存放在内存单元中,然后逐一从单元中取出控制模型并输出。这样可大大简化程序。本书不再赘述。

技能训练　步进电机控制

1. 实训目的与要求

1)理解用单片机控制步进电机的基本电路；
2)掌握步进电机的控制方法。

2. 实训指导

1)按图4.14制作单片机控制步进电机的基本电路；
2)调试电路，确保能够正确工作；
3)确定步进电机的步进工作模式；
4)绘制程序流程图；
5)软硬件结合起来进行在线仿真调试，直至满足要求；
6)输入程序，改变程序中的步进工作模式参数，观察并记录步进电机的变化。

3. 实训报告

实训结束，应认真总结，写出实训报告，具体要求如下：
1)实训报告应包括实训名称、目录、正文、小结和参考文献五部分。
2)正文要求写明训练目的，基本原理，参数记录、实训过程及步骤、心得体会。

思考练习4

1. 执行器在微机控制系统中有何作用？

2. 伺服电机的伺服功能是如何体现的？

3. 有一四回路监测系统，如果某一回路得采样值超过报警上限，则延时20 ms后对该回路再采样一次，如果连续三次采样值均超过上限，则发出报警信号。试编写该报警程序。

4. 画图说明小功率直流电机双向控制原理，并说明如何实现正、反、滑行及刹车控制。

5. 根据三相步进电机的控制原理，试编写四相单四拍、四相八拍步进电机控制程序。

6. 试用循环程序设计方法，改编图4.5.3例题中的程序。

项目 5
微机控制系统的数据处理

学习目标:

1)了解计算机控制系统中进行数据处理的目的;

2)熟悉数据处理方法的几种类型;

3)理解常用数字滤波方法的基本原理;

4)重点掌握算术平均值滤波法、中位值滤波法、复合滤波法(譬如抗脉冲干扰平均值滤波法)。

能力目标:

1)能用常用编程语言设计数字滤波程序;

2)具备调试程序的能力。

在计算机控制系统中,经 A/D 转换器送入微机的数据,是对被测物理量进行检测和转换而得到的原始数据。这些原始数据送入微机后,通常首先要进行一定的处理,然后才能作为控制器中计算控制量的数据,以及作为在显示器上显示的数据;另外,按照控制算式所计算出的控制量数据,也要根据模拟量输出通道的特点做适当处理,才能被接受和执行。

在计算机控制系统中,对数据进行处理的方法有数字滤波、查表法、非线性补偿及对数据的极性与字长进行预处理等。

任务1 查表技术

任务要求:

1)理解查表法的基本原理;

2)掌握顺序查表、计算查表、折半查表的实现方法和应用。

计算机控制系统中,过程物理参数的变化是以数字量的形式反映到计算机中来的。每当采集到一个新的数据时,如果要了解被控量的变化情况,则需要进行参数计算。

参数计算是比较复杂的。当用某种检测器件对某种物理参数进行检测时,如果参数的变化规律可以用数学表达式来表示,这时,参数的计算虽然可以用计算法进行,但由于工程实际中许多检测器件存在非线性特性,对参数进行在线计算,不仅会影响控制系统的实时性,而且当计算复杂时，计算法程序的编写也是非常麻烦的事情；特别是对一些难以找到计算公式描述的物理参数，计算法更显得无能为力，而这时，查表法就能够很好地解决这个问题。

所谓查表法，就是在计算机的存储单元内，存放反映输入（物理参数）-输出（检测信号或数字量）对应关系（或结合进一步计算）的数据表格；每当计算机通过过程通道采集到一个新的数据时，通过对该数据表的快速查找，即可获得被控物理量的当前准确值，从而掌握其变化情况，以采取相应的控制措施。

在研究数据查找方法中，会用到关键字（key word）这个术语。关键字是惟一标识数据元素、记录的数值（或名字）。譬如每个人的身份证号码，就可以作为公民的关键字。因为利用身份证号码，可以查找这个人的性别、年龄、住址、单位等情况。数据查找的过程，就是将待查关键字与实际关键字比较的过程。

查表法中，常用的有顺序查表法、计算查表法、折半查表法。

1. 顺序查表法

顺序查表是一种最简单的查找方法，对数据表的结构无任何要求。查找过程如下：

从数据表开始，依次取出每个记录的关键字，再与待查记录的关键字比较。如果两者相等，就表示查到了关键字。如果整个表都查找完毕仍未找到所需记录，则查找失败。

顺序查找速度较慢。对于由 n 个记录所组成的表，平均查找次数为 $(n+1)/2$。该法只适用于数据记录个数比较少的情况。

2. 计算查表法

计算查表法适合于数据按照一定的规律排列，并且搜索内容（关键字）与表格数据地址之间的关系能用数学公式表示的有序表格。查找某内容时，先通过运算，求得查找内容所在存储单元的地址，然后从该存储单元取出数据即可。

例如，某计算机温度巡回检测系统中，要求能对128个温度采样点的状态进行监视。当某采样点温度超限（高于上限值或低于下限值）时，就控制报警装置进行报警。

用计算查表法解决此问题的步骤如下：

①在计算机的存储器内建立一个“温度超限报警数据表”。在该表中，顺次存放各温度采样点的上限报警值、下限报警值（每个数据占一个单元，对每个采样点共占用两个单元）；设此数据表的起始地址为 F，温度巡回检测的当前路号为 K。

②按照式(5.1)进行计算，找到报警值所在单元的地址 D

$$D = 2K + F \tag{5.1}$$

③将当前温度采样点的采样数据，分别与 D 单元及 $D+1$ 单元的数据进行比较：若大于 D 单元中数据的值，则进行上越限报警；若小于 $D+1$ 单元中数据的值，则进行下越限报警。

3. 折半查表法

对于按关键字大小顺序排列的数据表，可以采用折半查表法。

假设在一个按照关键字由小到大顺序排列的表中，要查一个关键字为 K_i 的记录。采用折半查表法，进行查找的过程如下：

选取处于表中间的那个记录的关键字与 K_i 做比较：如果 K_i 大于该关键字，那就再取处于表后半部分中间的那个记录的关键字，与 K_i 进行比较；如果 K_i 小于该关键字，那就再取处于表前半部分中间的那个记录的关键字，与 K_i 进行比较。

如此重复进行，直到找到所需记录。如果没有，则查找失败。

例如，假设有 8 个数据，它们的关键字的依次排列为

11　　13　　25　　27　　39　　41　　43　　45

现要查找关键字为 41 的数据。

用符号 L,H,M 分别表示查找段的段首、段尾和中间关键字的序号。则查找过程如下：

第一步：　11　　13　　25　　27　　39　　41　　43　　45

↑（$L=1$，指向 11）　↑（$M=4$，指向 27）　↑（$H=8$，指向 45）

第二步：　11　　13　　25　　27　　39　　41　　43　　45

↑（$L=5$，指向 39）　↑（$M=6$，指向 41）　↑（$H=8$，指向 45）

其中，$M=\mathrm{INT}((L+H)/2)$，INT 表示取整数。经过两次比较，就可以找到关键字 41。

折半查表法的查找速度比顺序查表法快，但其前提是，应事先按关键字的大小顺序将数据表排列好。

任务 2　数据极性和字长的预处理

任务要求：

1）理解数据极性和字长的预处理；

2）掌握不同情况数据极性和输入输出数据字长的预处理方法。

1. 数据极性的预处理

在过程控制中，通过检测元件所检测到的被控信号，例如电压信号，有是单极性的，也有是双极性的；而在自动控制系统内，由设定值与该检测信号所构成的偏差信号，又一定是双极性的。

在计算机控制系统中，计算机通过 A/D 转换所采集到的数字量，除了反映对应信号的幅值外，也反映出信号的极性，因此，这些数据实际上也是带极性的。在计算机中，必须根据具体情况（是单极性输入或是双极性输入）对这些数据做适当处理——也就是要对数据进行“预处理”，才能保证偏差值的正确性。

（1）对双极性输入信号的数据预处理

在计算机控制系统中，双极性信号经 A/D 转换后，所得到的数字量常用偏移二进制码表示。

假设信号的变化范围为 $-5\sim+5$ V，该信号经 A/D 转换后所得到的偏移二进制码为 00H ~ FFH。其中，数字量的最高位 D7 表示信号的极性：

当 D7 = 0 时，表示负极性，即数字量 00H ~ 7FH 表示[−5 V，0 V）范围的模拟信号；

当 D7 = 1 时，表示正极性，即数字量 80H ~ FFH 表示（0 V，+5 V]范围的模拟信号。

在由双极性信号组成的闭环恒值控制系统中，设给定的信号为 Y，采样输入信号为 X，则偏差值 $\Delta = Y - X$。因为 Y 和 X 的值对应的是双极性信号，所以偏差值 Δ 在参加运算前必须进行预处理才能保证最终结果的正确性。

设预处理规则为：

如果偏差值的绝对值大于 80H，则偏差信号取最大值（信号极性为负，取 00H；信号极性为正，取 FFH）；否则，将运算结果直接作为偏差信号。

设采样数据 X 存放在 SAMP 单元，给定信号数据存放在 GIVE 单元，TEMP 为缓冲单元，RESULT 为结果存储单元。

按上述预处理规则，双极性输入信号的数据预处理程序流程图如图 5.1 所示。

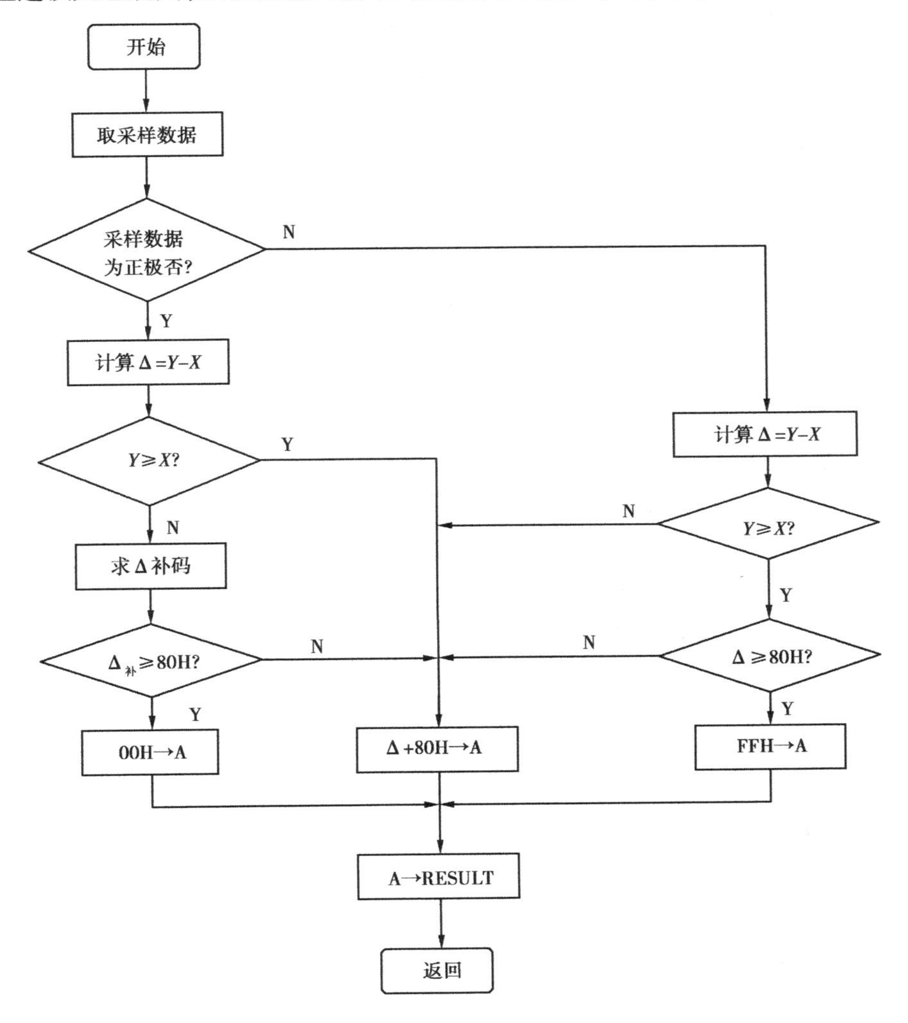

图 5.1　双极性输入信号的数据预处理程序流程图

源程序清单如下：

```
PROC_PRE:MOV    A,SAMP        ;取采样数据
         JNB    ACC.7,NEG     ;判断采样数据极性,D7 =0,转 NEG
         MOV    R2,A
```

```
        MOV     A,GIVE          ;取给定信号
        CLR     C               ;清进位标志位
        SUBB    A,R2            ;计算 Δ =Y-X
        MOV     TEMP,A          ;保存
        JNC     LOOP3           ;Y≥ X,转 LOOP3
        CPL     A               ;Y < X,求偏差值反
        INC     A               ;反码加 1
        MOV     TEMP,A          ;保存偏差值绝对值(补码)
        CLR     C
        SUBB    A,#80H          ;判断比较偏差值的绝对值是否大于 80H
        JC      LOOP3           ;否,转 LOOP3
        AJMP    MAX—N           ;是,转 MAX—N
NEG:    MOV     A,GIVE          ;取给定信号
        CLR     C
        SUBB    A,R2            ;计算 Δ=Y-X
        MOV     TEMP,A          ;保存偏差值
        JNC     LOOP1           ;Y ≥X,转 LOOP1
        ADD     A,#80H          ;Δ+80H → A
        AJMP    LOOP4
LOOP1:  MOV     TEMP,A          ;保存 Δ
        CLR     C
        SUBB    A,#80H          ;判断偏差值是否大于 80H
        JC      LOOP2           ;否,转 LOOP2
        MOV     A,#0FFH         是,保存 0FFH 到结果单元
        AJMP    LOOP4
LOOP2:  MOV     A,TEMP
        ADD     A,#80H          ;Δ+80H →A
        AJMP    LOOP4
MAX—N:  MOV     RESULT,#00H     ;保存 00H 到结果单元
        AJMP    LOOP4
LOOP3:  MOV     A,TFMP
        ADD     A,#80H          ;Δ+80H→A
LOOP4:  MOV     RESULT,A        ;保存偏差值
        RET
```

(2)对单极性输入信号数据的预处理

在有些控制系统中,输入信号和给定信号是单极性的,但相减之后所得的偏差值就是双极性信号。

单极性的信号常用无符号数值码表示。0 ~ +5 V 的同极性信号,经 8 位 A/D 转换后,对应的数字量为 00H ~ FFH。

偏差值由于是双极性的，因此，用偏移二进制码来表示它。例如，双极性信号 -5 ~ +5 V，对应的数字量为 00 ~ FFH。

这类系统的数据预处理与双极性输入系统的方法相同，由于系统的输入是单极性的，因此不必判断极性，只需根据偏差值的大小和符号判断即可。系统数据预处理程序流程图如图5.2所示。

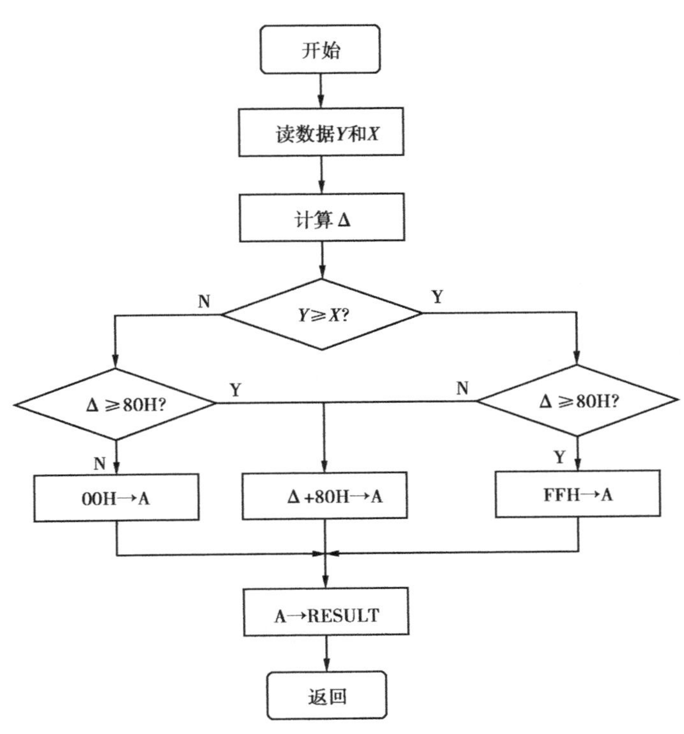

图5.2　单极性输入信号数据预处理程序流程图

程序清单如下：

```
PROC_PRE:MOV    R2,SAMP      ;取采样数据
         MOV    A,GIVE       ;取给定信号
         CLR    C            ;清进位标志位
         SUBB   A,R2         ;计算 Y-X
         MOV    TEMP,A       ;保存偏差值
         JNC    BIG          ;Y≥X,转 BIG
         CLR    C
         SUBB   A,#80H       ;偏差信号是否大于 80H
         JNC    LOOP1        ;不是,转 LOOP1
         MOV    A,#00H       ;是,保存 FFH 到结果单元
         AJMP   LOOP2
BIG:     SUBB   A,#80H       ;偏差信号是否大于 80H
         JC     LOOP1        ;不是,转 LOOP1
         MOV    A,#0FFH      ;是,保存 FFH 到结果单元
```

```
        AJMP    LOOP2
LOOP1:  MOV     A,TEMP
        ADD     A,#80H
LOOP2:  MOV     RESULT,A
        RET
```

2. **输入输出数据字长的预处理**

在计算机控制系统中,各组成部分经常会出现数据字长不一致的情况。

例如,在有的计算机控制系统中,采用12位A/D转换器采样数据,而输出采用8位D/A转换器;又例如,在有的计算机控制系统中,使用8位A/D转换器进行采样,而为了提高计算的精度,却采用双字节运算程序计算,而输出却采用8位D/A转换器。

为了满足不同的精度要求,采样数据在经数字滤波、标度变换和控制量计算之后,必须对数字量的位数加以处理。

(1)输入位数大于输出位数

当输入器件精度比输出器件精度高时,例如采用10位A/D转换器采样,而把处理后10位二进制数通过8位D/A转换器输出,就会出现输入位数大于输出位数的情况。

输入位数大于输出位数的处理方法,就是忽略10位数的最低两位。如:10位A/D转换器的输入值为0011111010,处理后的8位D/A转换器的输出值为00111110。

在计算机中,通过移位的方法实现上述处理过程是非常容易的。设输入值存放在IN_H和IN_L内存单元中,转换后的输出值存放在OUT内存单元中。则实现位长变化的程序如下:

```
CLR     C           ;清进位标志位
MOV     A,IN_H      ;输入值右移一位
RRC     A
MOV     A,IN_L
RRC     A
CLR     C
MOV     A,IN_H      ;输入值右移一位
RRC     A
MOV     A,IN_L
RRC     A
MOV     OUT,A       ;保存转换结果
```

由于10位A/D转换器的采样精度要比8位A/D转换器高得多,因此,虽然舍去了最低的两位数会产生一定的误差,但这一误差仍比采用8位输入-8位输出的系统的误差小。

为了提高转换精度,可以用“四舍五入”的方法对最低的两位进行转换。转换的方法是:将移位前的数据加上二进制数000000010再进行移位处理。这样,只有最低两位数为10和11时,才能改变最高8位的值。

当A/D转换后的10位数字量为1111111111和1111111110时,采用“四舍五入”方法处理后的结果为0000000,显然,这一结果是错误的。

解决这一问题的方法是:在加入数据000000010后,再检查是否有溢出,如果有,则可将

移位的结果减1,这就可保证转换结果的正确性了。

带“四舍五入”的转换程序如下:

```
CLR     C
ADD     IN_L,#02H       ;输入值加0000000010
ADDC    IN_H,#00H
MOV     A,IN_H          ;输入值右移一位
RRC     A
MOV     A,IN_L
RRC     A
CLR     C
MOV     A,IN_H          ;输入值右移一位
RRC     A
MOV     A,IN_L
RRC     A
JNB     IN_H.0,END_C    ;IN_H 的 D0 =0,无溢出,转 END_C
DEC     A               ;IN_H 的 D0 =1,溢出,移位结果减1
MOV     OUT,A           ;保存转换结果
RET
```

(2)输出位数大于输入位数

当输入器件精度比输出器件精度低时,如采用8位A/D转换器采样,而通过10位D/A转换器输出,就会出现输入位数大于输出位数的情况。

输出位数大于输入位数的最好处理方法是:将8位数左移两位构成10位数,10位数的最低两位用“0”填充。例如:

转换前的8位输入值:XXXXXXXX

转换后的10位输出值:XXXXXXXX00

这种处理方法的优点,在于构成的10位数接近10位转换器的满刻度值,其误差在10位数字量的3个步长电压之内。

实现该方法的程序可参考上述程序进行设计。

任务3　非线性补偿

任务要求:

1)理解非线性补偿的基本原理;

2)掌握各种插值方法的应用。

在过程控制中,经过检测元件所检测到的电信号和被检测的物理参数之间往往存在非线性关系。例如,在流量测量中,从差压变送器来的信号 x 与实际流量 y 成平方根关系,即 $y=k\sqrt{x}$;又例如,在温度测量中,热电偶输出的热电势信号与温度之间的关系也是非线性的。在自动化仪表中,为解决这一非线性问题,以便得到均匀的显示刻度,即希望系统的输出与输入

有线性关系,使读数看起来清楚、方便,往往用硬件进行非线性补偿,将非线性的关系转化成线性的。

在计算机控制系统中,计算机从模拟量输入通道得到的有关现场信号的数字量,与该信号所反映的物理量之间也不一定成线性关系。为了保证这些参数能有线性输出,同样需要引入非线性补偿,将非线性的关系转化成线性的,这种转化过程称为线性化处理。

常规仪表中用硬件实现的非线性补偿,其补偿方法近似且精度不高。而在计算机控制系统中,这种补偿是通过软件实现的,不仅方法灵活、补偿精度高,而且可以"一机多用",对多个参数进行补偿。

用软件进行补偿的方法有多种。

当参数间的非线性关系可以用数学方程式来表示时,计算机可直接按公式进行计算,完成对非线性的补偿。例如,在过程控制中,温度与热电势、差压与流量,就是经常遇到的可以用数学方程式来描述的两个非线性关系,都可以用此方法来完成。

当参数间的非线性关系难以用数学方程式来表示时,可以用查表法、分段线性化等方法来解决。

所谓查表法,就是事先将计算好的数据按一定顺序编制成表格,并存入计算机中。查表程序的任务,就是根据被测参数的测量数据(或中间的计算结果),查出被测参数的值。由于受到存储容量的限制,有些表格只给出了函数在一些稀疏点上的数据,而对于相邻于两点之间的函数值,则没有给出。为了获得这些值,可以用插值法进行近似计算,其中,常用的插值法有线性插值法和二次插值法。

1. 线性插值法

(1)插值法

下面用 y 表示被测的物理参数,x 表示对该物理参数进行测量所得的信号(或数据)。

所谓插值法,就是从 n 对实验测量数据 (x_i,y_i) $(i=1,2,\cdots,n)$ 中,求得一个函数 $\varphi(x)$,以作为实际的测量读数 x 与被测量数值 y 之间的函数关系($y=f(x)$)的近似表达式,这个表达式应该满足两个条件:

①$\varphi(x)$ 的表达式应比较简单,便于计算;

②在所有的校准点(也称为插值点)$x_1,x_2,\cdots,x_n$ 上满足

$$\varphi(x_i)=f(x_i)=y_i \quad (i=1,2,\cdots,n)$$

满足上述条件的 $\varphi(x)$ 即称为 $y=f(x)$ 的插值函数,而 x_i 则称为插值节点。

在插值法中,$\varphi(x)$ 的选择有多种方法。因为代数多项式比较容易计算,故常选择 $\varphi(x)$ 为 x 的 n 次多项式,即

$$\varphi(x)=\sum_{i=0}^{n}a_ix^i \tag{5.2}$$

一般说来,$\varphi(x)$ 的阶数 n 越高,则其逼近 $f(x)$ 的精度也越高,但计算量也会增加,因此对拟合多项式的阶数 n 的选择,一般不超过三阶。

下面,将通过实例对插值法加以说明。

用于测温的热敏电阻的电阻值 R(kΩ)与温度 t(℃)的关系式如表 5.1 所示。

表5.1 热敏电阻的温度-电阻特性标准测试数据

温度 t/℃	阻值 R/kΩ	温度 t/℃	阻值 R/kΩ
10	8.000 0	26	6.060 6
11	7.843 1	27	5.970 1
12	7.692 3	28	5.882 3
13	7.547 1	29	5.797 0
14	7.407 4	30	5.714 2
15	7.272 7	31	5.633 7
16	7.142 8	32	5.555 4
17	7.017 4	33	5.479 3
18	6.896 5	34	5.405 3
19	6.779 6	35	5.333 2
20	6.667 0	36	5.263 0
21	6.557 4	37	5.194 6
22	6.451 6	38	5.128 1
23	6.349 1	39	5.063 1
24	6.250 0	40	5.000 0
25	6.153 8		

热敏电阻的电阻值 R 与温度 t 之间的关系式是非线性的，无法用数学解析式来表示。为了描述它们之间的关系，假设温度 t 与电阻值 R 之间的关系近似用三阶多项式来表示，即

$$t = \varphi(R) = a_3R^3 + a_2R^2 + a_1R + a_0$$

式中，a_3, a_2, a_1, a_0 为待定系数。

以 R 为自变量，并取 $t = 10,17,27,39$ 这4个点为插值点，从表中取出对应的4组电阻值-温度(R,t)数据

(8.000 0,10)；(7.017 4,17)；(5.970 1,27)；(5.063 1,39)

将它们分别代入上式，可得4个方程式

$$\begin{aligned} 8.000\,0^3a_3 + 8.000\,0^2a_2 + 8.000\,0a_1 + a_0 &= 10 \\ 7.017\,4^3a_3 + 7.017\,4^2a_2 + 7.017\,4a_1 + a_0 &= 17 \\ 5.970\,1^3a_3 + 5.970\,1^2a_2 + 5.970\,1a_1 + a_0 &= 27 \\ 5.063\,1^3a_3 + 5.063\,1^2a_2 + 5.063\,1a_1 + a_0 &= 39 \end{aligned} \tag{5.3}$$

解此四元一次方程组，可得

$$a_3 = -0.234\,689\,9; a_2 = 6.120\,273;$$

$$a_1 = -59.260\,430; a_0 = 212.711\,8$$

于是，所求的三阶多项式为

$$t = -0.234\,698\,9R^3 + 6.120\,273R^2 - 59.260\,43R + 212.711\,8 \tag{5.4}$$

将在实际中测出的电阻值 R 代入上式，即可求得被测点的实际温度 t。

如果将热敏电阻通过恒定电流时的压降用A/D转换器转换成数据D，并建立一张不同温度下的A/D数据表，就可以用仿照上面的方法，求出类似于上式的从数据D计算温度 t 的插

值方程。

多项式(5.4)又称为插值方程。在实际应用中,常用的插值方式一般有线性插值法和抛物线(二次)插值法。

(2)线性插值法

图5.3给出了线性插值法的基本原理。

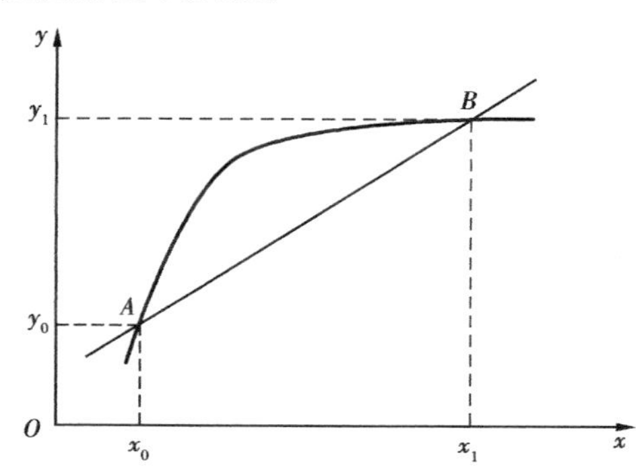

图5.3 线性插值法原理

已知函数 $y=f(x)$ 在点 x_0,x_1 上的值分别为 y_0,y_1,要求出一次多项式 $y=p(x)$,使满足 $p(x_0)=y_0,p(x_1)=y_1$。其几何意义即为求通过两点 $A(x_0,y_0),B(x_1,y_1)$ 的一根直线。

由两点式方程可知,通过 A,B 两点的直线方程为

$$y=p(x)=y_0+\frac{y_1-y_0}{x_1-x_0}(x-x_0) \tag{5.5}$$

它是 x 的一次函数。

有了这个方程后,就可以进行插值计算。当有一个新的 x 的值,只要代入方程,就能找到对应的 y 值。式(5.5)称为一次插值多项式,这种插值方法称为线性插值法。

在应用中,通常把线性插值的公式编制成子程序,调用前赋予相应参数,直接调用即可。

(3)折线近似法

显然,对于非线性比较严重或测量范围较宽的非线性特性,采用一个直线方程进行校正,很难满足精度要求。这时,可以采用分段线性化,即采用折线近似的方法来解决。

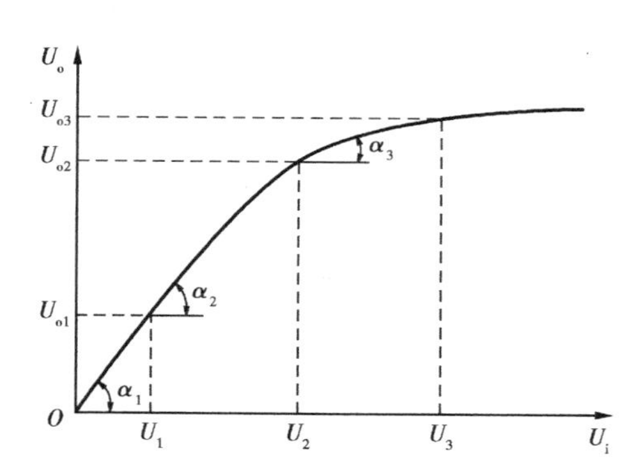

图5.4 折线近似法原理

图5.4给出了折线近似法的原理。图中,在每段折线的小段范围内,函数关系看成是线性的,把各折点电压与斜率不同的各个小线段综合起来,就可以实现所需函数的逼近。

折线近似法可以很方便地用条件判断的程序来加以实现。其基本思想就是把输入电压U_i分别与拐点电压$U_1,U_2,\cdots U_k$依次比较，找到U_i所在的区间$[U_k,U_{k+1}]$，然后转到相应的直线段按其对应的直线表达式计算，所不同的就是每个区间有不同的斜率而已。

折线近似法的程序流程图如图5.5所示。

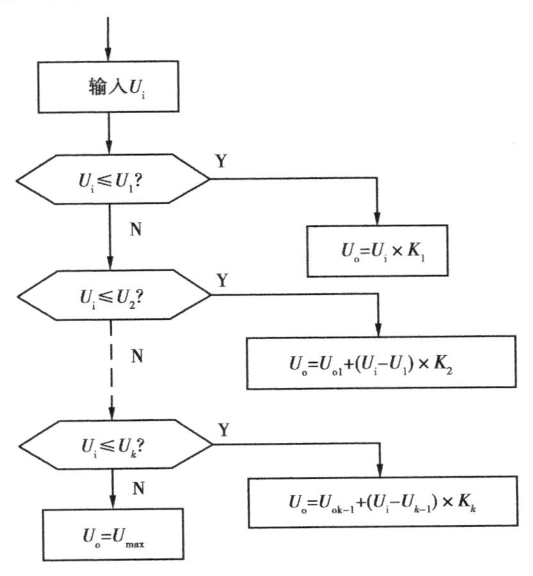

图5.5　折线近似法程序流程图

2. 二次抛物线插值法

线性插值法利用两个插值节点(x_0,y_0)及(x_1,y_1)确定的一条直线段，求得$y=f(x)$的近似值，误差较大。可再增加一个插值节点(x_2,y_2)，根据通过这三个插值节点的曲线来求$y=f(x)$的近似值，若这三点不在一条直线上，则通过这三点的曲线就是抛物线，对应的插值方法称为抛物线二次插值法。

抛物线插值法如图5.6所示。

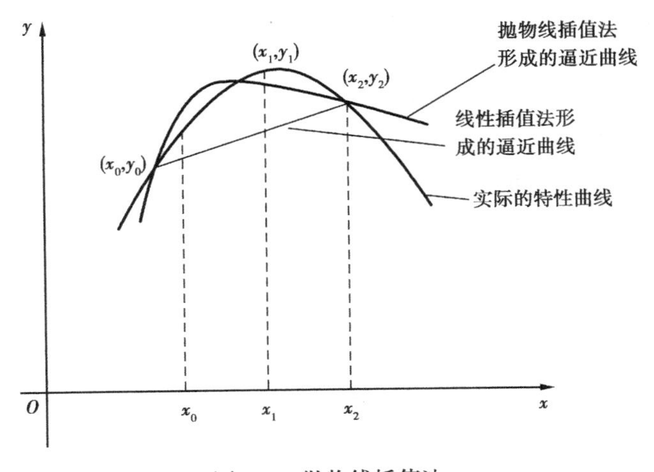

图5.6　抛物线插值法

二次插值逼近的公式如下：

$$y = y_0 + \frac{y_1 - y_0}{x_1 - x_0}(x - x_0) + \frac{\frac{y_2 - y_0}{x_2 - x_0} - \frac{y_1 - y_0}{x_1 - x_0}}{x_2 - x_1}(x - x_0)(x - x_1) \tag{5.6}$$

式中，只有 x 为变量，其余均为常数，式(5.6)可表示为

$$\begin{aligned} y &= y_0 + k_1(x - x_0) + k_2(x - x_0)(x - x_1) \\ &= y_0 + (x - x_0)[k_1 + k_2(x - x_1)] \end{aligned} \tag{5.7}$$

按式(5.7)不难编出相应的标准子程序，供系统在做线性插值运算时使用。

在微机控制的系统中，用插值逼近的方法来解决非线性问题时应注意，线性插值速度快，但精度较低；而二次插值精度一般比线性插值高，但速度要慢些，可根据实际系统的情况选择使用。插值计算的方法很多，需要时，可参阅有关计算方法的内容。

任务4　数字滤波

任务要求：

1)理解数字滤波原理及特点；

2)掌握各种滤波方法的原理及应用。

工业控制对象的工作环境一般比较差，干扰源比较多。一般计算机控制系统的模拟输入信号中，均含有种种干扰成分，它们来自被测信号源本身、传感器、外界干扰等。

消除和抑制干扰有多种方法。对于周期性的干扰信号，典型代表为50 Hz 的工频干扰，可在 A/D 转换器前接入模拟滤波器，或采用积分时间等于20 ms 的整数倍的双积分 A/D 转换器来消除其影响。对于随机干扰信号，因为它不是周期信号，难以用模拟滤波器取得满意的效果，这时，可以用数字滤波方法予以削弱或滤除。

所谓数字滤波，就是通过一定的计算或判断程序减少干扰在有用信号中的比重。在计算机控制系统中使用数字滤波，就是根据从模拟量输入通道所得到的采样数据（当前的或历次的），经过一定的计算或判断，以决定当前采样的有效值。

数字滤波实质上是一种程序滤波或软件滤波，它克服了模拟滤波器的不足，与模拟滤波器相比，有以下特点：

①数字滤波是用程序实现的，不需要增加硬件设备，而且可以多个输入通道“公用”一个滤波器（即调用同一滤波程序，只要赋予不同的滤波参数），可靠性高，稳定性好。

②数字滤波器可以对频率很低（如0.01 Hz）的信号实现滤波，克服了模拟滤波器的缺陷。

③数字滤波可以根据信号的不同，采用不同的滤波方法或滤波参数，具有灵活、方便、功能强的特点。

由于具有上述优点，数字滤波得到了广泛的应用。在本节中，将对几种常用的数字滤波方法及其程序设计（在 MCS-51 系列单片微机上实现）进行介绍。

下面用 n 表示采样序号数，X_n 表示第 n 次采样值，Y_n 表示数字滤波器的输出，即当前采样的有效值。

1. 程序判断滤波法

程序判断滤波，就是结合控制对象的参数变化情况，根据两次相邻采样值之差的最大范围 ΔX（绝对值），对当前采样值 X_n 的准确性进行判断。

程序判断滤波分为限幅滤波和限速滤波。

(1) 限幅滤波

设当前采样值为 X_n，前一次采样值为 X_{n-1}，若这两次采样值之差的绝对值超过 ΔX，则表明随机干扰产生的影响不容忽视，应对当前采样值进行适当处理。

限幅滤波可用算式表示如下：

若 $|X_n - X_{n-1}| \leq \Delta X$，则 $Y_n = X_n$；

若 $|X_n - X_{n-1}| > \Delta X$，则 $Y_n = X_{n-1}$。

即用本次采样值减去上次采样值，将增量的绝对值与 ΔX 比较，如小于或等于 ΔX，则以本次采样值作为数字滤波器的输出；否则，以上次采样值作为数字滤波器的输出。

限幅滤波法的程序流程图如图 5.7 所示。

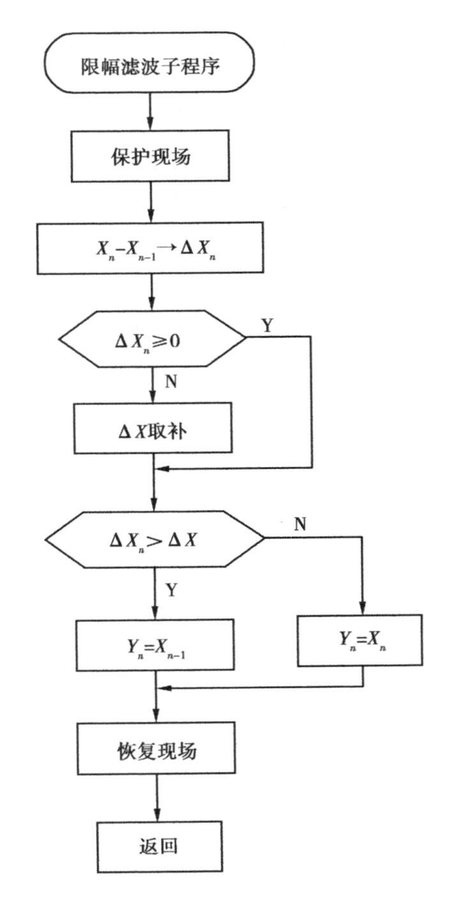

图 5.7　限幅滤波的程序流程图

下面列出在 MCS-51 系列单片微机上实现限幅滤波法的程序清单。

——程序中，上次采样值存放在 DATA1 单元，本次采样值存放在 DATA2 单元，两次相邻采样允许的最大偏差值 ΔX 存放在 DATA3 单元。

源程序如下：

```
BEGIN:PUSH    ACC              ;保护现场
      PUSH    DPH
      PUSH    DPL
      PUSH    PSW
      PUSH    B
      MOV     B,R0
      MOV     DPTR,#DATA1
      MOVX    A,@DPTR
      MOV     R0,A
      MOV     DPTR,#DATA2
      MOVX    A,@DPTR
      CLR     C
      SUBB    A,R0             ;求 Xn-Xn-1,即 ΔX0
      JNC     LOOP1            ;若 Xn-Xn-1≥0,则转 LOOP1
      CPL     A
```

```
        INC     A               ;若 Xn - Xn-1 <0,则求补
LOOP1:  MOV     R0,A
        MOV     DPTR,#DATA3
        MOVX    A,@DPTR
        XCH     A,R0
        CLR     C
        SUBB    A,R0            ;求 ΔXn - ΔX
        JC      DONE
        JZ      DONE            ;若|Xn - Xn-1|≤ΔX,则转
                                ;DONE,Yn = Xn
        MOV     DPTR,#DATA1
        MOVX    A,@DPTR
        MOV     DPTR,#DATA2
        MOVX    @DPTR,A         ;否则,Yn = Xn-1
DONE:   MOV     R0,B            ;恢复现场
        POP     B
        POP     PSW
        POP     DPL
        POP     DPH
        POP     ACC
        RET                     ;返回
```

(2)限速滤波

限速滤波与限幅滤波有相近之处。

设上次采样值为 X_{n-1},本次采样值为 X_n。限速滤波的物理意义是:

若 $|X_n - X_{n-1}| < \Delta X$,则 $Y_n = X_n$,即以本次采样值作为数字滤波器的输出;

若 $|X_n - X_{n-1}| \geqslant \Delta X$,则 X_n不采用,但先保留,再取第三次采样值 X_{n+1};

若 $|X_{n+1} - X_n| < \Delta X$,则 $Y_n = X_{n+1}$,即以第三次采样值 X_{n+1}作为数字滤波器的输出;

若 $|X_{n+1} - X_n| \geqslant \Delta X$,则 $Y_n = (X_{n+1} + X_n)/2$,以折中值作为数字滤波器的输出。

限速滤波较为折中,既照顾了采样的实时性,也照顾了采样值变化的连续性。但这种方法也有明显的缺点,ΔX 要根据现场检测而定。

在实际应用中,可以用$(|X_n - X_{n-1}| + |X_{n+1} - X_n|)/2$ 作为 ΔX,虽增加了运算量,但灵活性提高了。

限速滤波法的程序流程图如图 5.8 所示。

2. 中位值滤波法

中位值滤波法的原理是:当一个新的采样时刻到来时,对被测信号连续采样 K 次($K \geqslant 3$,且是奇数,一般取 5 ~9),然后将采样值按大小顺序排列,取中间的那个值作为本次采样的有效值 Y。

中位值滤波法的程序流程图如图 5.9 所示。

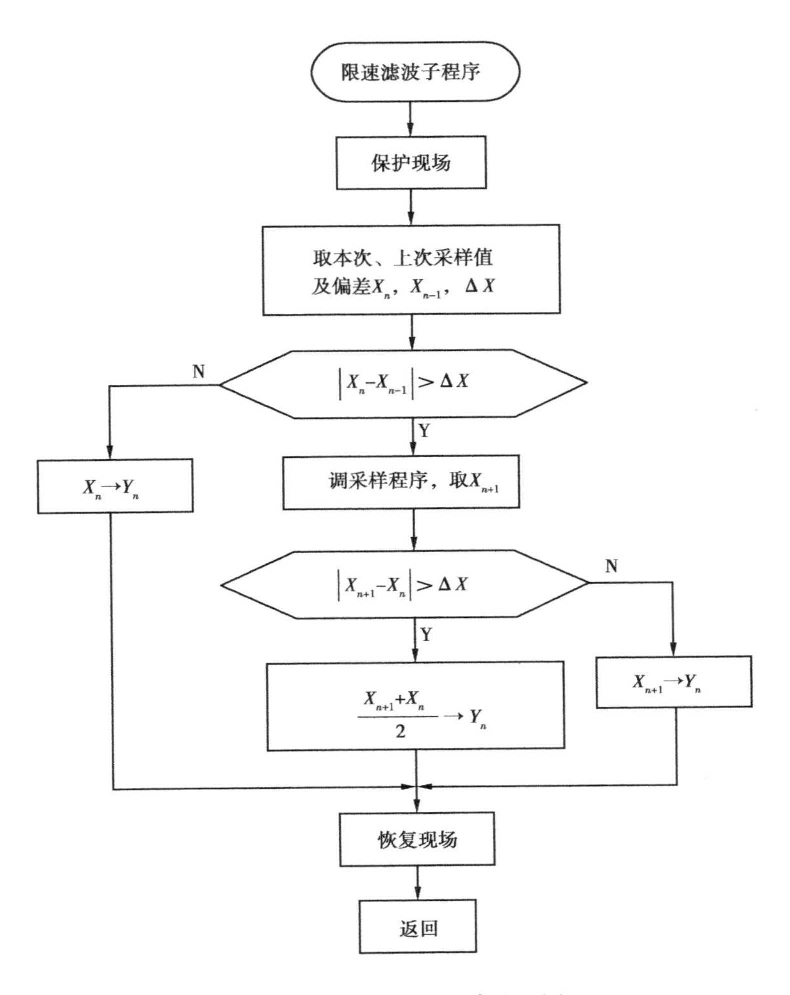

图5.8　限速滤波的程序流程图

实现中位值滤波法的程序：

——程序中，取 $N=3$。

——源程序如下：

```
BEGIN:PUSH      ACC
        ；保护现场（这部分略）
        MOV       DPTR,#ADDR1        ；取数据首址
        MOVX      A,@ DPTR           ；读入 X1
        XCH       A,R0
        INC       DPTR               ；指向下一个数据的地址
        MOVX      A,@ DPTR           ；读入 X2
        CLR       C
        SUBB      A,R0
        MOVX      A,@ DPTR
        JNC       NEXT1              ；比较 X1,X2,若 X1≤X2,则转到 NEXT1 处
```

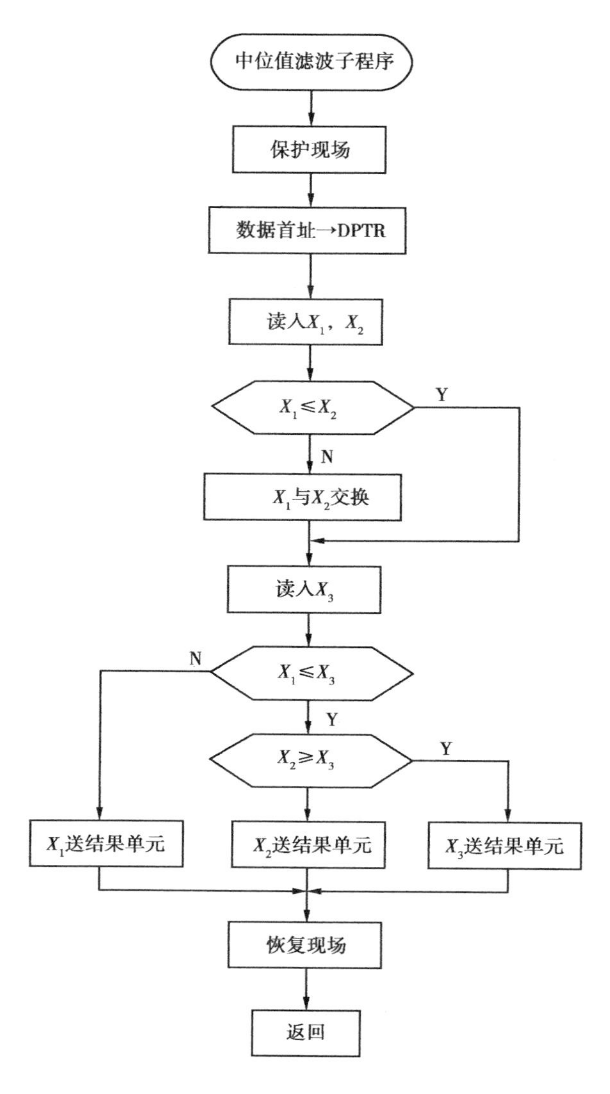

图 5.9　中位值滤波法的程序流程图

```
        XCH     A,R0            ;若 X1 > X2,则交换 X1 和 X2
NEXT1:  INC     DPTR            ;指向下一个数据的地址
        XCH     A,0F0H
        MOVX    A,@ DPTR        ;读入 X3
        CLR     C
        SUBB    A,R0
        MOVX    A,@ DPTR
        JNC     NEXT2           ;比较 X1、X3,若 X1 ≤X3,则转到 NEXT2 处
        MOV     A,R0
        AJMP    NEXT3
NEXT2:  CLR     C
        SUBB    A,0F0H
```

```
        MOV     A,0F0H
        JNC     NEXT3          ;比较X2、X3,若X2 ≤X3,则转到NEXT3 处
        MOVX    A,@ DPTR
NEXT3:  MOV     DPTR,#ADDR2
        MOVX    @ DPTR,A       ;将中值保存在ADDR2 单元中
        ; 恢复现场(这部分略)
        POP     ACC
        RET
ADDR1:  EQU     2100H
ADDR2:  EQU     2200H
```

3. 算术平均值滤波法

算术平均值滤波的原理是：当一个新的采样时刻到来，对被测信号连续采样 N 次，得到 N 个采样值 X_1，X_2，…，X_N，求出它们的算术平均值，以作为这一采样周期的有效采样值 Y。

与算术平均值滤波法有关的一个数学命题可以这样描述：

对于 N 个数 X_1，X_2，…，X_N，如何寻找这样一个 Y，使其与各采样值之差的平方和为最小，即

$$E = \min\left[\sum_{i=1}^{N} e_i^2\right] = \min\left[\sum_{i=1}^{N}(Y - X_i)^2\right] \tag{5.8}$$

由一元函数求极值原理可知 Y 应该满足

$$Y = \frac{1}{N}\sum_{i=1}^{N} X_i \tag{5.9}$$

很显然，所要寻找的 Y，正是各个数的算术平均值。

算术平均值滤波的程序流程图如图5.10所示。

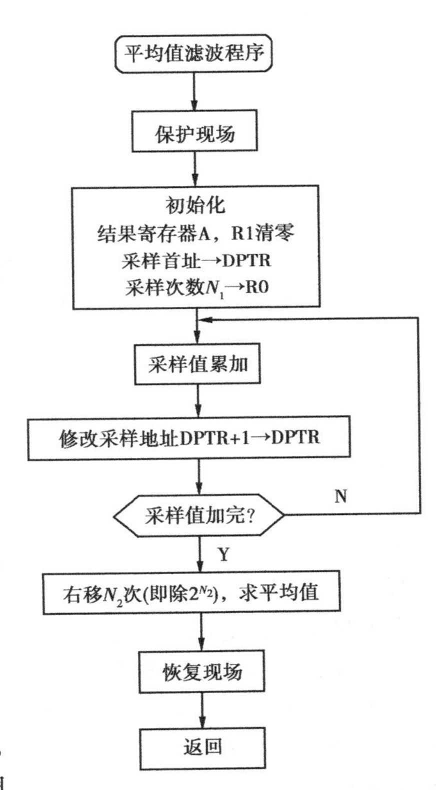

图5.10　算术平均值滤波的程序流程图

实现算术平均值滤波的程序：

——程序中，N_1 为采样次数，取 N_1 为2的整数倍，即 $N_1=2^{N_2}$，这样，对累加结果做除法运算时可以不必调用除法子程序，只需右移 N_2 位即可。

——源程序如下：

```
AAPS:   PUSH    ACC
        ;保护现场(这部分略)
        MOV     DPTR,#AAFD1    ;取采样首址
        MOV     B,# 0          ;初始化
        MOV     R0,# N1        ;取采样次数
        MOV     R1,# 0         ;初始化
LOOP1:  MOVX    A,@ DPTR
```

```
        ADD     A,B
        XCH     A,B
        XCH     A,R1
        ADDC    A,#0            ;采样值累加
        XCH     A,R1
        INC     DPTR            ;采样地址指针加1,指向下一个采样值
        BJNZ    R0,LOOP1        ;采样值累加完否? 未完转到 LOOP1 处
        MOV     R0,# N2         ;N2为右移次数
        XCH     A,R1
LOOP2:  CLR     C
        RRC     A
        XCH     A,R1
        RRC     A
        XCH     A,R1            ;求平均值
        DJNZ    R0,LOOP2
        XCH     A,R1
        MOV     DPTR,#AAFD2     ;滤波结果存入 AAFD2 单元
        MOVX    @ DPTR,A
        ; 恢复现场(这部分略)
        POP     ACC
        RET
AAFD1   EQU     2100H
AAFD2   EQU     2200H
N1      EQU     XX
N2      EQU     XX
```

算术平均值法适用于压力、流量、液面等周期性脉动信号的平滑加工,这类信号的特点是信号往往在某一数值范围作上下波动。

算术平均值法对信号的平滑滤波程度取决于 N 。当 N 较大时,平滑度高,但灵敏度低,即外界信号的变化对测量计算结果 Y 的影响小;当 N 较小时,平滑度较低,但灵敏度高。应按具体情况选取 N,对流量的测量,可取 $N=8\sim16$;对压力等的测量,可取 $N=4$。

4. 加权平均值滤波法

算术平均值法对每次采样值给出相同的加权系数 $1/N$,将各个数据的重要性等同看待。而在有些场合,为了增加新鲜采样值在平均值中的比重,提高系统对当前数据的灵敏度,这时可采用加权递推平均法,用下式求出平均值作为滤波器的输出:

$$Y = a_0X_0 + a_1X_1 + \cdots + a_NX_N \tag{5.10}$$

式中,$a_0,a_1,\cdots,a_N$ 均为常数,它们满足下式

$$0 < a_0 < a_1 < \cdots < a_N \tag{5.11}$$

$$a_0 + a_1 + \cdots + a_N = 1 \tag{5.12}$$

常数 $a_0, a_1, \cdots, a_N$ 的选取是多种多样的，在常用的加权系数法中，可以这样取

$$a_0 = 1/\Delta$$
$$a_1 = e^{-\tau}/\Delta$$
$$\cdots$$
$$a_N = e^{-N\tau}/\Delta$$

其中，$\Delta = 1 + e^{-\tau} + e^{-2\tau} + \cdots + e^{-N\tau}$，$\tau$ 为控制对象的纯滞后时间。

加权递推平均法适用于系统纯滞后时间常数较大、采样周期较短的过程。由于需要测试过程的纯滞后时间，还要计算各位权系数，故增加了计算量，降低了控制速度，因而加权递推平均法的实际应用不如算术平均值法广泛。

5. 抗脉冲干扰平均值滤波法

上面介绍的算术平均值法对脉冲干扰的滤波效果并不理想，它不适用于脉冲性干扰比较严重的场合。

在这种情况下，可以将中位值法和平均值法结合起来使用，形成"抗脉冲干扰平均值法"，它对脉冲干扰的滤波有比较好的效果。

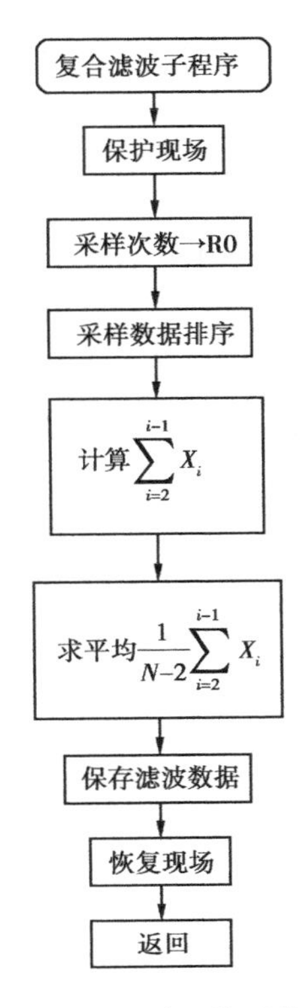

图5.11　抗脉冲干扰平均值法（复合滤波）的程序流程图

抗脉冲干扰平均值法的基本思路是：

①在每个采样周期到来时，对被测信号连续采样 N 次（$3 \leqslant N \leqslant 14$），得到 N 个数据；

②对这些采样值进行比较，按大小次序进行排序（或只确定其中的最大、最小值）；

③剔除其中最大、最小值各一个，对余下的 $N-2$ 个值进行算术平均，将所得结果作为本次采样周期的有效采样值 Y。

用数学式表示为：

设采样数据经排序后为

$$X_1 \leqslant X_2 \leqslant \cdots \leqslant X_N$$

则

$$Y = (X_2 + X_3 + \cdots + X_{N-1})/(N-2) \tag{5.13}$$

抗脉冲干扰平均值法（即复合滤波）的程序流程图如图5.11所示。

实现抗脉冲干扰平均值法的程序：

——程序中，取采样次数为10次，$10-2 = 2^3$；采样地址为DATA1。

——源程序如下：

```
BEGIN:PUSH      ACC
        ;保护现场(这部分略)
        MOV     DPTR,#DATA1          ; 取数据首址
        MOV     R0,#09               ; R0 中存放排序外循环次数
```

```
LOOP1:MOV    A,R0
      MOV    R1,A          ;R1 中存放排序内循环次数
LOOP2:MOVX   A,@DPTR
      MOV    R3,A
      MOV    R4,DPL
      MOV    R5,DPH
      INC    DPTR
      MOVX   A,@DPTR
      CLR    C
      SUBB   A,R3
      JNC    DONE
      ;对两个数据进行比较排序,若是升序就不改变顺序
      MOVX   A,@DPTR
      XCH    A,R3
      MOVX   @DPTR,A
      MOV    DPL,R4
      MOV    DPH,R3
      XCH    A,R3
      MOVX   @DPTR,A
      INC    DPTR
      ;若不是升序,就改变这两个数的顺序,使之变为升序
DONE:DJNZ    R1,LOOP2
      MOV    DPTR,#DATA1
      DJNZ   R0,LOOP1
      MOV    R2,#0
      MOV    R3,#0         ;累加单元清零
      MOV    DPTR,#DATA1   ;取数据首地址
      INC    DPTR
      MOV    R0,#08
LOOP3:MOVX   A,@DPTR       ;取要累加的数据
      INC    DPTR          ;按地址指针指向下一个单元
      ADD    A,R2
      XCH    A,R3
      ADDC   A,#0
      XCH    A,R3
      DJNZ   R0,LOOP3
      ;去掉最大、最小数后,所有数据累加求和
      MOV    R0,#3
LOOP4:CLR    C
```

```
        MOV     A,R3
        RRC     A
        XCR     A,R3
        MOV     A,R2
        RRC     A
        XCR     A,R2
        DJNZ    R0,LOOP4          ;对数据求平均值
        MOV     A,R2
        MOV     DPTR,#SAMP
        MOVX    @DPTR,A           ;保存滤波结果
        ; 恢复现场(这部分略)
        POP     ACC
        RET
```

6. 滑动平均值滤波法

算术平均值法滤波要连续采样若干次,并进行计算后才能获得一个有效的数据,速度比较慢。

为了克服这一缺点,可以采用滑动平均值法滤波。它的基本思路是:

①在计算机的RAM内建立一个数据缓冲区,各单元中依次存放N次采样而得的数据;

②每当新的采样周期到来、采集得到一个新的数据时,首先将该数据缓冲区中的数据顺次移动一位(这时,最早采集存放的数据自然丢失),然后将本次采样值存入缓冲区入口处;

③求出当前RAM缓冲区中的N个数据的算术平均值,并将此平均值作为当前采样的有效值。

滑动平均滤波值法采用这种“取一丢一”的方法,采样一次便计算一次平均值,大大提高了数据处理的速度。

上面介绍了几种常用数字滤波方法,它们各有其适用范围。

一般说来,平均值滤波法适用于周期性干扰,中位值滤波法和程序判断滤波法适用于偶然的脉冲性干扰,加权平均值滤波法适用于纯迟延较大的被控对象。

有时为了进一步改善滤波的效果,可以把两种以上的滤波方法结合起来使用,成为复合滤波。譬如前面讲到的抗脉冲干扰平均值滤波法,就是将算术平均值滤波和中值滤波结合使用的,它兼容了算术平均值滤波法和中值滤波法的优点。当采样点数选择适当时,它在快、慢速系统中均能削弱干扰。

在实际应用中,数字滤波方法的选取应视具体情况而定。一般来说,对于变化缓慢的参数,例如温度,可选用程序判断滤波;而对变化较快的信号,如压力、流量等,则可选用算术平均或加权平均等滤波方法;当然对要求高的系统,可考虑复合滤波方法。

技能训练　数字滤波程序设计

1. 训练目的及要求

1)进一步理解常用数字滤波方法的基本原理;
2)能够使用常用编程语言设计数字滤波程序;
3)培养其程序设计和调试程序的能力。

2. 实训指导

1)学习算术平均值滤波、中位值滤波、复合滤波3种方法的基本原理。

2)用C语言(或其他语言)设计出包含上述3种数字滤波方法(可选其一)的源程序。设计程序的思路如下(下面列出该程序应包含的程序段):

——首先定义程序的变量类型
——键盘输入滤波方法选择代码 m 的值($m=1,2,3$,分别表示选择算术平均值滤波法、中位值滤波法、复合滤波法)
——键盘输入连续采样次数 k 的值
——读入 k 个采样值(本实训中,用键盘输入 k 个数据,以模拟 k 个采样值)
——如果 $m=1$,则选择算术平均值滤波法程序段,执行后在显示屏上可显示出滤波结果
——如果 $m=2$,则选择中位值滤波法程序段,执行后可显示出滤波结果
——如果 $m=3$,则选择复合滤波法程序段,执行后可显示出滤波结果
——画出程序框图,编写程序

3)数字滤波程序调试。

调试步骤如下:
①将源程序录入电脑,并进行编译、链接工作
②执行程序:
a. 当显示屏出现提示符“$m=$”后,操作者随即键入 m 的值,以选择相应的滤波方法
b. 当显示屏出现提示符“$k=$”后,操作者随即键入 k 的值,以确定连续采样的次数
c. 显示屏再次出现提示符,提示操作者连续键入 k 个数据以模拟 k 个采样值
d. 观察程序执行结果,并检查结果的正确性

3. 实训报告

实训结束时,应进行认真总结,写出实训报告,实训报告应包含下述内容:

1)报告包括实训题目、目录、正文、小结和参考文献五部分。

2)正文是实训总结的主要部分,应包括:训练目的;实训中所用主要知识点的叙述(几种数字滤波方法的基本原理);程序框图,程序结构及程序设计结果;程序调试、运行情况、结果;实训过程及步骤、心得体会。

思考练习5

1. 在计算机控制系统中，为什么要对数据进行处理？数据处理的方法有哪几类？

2. 查表法有哪几种？各适用于什么场合？

3. 试设计一查表程序，使之能用计算查表法查找到任一个 X 值所对应的 Y 值，其中 $Y = X^2$。

4. 为什么要对采样数据进行预处理？

5. 为什么要检测(采样)数据进行非线性补偿？在计算机控制系统中如何实现？它有何优点？常用方法有哪几种？

6. 设某热电偶输出特性曲线的非线性补偿公式为

$$T = \begin{cases} 25V & V \leqslant 14 \\ 24V + 16 & 14 < V \leqslant 25 \end{cases}$$

其中，V 为热电偶输出的热电势信号(mV)，T 为温度(℃)。试根据该公式编写一段非线性补偿程序。

7. 何为数字滤波？它有何特点？试叙述常用数字滤波算法的基本思路及其适用场合。

项目 6

数字 PID 控制

学习目标：

1）了解比例、积分、微分（PID）调节器的基本原理及数字 PID 算法的发展；

2）理解位置式、增量式两种 PID 控制算法的数字实现方法；

3）掌握经改进的 PID 算法；

4）掌握 PID 参数整定方法。

能力目标：

1）掌握数字 PID 控制算法的实现方法；

2）能用常用编程语言设计 PID 控制程序并进行调试。

PID 调节器指的是按照反馈系统偏差的比例（P）、积分（I）和微分（D）进行控制的一类调节器。

早在计算机被应用于工业过程控制之前，人们在连续系统的控制中就广泛使用了由电动仪表、气动仪表或液动仪表实现的模拟 PID 调节器，并在长期的应用中取得了良好的效果，积累了丰富的经验。

用数字计算机很容易实现这种 PID 控制。自 20 世纪 70 年代以来，用计算机实现的数字 PID 控制正逐步取代模拟 PID 调节器；还利用计算机强大的逻辑判断功能，开发出多种形式的 PID 控制算法，使 PID 控制的功能和实用性进一步增强。

自动化仪表中的 PID 调节器，通常是由一些基本的电器、电子元件组成。在计算机控制系统中，PID 控制的功能是通过执行相应的控制程序实现的。由于软件系统的灵活性，PID 算法可以得到修正而更加完善。

在本章中，将着重介绍数字 PID 控制算法以及与此有关的问题。

任务 1　PID 调节

任务要求：

1）理解 PID 调节器的优点；

2)掌握不同调节器的作用。

1. PID 调节器的优点

PID 调节器结构简单,容易实现,参数易于调整,适用面广,其最大的优点是不需要被控对象的数学模型,而直接根据偏差的比例、积分和微分进行控制,这就给推广、应用带来了极大的方便。

正是由于 PID 控制的这一系列优点,使它往往成为首选。在实际应用中,人们常采用 PID 调节器,并根据经验进行在线整定。在连续系统的控制中,PID 调节器是技术成熟、应用最为广泛的调节器。

用模拟调节器实现 PID 控制和用数字计算机实现 PID 控制,从实现方式上虽然不同(前者通过硬件,后者通过应用软件),但它们所实现的控制规律是一样的,即都是按照 PID 控制规律来决定控制量的大小。

下面对 PID 调节器及其控制规律进行介绍。

2. PID 调节器的作用

在自动控制系统中,控制偏差 e 指的是设定值 w 与实际输出值 y 进行比较的结果,即

$$e = w - y$$

所谓 PID 调节器,就是按偏差 e 的比例(P)、积分(I)、微分(D)运算的线性组合构成控制量的一类调节器,如图 6.1 所示。

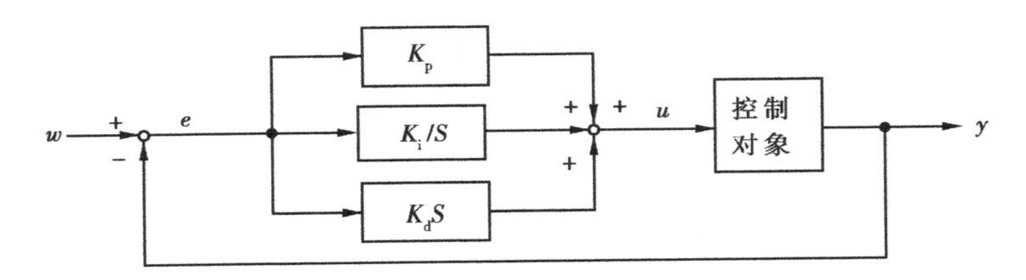

图 6.1　模拟 PID 控制

在实际应用中,PID 调节器的结构可以根据对象的特性和控制要求灵活地改变,取其中一部分环节构成控制规律,组成各种不同的控制器,例如比例(P)调节器、比例积分(PI)调节器或比例微分(PD)调节器等。

(1)比例调节器

比例调节器的控制规律为

$$u = Ke + u_0 \tag{6.1}$$

式中,K 为比例系数(即图 6.1 中的 K_p),u_0 是控制量的基准,也就是 $e = 0$ 时的控制作用(阀门起始开度、基准电信号等)。

比例调节器的特点,一是简单(它是最简单的调节器);二是快速,能对偏差 e 做出即时的反应,偏差一旦产生,调节器就立即产生控制作用,使被控量朝着减小偏差的方向变化。

比例调节器的控制作用的大小取决于比例系数 K。K 越大,调节器的作用越强,这有利于减小系统的静差。

对于具有自平衡性的控制对象,比例调节器是难以消除静态误差的;另外,比例系数 K 的

加大也是有限度的，当 K 选得过大时，将会使系统的动态品质变坏，引起系统的输出产生振荡，严重时会导致系统不稳定。

(2)比例积分调节器

在比例调节器的基础上增加积分环节，就形成了比例积分调节器(PI)，其控制规律为

$$u = K\left(e + \frac{1}{T_i}\int_0^t e\mathrm{d}t\right) + u_0 \tag{6.2}$$

式中，T_i称为积分时间。

PI 调节器中的积分环节对于偏差带有累积作用。只要偏差 e 不为零，它将通过累积作用影响控制量，并减小偏差，直至偏差为零，控制作用不再变化，系统才能达到稳态。因此，积分环节的加入有助于消除系统的静差。

积分时间 T_i越小，积分环节作用越强。增大 T_i，积分环节作用减小，这对减小系统的超调、提高系统的稳定性是有利的，但消除静差的过程将减慢。

积分时间 T_i的选取可根据具体对象的特性而定。对于管道压力、流量等滞后不大的对象，T_i可选得小一些；对温度等滞后较大的对象，T_i可选得大一些。

(3)比例积分微分调节器

在上述 PI 调节器的基础上加入微分调节器即可得到比例积分微分调节器(PID)，其控制规律为

$$u = K\left(e + \frac{1}{T_i}\int_0^t e\mathrm{d}t + T_d\frac{\mathrm{d}e}{\mathrm{d}t}\right) + u_0 \tag{6.3}$$

式中，T_d称为微分时间。加入的微分环节，其输出为

$$u_d = KT_d\frac{\mathrm{d}e}{\mathrm{d}t}$$

微分环节能对偏差量的任何变化做出及时反应，产生控制作用，以调整系统输出，阻止偏差的变化。偏差变化越快，u_d越大，反馈校正量则越大。

微分作用有助于减小超调，克服振荡，使系统趋于稳定。它加快了系统的动作速度，减小调整时间，从而改善了系统的动态性能。

在工业过程控制中，模拟 PID 调节器有电动、气动、液压等多种类型。这类模拟调节仪表是用硬件来实现 PID 调节规律的。

在计算机控制系统中，PID 控制规律是用相应的程序来实现的，也就是说，是通过软件的方式来实现的，和上一种方式相比，它具有更大的灵活性。

任务2　PID 算法的数字实现

任务要求：

1)理解 PID 算法的数字化；

2)掌握位置式、增量式 PID 控制算式；

3)掌握 PID 算法程序设计的基本方法。

1. PID **算法的数字化**

数字计算机控制系统实质上是一种采样控制系统,它只能根据采样时刻的偏差值来计算控制量。因此,必须对公式(6.3)进行离散化处理,用数字形式的差分方程代替连续系统的微分方程。

在控制过程中,设计算机每隔一段时间 Δt 对控制信号采集一次,并向被控制对象的执行机构发出一次控制信号。Δt 常用 T 表示,称为采样周期。

设在采样时刻 $t = i\Delta t = iT$(i 为采样序号,$i = 0, 1, 2, \cdots, n$),偏差值为 $e(iT)$,简记为$e(i)$ 或 e_i;控制量为 $u(iT)$,简记为 $u(i)$或 u_i,即

$$e_i = e(i) = e(iT); u_i = u(i) = u(iT)$$

当采样周期 T 比较小时,可用数值计算的方法对积分项和微分项进行逼近,其中

$$\int_0^t e(t)\,\mathrm{d}t\mathrm{d}t \approx \sum_{j=0}^{i} e(j)\Delta t = T\sum_{j=0}^{i} e(j) = T\sum_{j=0}^{i} e_j \tag{6.4}$$

$$\frac{\mathrm{d}e(t)}{\mathrm{d}t} \approx \frac{e(i) - e(i-1)}{\Delta t} = \frac{e(i) - e(i-1)}{T} = \frac{e_i - e_{i-1}}{T} \tag{6.5}$$

当采样周期 T 取得足够小时,被控过程与连续控制过程十分接近,这种情况被称为"准连续控制"。

2. **位置式** PID **控制算式**

将式(6.4)和式(6.5)代入式(6.3), PID 调节规律即可通过数值公式

$$u_i = K\left[e_i + \frac{T}{T_i}\sum_{j=0}^{i} e_j + \frac{T_\mathrm{d}}{T}(e_i - e_{i-1})\right] + u_0 \tag{6.6}$$

近似计算。

由于式(6.6)的输出值 u_i 与执行机构的位置(如阀门开度)一一对应,因此通常把该式称为数字位置式 PID 控制算式。

在控制系统中,如果执行机构采用调节阀,则控制量对应于阀门开度,它表征了执行机构的位置,这时控制器应该采用数字位置式 PID 控制算式。

图 6.2 给出了位置式 PID 算法的结构图。

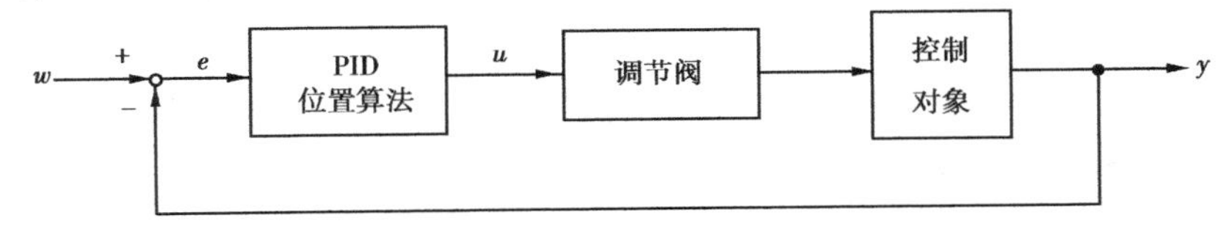

图 6.2　位置式 PID 算法的结构图

3. **增量式** PID **控制算式**

从式(6.6)还可以推导出 PID 控制算式的另一种形式。

由于

$$u_i = K\left[e_i + \frac{T}{T_i}\sum_{j=0}^{i} e_j + \frac{T_\mathrm{d}}{T}(e_i - e_{i-1})\right] + u_0 \tag{6.7}$$

及
$$u_{i-1} = K\left[e_{i-1} + \frac{T}{T_i}\sum_{j=0}^{i-1} e_j + \frac{T_d}{T}(e_{i-1} - e_{i-2})\right] + u_0 \tag{6.8}$$
两式相减，可以导出下面的式子：
$$\Delta u_i = u_i - u_{i-1} = K\left[e_i - e_{i-1} + \frac{T}{T_i}e_i + \frac{T_d}{T}(e_i - 2e_{i-1} + e_{i-2})\right] \tag{6.9}$$

式(6.9)表示出了第 i 次输出相对于第 $i-1$ 次输出的增加量，称为增量式 PID 控制算式。当执行机构需要的不是控制量的绝对数值，而是其增量，例如，执行机构采用步进电机时，控制器输出的控制量是相对于上次控制量的增加量，此时控制器应该采用增量式 PID 控制算式。图 6.3 给出了增量式 PID 算法的结构图。

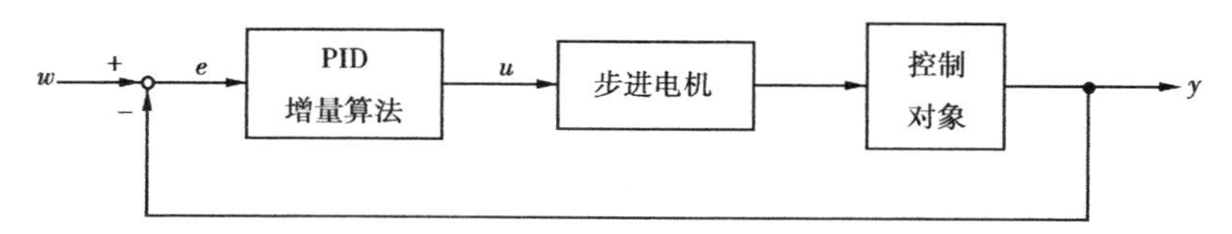

图 6.3　增量式 PID 算法的结构图

将式(6.9)展开，合并同类项，可改写为
$$\Delta u_i = d_0 e_i + d_1 e_{i-1} + d_2 e_{i-2} \tag{6.10}$$
其中
$$d_0 = K\left(1 + \frac{T}{T_i} + \frac{T_d}{T}\right)$$
$$d_1 = -K\left(1 + 2\frac{T_d}{T}\right)$$
$$d_2 = -K\left(\frac{T_d}{T}\right)$$

增量式算法只需要保持当前时刻以前三个时刻的偏差值即可。

增量式 PID 算法与位置式 PID 算法相比，有一定的优点：

首先，位置式算法每次输出的计算都要用到过去偏差的累加值 $\sum_{j=0}^{i} e_j$，容易产生较大的积累误差；而增量式算法只须计算增量，当存在计算误差或精度不足时，对控制量计算的影响较小。

其次，当控制从手动切换到自动时，在位置式控制算法中，必须首先将计算机的输出值 u_{i-1} 设置为阀门的原始阀门开度，才能保证无扰动切换，这给程序设计带来了困难；而按增量控制算法计算时只与本次的偏差有关，与阀门原来的位置无关，因而易于实现从手动到自动的无扰动切换。另外，当计算机发生故障时，由于执行装置本身有寄存作用，故仍可保持在原位。

因此，在实际控制中，增量式算法比位置式算法应用更为广泛。当然，增量式算法也有其不足之处，它对积分作用的截断效应比较大，导致有静态误差存在。因此，在实际应用中，应该根据被控对象的实际情况加以选择。一般认为，在以晶闸管或伺服电动机作为执行器件，或对控制精度要求较高的系统中，应当采用位置式控制算法；而在以步进电机或以多圈电位器作为执行器的系统中，则应采用增量式控制算法。

利用增量式控制算法，也可以得出位置式控制算法，结合式(6.9)和式(6.10)，可得出

$$u(i)=u(i-1)+\Delta u(i)=u(i-1)+d_0e(i)+d_1e(i-1)+d_2e(i-2) \quad (6.11)$$

式(6.11)便是位置式控制算法的递推算式。

4. PID 算法程序设计

(1)增量式 PID 算法的程序流程

按增量 PID 算法计算控制增量 $\Delta u(n)$ 时，只需要保留当前时刻偏差值 $e(n)$ 及前两个偏差值 $e(n-1)$ 和 $e(n-2)$。计算时，由初始化程序置初值 $e(n)=e(n-1)=0$，由中断服务程序对过程变量进行采样，并根据参数 d_0, d_1, d_2 以及 $e(n), e(n-1)$ 和 $e(n-2)$ 计算 $\Delta u(n)$。

增量式 PID 算法的程序流程如图 6.4 所示。下面列出了在 MCS-51 单片机上使用该控制算法的控制程序。程序中的内存地址分配见图 6.5 所示，所有参数均以补码形式存入。

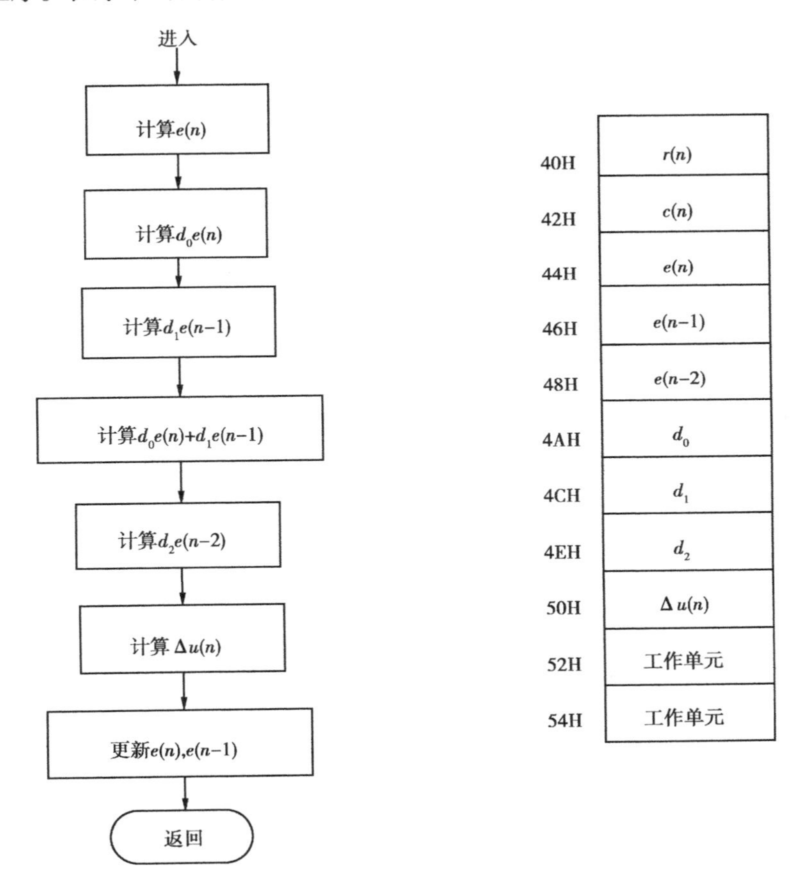

图 6.4　增量式 PID 算法程序流程　　　　图 6.5　参数的内存分配

编写程序时，首先要在内存中指定的单元存入 PID 运算所需的数据。除固定常数 d_0, d_1, d_2 以外，其他数据都要每个采样周期更新一次。其中，$r(n)$ 是按照预定的控制要求，被控物理量在第 n 个采样周期时刻应该达到的数值，称为给定值；$c(n)$ 是被控物理量在第 n 个采样周期的测量值。如果要求被控物理量始终保持恒定，那么 $r(n)$ 就是一个常数，由键盘输入后存入内存即可。如果要求被控变量随时间变化，那么 $r(n)$ 一般要每次通过计算求出后存入内存。

程序中,ADD22,SUB22,MULT22 分别为双字节补码加、减、乘法子程序。R0,R1 为运算数据指针,运算结果值存于 52H,53H 单元中。

实现增量式 PID 算法的汇编语言源程序如下:

```
PIDC2:MOV      R0,#40H      ;计算 e(n),结果在 52H,53H
      MOV      R1,#42H
      ACALL    SUB22
      MOV      44H,52H      ;e(n)转存 44H,45H
      MOV      45H,53H
      MOV      R0,#44H      ;计算 d0e(n),结果在 52H,53H
      MOV      R1,#4AH
      ACALL    MULT22
      MOV      54H,52H      ;d0e(n)转存 54H,55H
      MOV      55H,53H
      MOV      R0,#46H      ;计算 d1e(n-1),结果在 52H,53H
      MOV      R1,#4CH
      ACALL    MULT22
      MOV      R0,52H       ;计算 d0e(n)+d1e(n-1),结果在 52H,53H
      MOV      R1,54H
      ACALL    ADD22
      MOV      54H,52H      ;转存 54H,55H
      MOV      55H,53H
      MOV      R0,48H       ;计算 d2e(n-2),结果在 52H,53H
      MOV      R1,4EH
      ACALL    MULT22
      MOV      R0,52H       ;计算 Δu(n),结果在 52H,53H
      MOV      R1,54H
      ACALL    ADD22
      MOV      50H,52H      ;转存 50H,51H
      MOV      51H,53H
      MOV      48H,46H      ;更新 e(n-2)
      MOV      46H,44H      ;更新 e(n-1)
      MOV      47H,45H
      RET
SUB22:LCR    C
      MOV      A,@R0
      SUBB     A,@R1
      MOV      52H,A
      INC      R0
      INC      R1
```

```
MOV     A,@R0
SUBB    A,@R1
MOV     53H,A
RET
```

其余子程序略。

(2)位置式 PID 算法的程序流程

从式(6.11)可知,$u(n)=u(n-1)+\Delta u(n)$,所以位置式 PID 算法的程序流程,只需在增量式 PID 算法的程序流程基础上增加一次加法运算和一次更新 $u(n-1)$ 的运算即可,如图6.6所示。

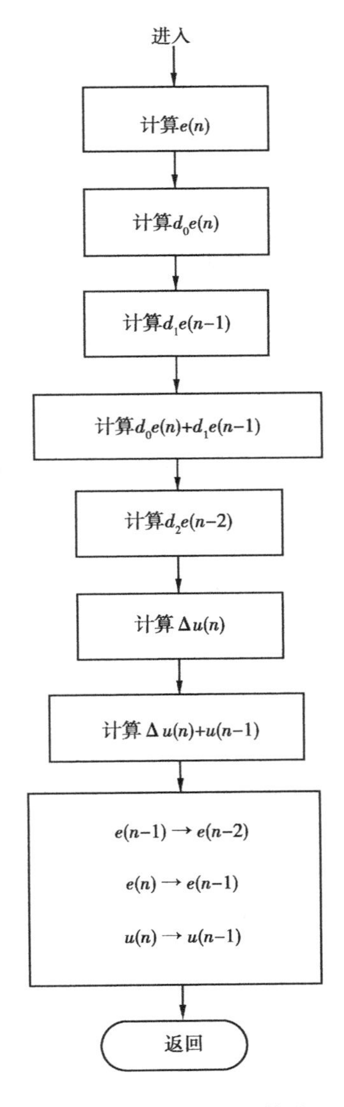

图6.6 位置式 PID 算法的程序流程

在计算偏差 $e(n)=r(n)-c(n)$ 时,要注意 $r(n)$ 与 $c(n)$ 应具有相同的量纲和单位。

图6.7为一个实际的电加热炉计算机控温系统组成原理框图,系统中,被控变量为温度值,温度给定值 $T_r(n)$ 与温度实测值 $T_c(n)$ 之差 $\Delta T=T_r(n)-T_c(n)$,即为温度偏差。

在 PID 运算时,通常把图6.7中 A/D 输出的数据作为 $c(n)$。由于 $c(n)$ 只是实测温度值 $T_c(n)$ 对应的转换数据。因此,在按预定的温度程控曲线或公式计算出温度给定值 $T_r(n)$ 后,必须按照图6.7中被测温度与其转换数据之间的标度变换关系,求出与 $T_r(n)$ 对应的转换数据 $r(n)$,然后再将 A/D 输出数据 $c(n)$ 和给定值转换数据 $r(n)$ 存入内存。进行 PID 运算时,直接将二者的差值构成偏差 $e(n)=r(n)-c(n)$,以作为 PID 控制计算的依据。

在 PID 控制程序中,必须有一个计时模块,每隔一个采样周期 T 产生一次定时中断。CPU 响应中断后,即执行中断服务程序。

中断服务程序执行的顺序是:取当前采样值,数字滤波,标度变换和非线性处理,计算当前给定值,计算偏差,超限报警,PID 运算以及输出处理模块。图6.4或图6.6所示的 PID 运算程序流程只是第 n 次定时中断服务程序中的一个模块而已,每个周期 PID 运算的结果 $u(n)$ 或 $\Delta u(n)$ 就是图6.7中的 D/A 转换器的输入数据。

在计算机控制系统内,控制算法总是受到一定运算字长限制的。例如对8位 D/A 转换器,所输出的控制数字量就限制在0~255之间。大于255或小于0的控制量 $u(n)$ 是没有意义的,因此在算法上应对 $u(n)$ 进行限幅。

在有些系统中,即使 $u(n)$ 在 u_{min} 与 u_{max} 范围之内,但系统的工作情况不允许控制量过大。此时,不仅应考虑极限位置的限幅,还要考虑相对位置的限幅。限幅值一般可通过键盘设定和修改,亦可以用上、下限比较的方法实现。

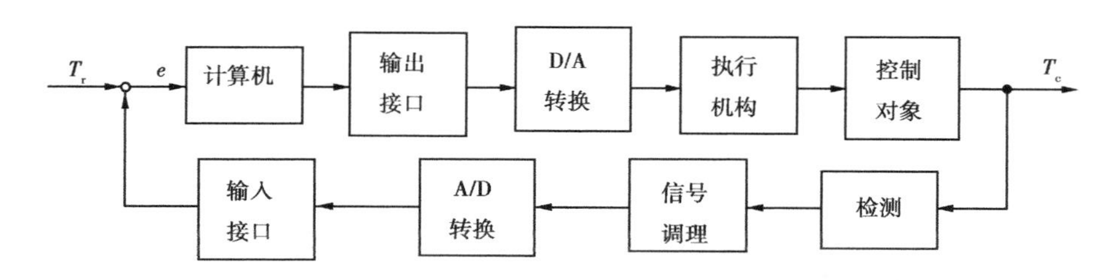

图 6.7　电加热炉计算机控温系统组成原理框图

任务 3　PID 算法的几种发展

任务要求:

1)理解积分饱和产生的原因;

2)了解为了克服积分饱和而采用的各种 PID 算式。

在计算机控制系统中,如果只单纯用数字调节器模仿模拟调节器而仅采用标准 PID 控制算式,是难以取得更好的控制效果的。只有充分发挥计算机运算速度快、逻辑判断功能强、编程灵活的优势,才能在控制功能上超过模拟调节器,因此,就很有必要对标准 PID 控制算式进行改造。

在控制系统中,被控对象的执行机构由于受到其机械和物理性能的约束,所执行的控制量总是限制在有限范围内,即

$$u_{min} \leqslant u \leqslant u_{max}$$

另外,执行机构执行控制量的变化率也有一定的范围,即

$$| u | < u_{max}$$

如果由计算机计算出的控制量 u 在上述范围内时,那么控制量可以按计算的结果执行。但当 u 超出上述范围(例如要求阀门超出最大开度),那么实际执行的控制量就不再是计算值,而是受限值(这时,执行元件进入饱和区),由此将引起不期望的效应,这类效应通常称为饱和效应,它在给定值突变时特别容易发生。

下面结合图 6.8,对采用位置式控制算式时所产生的这种饱和作用现象加以说明。

当给定值 w 从 0 突变到 w^* 时,若根据位置式 PID 算式计算出的控制量 u 超出执行机构所执行的限制范围,例如 $u > u_{max}$,那么控制量实际上就只能取上界值 u_{max}(图中曲线 b),而不是计算值(图中曲线 a)。在 u_{max} 的控制下,此时系统的输出 y 虽然仍不断上升,但由于控制量受到限制,y 的增长速度比 u 没有受到限制时慢,结果造成偏差 e 比控制量 u 未受到限制的正常情况增大,且持续更长时间保持为正值,从而使计算式中的积分项产生比较大的累积值。

当系统的输出开始出现负偏差,即输出超出给定值 w^* 后,这时,本应迅速减少控制量 u 的值以降低系统的输出 y,但由于这时积分项的累积值已经很大,当前负偏差的计入并不能立即使计算出的控制量 u 降到 u_{max} 之下,输出的控制量仍为 u_{max},结果造成系统的输出 y 仍然不断上升。这种情况还要持续相当一段时间 τ,控制变量 u 才能降到 u_{max} 之下(即脱离饱和区),这样,就使系统的输出出现明显的超调。

在 PID 位置算法中,这种饱和作用主要是由积分项引起的,故称为"积分饱和"。

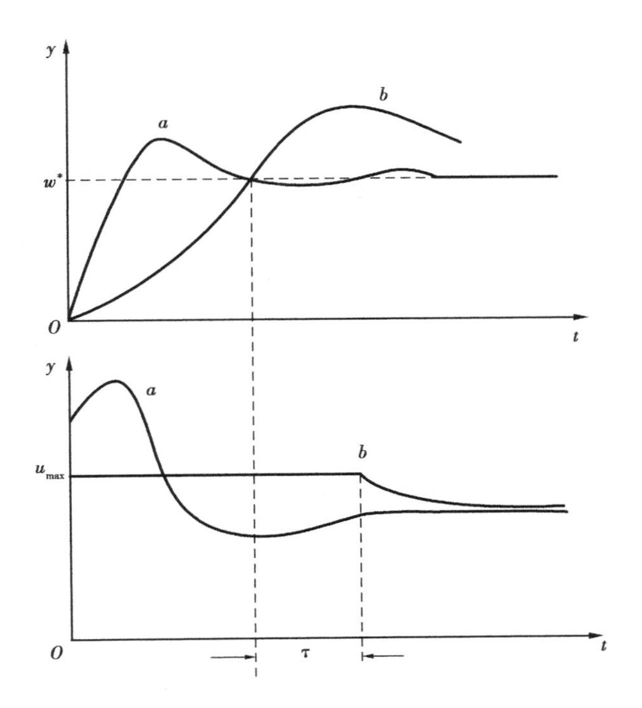

图 6.8 PID 位置算法的积分饱和作用现象

a —理想情况;b—有限制时产生的饱和

为了克服积分饱和作用,不少文献资料中提出了许多修正算法,这里首先介绍其中的积分分离法和变速积分法。

1. 积分分离的 PID 算式

减小积分饱和的关键在于不能使积分项累积值过大。积分分离法的基本思路是:在开始阶段不进行积分,直至偏差 e 达到一定的范围后才进行积分累积(见图 6.9)。这样,就能防止 y 在开始上升的阶段就形成相当大的积分项累积值。当控制量 u 进入饱和后,因积分累积值比较小,就能比较快地退出,从而有利于减少系统的超调量。

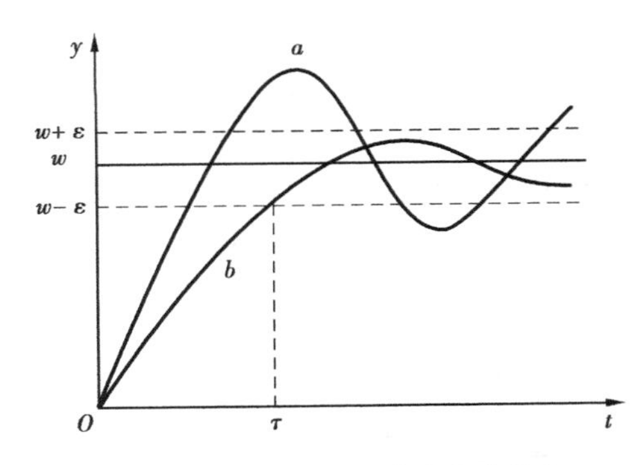

图 6.9 积分分离法克服积分饱和

a—不采用积分分离法; b—采用积分分离法

$0 < t < \tau$ 时积分不累积;$t > \tau$ 时积分累积

采用积分分离法的 PID 位置算法框图如图 6.10 所示。其中 ε 为预定门限算法值。系统输出在门限外时,该算法相当于一个 PD 调节器;只有在门限范围内,该算法才为 PID 调节器,这时,积分环节才开始起作用,以消除系统静差。

积分分离法的 PID 算式为

$$u(i) = K_p\left[e_i + k \cdot \frac{T}{T_i}\sum_{j=0}^{i} e_j + \frac{T_d}{T}(e_i - e_{i-1})\right] + u_0 \tag{6.12}$$

式中,k 是引入的分离系数,当 $e_i \leqslant \varepsilon$ 时,$k=1$;当 $e_i \geqslant \varepsilon$ 时,$k=0$。

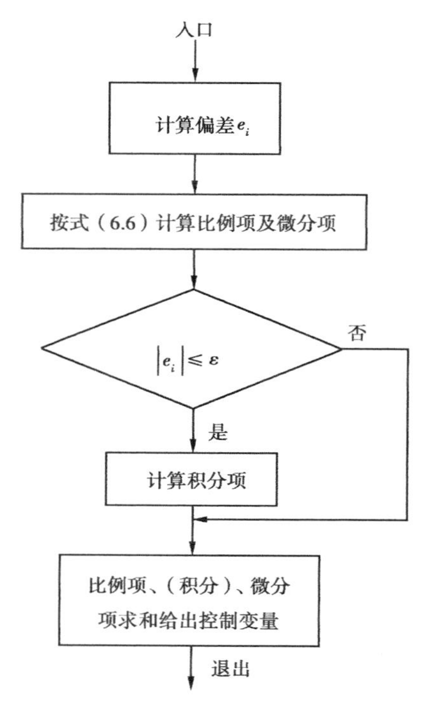

图 6.10　积分分离法的算法框图

2. 变速积分的 PID 算式

积分的目的,是为了消除偏差。变速积分 PID 算法的基本思路是,设法改变积分项的累加速度,使其与偏差的大小相适应:偏差较大时,使积分慢一些,作用相对弱一些;偏差较小时,使积分快一些,作用相对强一些。为此,对位置 PID 控制算式中的偏差 $e(i)$ 作适当变化,用 $e'(i)$ 来代替 $e(i)$,即

$$e'(i) = f(|e(i)|)e(i) \tag{6.13}$$

其中,系数 $f(|e(i)|)$ 是 $|e(i)|$ 的函数,当 $|e(i)|$ 增大时,其值减小,反之增大。

当 $|e(i)| \leqslant \varepsilon$ 时,$f(|e(i)|) = \dfrac{\varepsilon - |e(i)|}{\varepsilon}$;

当 $|e(i)| > \varepsilon$ 时,$f(|e(i)|) = 0$。

式中,ε 为一预定的偏差限。

变速积分 PID 算法的控制算式为

$$u(i) = K_p\left\{e(i) + \frac{T}{T_i}\sum_{j=0}^{i-1} e(j) + \frac{T}{T_i}e'(i) + \frac{T_d}{T}[e(i) - e(i-1)]\right\} + u_0 \tag{6.14}$$

变速积分 PID 算法与普通 PID 算法相比,具有如下的优点:

①完全消除了积分饱和现象;

②大大减小了超调量,可以容易地使系统稳定;

③适应能力强,某些用普通 PID 控制不理想的过程可以采用此控制算法;

④参数整定容易,各参数间的相互影响减小。

变速积分 PID 算法与积分分离法很类似,但调节方式不同。积分分离法对积分项采用的是“开关”控制,而变速积分则是缓慢变化。两者相比,变速积分 PID 算法调节品质大为提高。它是一种新型 PID 控制。

3. 带死区的 PID 算式

在计算机控制系统中,某些系统为了避免控制动作过于频繁,以消除由于动作频繁而引起的振荡,有时采用所谓带死区的 PID 控制系统,如图 6.11 所示,相应的控制算式为

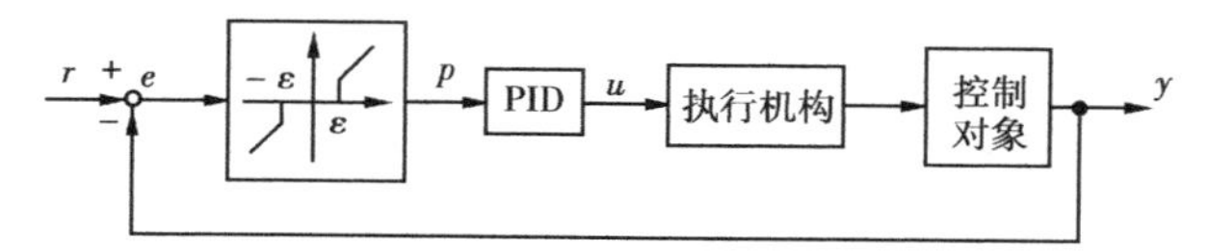

图 6.11　带死区的 PID 控制系统框图

当 $|r(k) - y(k)| = |e(k)| > \varepsilon$ 时,$p(k) = e(k)$;

当 $|r(k) - y(k)| = |e(k)| \leqslant \varepsilon$ 时,$p(k) = 0$。

死区 ε 是一个可调参数，其具体数值可根据实际的控制对象由实验确定。如果 ε 的值太小，则调节过于频繁，达不到稳定被控对象的目的；如果 ε 的值太大，则系统将会产生比较大的滞后。

该系统实际上是一个非线性控制系统。当 $|e(k)|\leqslant\varepsilon$ 时，$p(k)=0$；当 $|e(k)|>\varepsilon$ 时，$p(k)=e(k)$，$u(k)$ 按PID运算结果输出。

任务4 PID参数的整定

任务要求：

1）掌握采样周期的确定；

2）掌握用凑试法确定PID调节参数的方法。

1. 采样周期的确定

采样周期 T 在计算机控制系统中是一个重要的参数。

根据香农采样定理，采样周期应满足

$$T\leqslant\frac{\pi}{\omega_{max}}$$

由于被控对象的物理过程及参数的变化比较复杂，使模拟信号的最高频率 ω_{max} 很难确定。采样定理仅从理论上给出了采样周期的上限，采样周期的实际选取要受到多方面因素的制约。

从对调节品质的要求来看，采样周期应取得小些，这样接近于连续控制，控制效果好，还可以采用模拟PID调节器控制参数的整定方法。

从执行机构的特性要求来看，采样周期不能过短。因为过程控制中，通常采用电动调节阀或气动调节阀，它们的响应速度较低。如果采样周期过短，则执行机构来不及响应，就达不到控制的目的。

从控制系统随动和抗干扰的性能要求来看，则要求采样周期短些。

从计算机的工作量和每个调节回路的成本来看，又希望采样周期长些。因为这样可以控制更多的回路，保证每个回路有足够的时间来完成必要的运算。

从计算机的成本考虑，也希望采样周期长些。这样，对计算机的运算速度和采集数据的速率可以降低，从而减低硬件成本。

从控制算式的要求看，过短的采样周期是不合适的。在用积分部分消除静差的调节回路中，如果采样周期 T 太小，将会使积分部分的增益 T/T_i 过低，当偏差 e_i 小到一定限度以下时，增量算式(6.9)中的 $\frac{T}{T_i}e_i$ 就有可能受到计算精度的限制而始终为零，积分部分就不能继续起消除残差的作用，这部分残差将被保留下来。

总之，各方面的因素对采样周期的要求是不同的。在实际系统中，应该根据具体情况和主要的要求作出折中选择。

在工业过程控制中，也可以根据响应曲线的形状，取得采样周期的范围，图6.12提供了对这些过程选择采样周期的考虑。

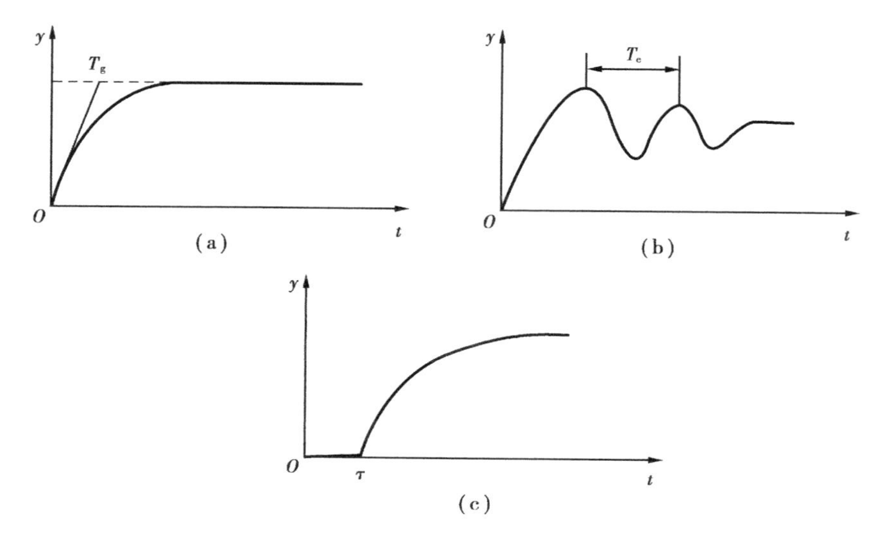

图 6.12　采样周期的经验选择

(a)单容过程 $T \leqslant 0.1T_g$　(b)振荡过程 $T \leqslant 0.1T_e$　(c)滞后过程 $T \leqslant 0.25\tau$

常用被调量的经验采样周期如表 6.1 所示。

表 6.1　常见被调量的经验采样周期

被调量	采样周期 T/s
流量	1
压力	5
温度	10
液位	20

2. 凑试法确定 PID 调节参数

(1)控制规律的选择

在实际使用中,应该根据对象特性、负荷情况,合理选择控制规律。

对于可以用一阶惯性环节近似描述的对象,例如压力、液位的控制,当负荷变化不大、工艺要求不高时,可采用比例(P)控制。

对于可以用一阶惯性与纯滞后环节串联近似描述的对象,例如压力、流量、液位的控制,当负荷变化不大、要求控制精度较高时,可采用比例积分(PI)控制。

对于纯滞后时间 τ 较大,负荷变化也较大,控制性能要求高的场合,例如,对过热蒸汽温度控制、pH 值控制,可采用比例积分微分(PID)控制。

(2)选择 PID 调节器参数的考虑

在准连续数字 PID 控制中,采样周期相对于系统的时间常数是很短的,调节参数的整定,可参照模拟 PID 调节器的方法来进行。

调节器参数的选择原则,首先是要保证被控对象的稳定性。当给定量变化时,系统的输出要能迅速跟踪,超调量要小;当系统受到不同干扰时,系统输出应能保持在给定值;另外,PID

调节器输出的控制变量也不宜过大,在系统与环境参数发生变化时,控制应保持稳定。显然,要同时满足上述要求是很困难的,只能根据具体过程的要求,满足主要方面,并兼顾其他方面。

PID 调节器的设计,可以用理论方法,也可通过实验方法。用理论方法设计调节器的前提是要知道被控对象的准确模型,这是非常困难的。在工程上,PID 调节器的参数常常通过实验来确定,下面介绍其中比较典型的凑试法。

(3)凑试法确定 PID 调节参数

凑试法就是通过模拟或闭环运行(如果允许的话)观察系统的响应曲线(例如阶跃响应),反复凑试参数,以达到满意的响应,从而确定合适的 PID 调节参数。

PID 调节器的控制效果,与调节器中的参数——比例系数 K_p、积分时间 T_i、微分时间 T_i的选择密切相关。

1)比例系数 K_p对系统性能的影响

增大比例系数 K_p,系统的动态响应速度将加快;K_p偏大,系统的超调量将增大,振荡次数将增多,调节时间将加长;当 K_p过大时,系统会产生振荡,趋于不稳定。

增大比例系数 K_p,有利于减小系统的静态误差,提高控制精度,但不能完全消除静差。

2)积分时间 T_i对系统性能的影响

积分控制通常与比例或微分控制一起使用,构成 PI 或 PID 控制。

积分时间 T_i选取恰当时,系统的动态特性比较理想。

T_i偏小,振荡次数将增多;T_i太小,系统将不稳定。

T_i增大,有利于减小超调,减小振荡,使系统更加稳定,但系统静差的消除过程将随之减慢;T_i太大,积分作用太弱,静态误差不能消除。

3)微分时间 T_d对系统性能的影响

微分控制经常与比例或积分控制一起使用,构成 PD 或 PID 控制。

增大微分时间 T_d,有利于加快系统的动态响应速度,使超调量减小,调节时间缩短,稳定性增加,但会使系统的输出对扰动变得敏感,导致系统对扰动的抑制能力降低。

在凑试时,可参考以上参数对控制过程的影响趋势,对参数实行下述“先比例,后积分,再微分”的整定步骤。

①比例系数 K_p的整定

首先,将调节器仅选定为比例调节器,设定比例系数 K_p的初值,对控制对象进行控制,观察(最好是用记录仪表记录)系统的响应曲线。

然后,将比例系数 K_p由小变大(每选定一个 K_p的值,即控制一次),并观察(或记录)相应的响应曲线。

比较各次试验所得的响应曲线,从中找到反应快、超调量小的响应曲线。如果这时系统的静差已小到允许范围内,说明对此对象只需用比例调节器即可,这时,比较理想的比例系数 K_p的数值,即可由此响应曲线所对应的试验值确定。

②积分时间 T_i的整定

如果仅用比例调节器,系统的静差不能达到要求,则再加入积分环节,对控制对象采用比例积分(PI)调节器进行控制。

这时,将比例系数由第一步整定得到的比例系数略为缩小(如为原值的 80%),积分时间 T_i选定为一较大的值,然后对控制对象进行控制,观察(记录)系统的响应曲线。

整定过程中，将 T_i 逐渐减小（每选定一个 T_i 的值，即控制一次），并观察（记录）相应的响应曲线，使系统在有良好动态性能的情况下静差得到消除，从而找到比较理想的积分时间 T_i。

接着，可在改变比例系数 K_p 的基础上，进一步对积分时间 T_i 进行整定，以得到更满意的响应曲线，从而确定更为理想的比例系数 K_p 和积分时间 T_i。

经第 2）步整定后，若系统的动态特性仍不理想，则可考虑加入微分环节。

③微分时间 T_d 的整定

首先，将 T_d 选定为一比较小的值，对控制对象采用比例积分微分（PID）调节器进行控制，观察（记录）系统的响应曲线。

逐渐增大微分时间 T_d（每选定一个 T_d 的值，即控制一次），并观察（记录）相应的响应曲线。

比较各次试验所得的响应曲线，从中找到比较理想的微分时间 T_d。

接着，可在改变比例系数 K_p 与积分时间 T_i 的基础上，进一步对微分时间 T_d 进行整定，以得到更满意的响应曲线，从而确定更为理想的积分时间 T_i、比例系数 K_p 和微分时间 T_d。

PID 调节器的参数对控制质量的影响不十分敏感，在整定中参数的选定并不是唯一的。在比例、积分、微分三部分产生的控制作用中，某部分的减小往往可由其他部分的增大来补偿。因此，用不同的整定参数完全有可能得到同样的控制效果。从应用的角度看，只要被控过程主要指标已达到设计要求，所选定相应的调节器参数即可作为有效的控制参数。

在实际应用中，一些常见被调量的调节器参数选择范围如表 6.2 所示。

表 6.2　常用被调量的调节器参数选择范围

被调量	特　点	K_p	T_i/min	T_d/min
流量	对象时间常数小，并有噪声，故 K_p 较小，T_i 短，不用微分	1 ~ 2.5	0.1 ~ 1	—
温度	对象为多容系统，有较大滞后，常用微分	1.6 ~ 5	3 ~ 10	0.5 ~ 3
压力	对象为容量系统，滞后一般不大，不用微分	1.4 ~ 3.5	0.4 ~ 3	—
液位	在允许有静差时，不必用积分，不用微分	1.25 ~ 5	—	—

3. 优选法

数字 PID 调节器参数的整定是一项非常麻烦的工作，需要进行大量的试验，特别是当计算机控制系统所控制的回路比较多时，将会使整定工作变得非常复杂。

数字 PID 参数对于对象参数变化的适应性也是有限的。当对象的特性或参数随着环境条件变化时，原来整定好的数字 PID 参数就会不适应变化了的情况，从而使得系统的控制性能变差。另外，系统或者对象经常会受到各种扰动的作用，也会使得系统的性能变坏。

为了减少数字 PID 参数整定的麻烦，克服因环境变化或扰动作用造成的系统性能的降低,可以在实际的控制过程中,结合使用优选法和 PID 控制,进行数字 PID 调节器参数的自寻优控制。

所谓优选法(一般称为优化方法),就是在某一范围内用尽可能少的试验次数,以获得尽可能满意的试验结果的一种科学搜索方法。

优化方法分为适用于单变量和多变量的方法。适用于单变量的优化方法有 0.618 法(即黄金分割法),适用于多变量的优化方法有单纯形加速法等,单纯形加速法适用于有 3~6 个变量问题的优化。

在使用 PID 控制算式进行闭环控制的过程中,结合使用优选法,可对比例系数 K_p、积分时间 T_i 和微分时间 T_d 及采样周期 T 进行优化。当使用 0.618 法时,优化的步骤是:先把其中三个参数固定,对另一个参数进行优选;待选出最佳参数值后,再换成对另一个参数进行优选,直到把所有的参数优选完毕为止;最后,根据 K_p,T_i,T_d,T 等参数优选的结果,取一组最佳值即可。

在数字 PID 参数自寻最优控制中,需要解决的主要问题是:①性能指标的选择;②寻优方法的选择;③自寻最优数字调节器的设计。

技能训练　数字 PID 控制算法(位置式)的控制程序设计

1. 训练目的及要求

1)进一步理解数字 PID 控制算法(位置式)的基本原理与实现方法;

2)学习用常用编程语言设计 PID 控制程序;

3)培养其进行程序设计和调试程序的能力。

2. 实训指导

1)学习本书6.2 节(项目六之任务2)内容,重点是增量式 PID 算式(6.10)、位置式 PID 算式(6.11)、6.2.4 小节(任务 2 的第四部分)中增量式 PID 算法的程序流程(图 6.4),位置式 PID 算法的程序流程(图 6.6)。

2)设计算机控制系统为电加热炉计算机控温系统,如图 6.7 所示。

①在系统中,设 A/D 转换器、D/A 转换器的位数均为 8 位(输入接口电路、输出接口电路的位数也为 8 位),即 A/D 转换器输出的数字量的范围为 0~255(十进制), D/A 转换器接收的数字量的范围亦为 0~255;

②系统中,$e(n)$为偏差,进行 PID 运算时,$e(n)=r(n)-c(n)$(见小节 6.2.4 中的解释),式中,$c(n)$为反馈量,即输入接口电路的输出,$r(n)$为设定温度经变换成的数字量,它们的变化范围均为 0~255;

③系统中,计算机起控制器作用,每当执行一次 PID 控制程序,就由当前的偏差 $e(n)$按照位置式 PID 控制算式(6.11)计算出控制量 $u(n)$, 计算值 $u(n)$的大小是可能超出 D/A 转换器(及其前面的 8 位输出接口电路)所能接收的数字量的范围(0~255)的,因此,经计算而得的控制量 $u(n)$,必须经过“限幅”处理,才能输出到输出接口电路,所谓“限幅”,是指:

a. 当控制量 $u(n)$ 大于上限 255 时，则对 $u(n)$ 的值进行修正，让 $u(n)$ 取上限值 255（程序设计时，为对其重新赋值 255），并输出到输出接口电路。

b. 当控制量 $u(n)$ 小于下限 0 时，则对 $u(n)$ 的值进行修正，让 $u(n)$ 取下限值 0（程序设计时，为对其重新赋值 0），并输出到输出接口电路。

c. 当控制量 $u(n)$ 界于[0, 255]范围时，则 $u(n)$ 的值不变并按此输出到输出接口电路。

3）用 C 语言设计位置式 PID 算法的控制程序：

①控制算式：采用(6.11)，结合算式(6.10)，取系统设定值 $r=50$，采样周期 $T=6$ s，比例系数 $K=1.5$，积分时间 $T_i=0.8$ min，微分时间 $T_d=0.2$ min。

②程序流程图：参考图 6.6 位置式 PID 算法的程序流程，并在其前面再加上“变量初始化”、“计算算式系数 d_0,d_1,d_2”、“计算偏差 $e(n)$”等处理框。

③程序设计思路（下面列出该程序应包含的程序段）：

——首先定义程序中使用的变量的类型

——有关变量初始化

——键盘输入系统的设定值 r 的值

——键盘输入 T、K、T_i、T_d 的值

——计算算式系数 d_0,d_1,d_2

（注意：上述 4 个处理框的内容所对应的这部分程序段，只有第 1 次进入 PID 控制程序时才被执行）

——键盘输入反馈量 c（以模拟经数字滤波而得的采样值）

——计算偏差 e

——计算控制量增量 $u(n)$（按算式 6.10）

——计算控制量 $u(n)$（按算式 6.11）

——对计算出的控制量 $u(n)$ 进行限幅处理

——输出控制量 $u(n)$（本实训中，这一步不需要）

——对有关变量 $e(n-2)$、$e(n-1)$、$u(n-1)$ 进行更新

编写程序

4）PID 控制程序调试、运行，步骤如下。

①将 PID 控制源程序录入电脑，并进行编译、链接工作

②执行控制程序：

a. 运行控制程序；

b. 按显示屏提示，从键盘输入设定值 r，采样周期 T，比例系数 K，积分时间 T_i，微分时间 T_d；

c. 按显示屏提示，从键盘输入反馈量 c 的值；

d. 观察控制量 $u(n)$ 的计算结果；

e. 观察控制量 $u(n)$ 经限幅处理后的值；

f. 观察变量 $e(n-2)$、$e(n-1)$、$u(n-1)$ 更新情况；

g. 转到 c。

3. 实训报告

实训结束时，应进行认真总结，写出实训报告，实训报告应包含下述内容：

1）报告包括实训题目、目录、正文、小结和参考文献五部分。

2）正文是实训总结的主要部分，应包括：训练目的；实训中所用主要知识点的叙述（数字PID控制算法（位置式）的基本原理）；程序框图，程序结构及程序设计结果；程序调试、运行情况、结果；实训过程及步骤、心得体会。

思考练习6

1. 什么叫模拟PID调节器的数字实现？它对采样周期有什么要求？

2. 试推导出位置式、增量式PID控制算式，并对它们进行比较。

3. 位置式PID控制算式的积分饱和作用会产生什么现象？它是怎样引起的？可采用什么方法来抑制积分饱和？叙述方法的基本思想并画出算法的程序框图。

4. PID调节器的参数K，T_i，T_d对控制质量各有什么影响？用凑试法整定PID调节参数的方法是怎样的？

5. 在PID控制中，对采样周期的选择应考虑那些因素？它们对采样周期的选择各有什么要求？

项目 7
工业控制计算机

学习目标：

1）掌握工业控制计算机、工业控制计算机系统的特点及组成；

2）理解掌握工业控制计算机各种板卡的技术参数，正确选择各种板卡；

3）理解组态控制技术；

4）理解常用组态软件的使用方法。

能力目标：

1）能够根据实际控制系统的要求，选择不同的控制板卡，组成能够实现控制功能的工业控制计算机；

2）理解组态控制技术和常用组态软件的基本使用方法。

工业现场由于存在各种干扰，环境条件恶劣，普通的计算机在工业现场不能正常运行。而在工业领域中，许多传统的控制结构和方法已被计算机控制系统所取代，所使用的计算机就是适应工业现场的工业控制计算机。20 世纪 80 年代的工业控制计算机是以 STD 总线计算机为应用主流，近年来的工业控制计算机是基于 PC 总线（PCI 和 PC104）的工业控制计算机 IPC。本章主要介绍基于 PC 总线的 IPC。

任务 1　工业控制计算机的特点及组成

任务要求：

1）理解工业控制计算机的特点及组成；

2）正确选用工业控制计算机的部件，组成满足实际控制系统的工控机。

基于 PC 总线（PCI 和 PC104）的工业控制计算机 IPC，是继 STD 总线后在工业控制系统中被广泛使用的微机控制系统。

1. 工业控制计算机的特点

工业控制计算机（IPC）与个人计算机（PC）相比，具有以下特点。

(1)适应工业环境,抗干扰能力强,可靠性高

工业环境条件恶劣,情况复杂,存在着高温、高湿、震动、粉尘等情况,电磁干扰源多且复杂,这些都会给控制系统造成极大的危害。工业生产要求所使用的系统可靠性高,否则,会造成巨大的损失。因此,IPC 必须具有良好的抗干扰能力和很高的可靠性。

(2)模块化板卡结构

IPC 充分利用了 PC 的硬件和操作环境,采用了模块化的硬件板卡结构。如取消了 PC 中的母板,将原来的大母板变成通用的底板总线插座系统;将母板变成 PC 插件,如 CPU 卡。把各种工业控制功能都做成各种硬件板卡,如开关量 I/O 卡、模拟量 I/O 卡、计数器/定时器卡、通信板卡、数据采集卡、信号调理卡等基本模板,利用这些板卡就可以很方便地组成各种规模的控制系统。目前,工业控制计算机的厂商已开发出上千种的专业化板卡。这些板卡结构紧凑,现场功能丰富,使用方便,用户可以利用厂商提供的板卡,方便地组成自己需要的控制系统硬件,还可以利用厂商提供的的驱动程序,开发满足自己需要的控制程序。

(3)各种工业控制计算机机箱

为了适应工业现场的安装要求,IPC 机箱有各种尺寸的立式、卧式、壁挂式机箱可供选择。IPC 机箱采用全钢密封结构,采取了很多措施以适合工业环境,具有防电磁干扰能力;还采用内部正压送风,具有良好的散热和防尘效果。机箱内还配备了抗干扰、具有自动保护功能的工业电源。

(4)丰富的工业应用软件

为了实现工业控制,IPC 在继承了 PC 丰富的软件资源外,有许多专业软件公司开发了很多工业控制软件,这些软件是由专业人员开发并经过实际运行考验,可靠性高,用户可以直接根据自己的需要进行选用。为了使控制效果更直观生动,这些控制软件都采用了组态技术和多媒体技术。用户也可以利用厂商提供的驱动程序,开发满足自己需要的控制程序。

(5)应用广泛

近年来,工控机又推出了嵌入式单板计算机,有 3.5 in(1 in = 25.4 mm)和 5 in 两种规格。3.5 in 的尺寸是 146 mm × 102 mm,5 in 的尺寸是 203 mm × 146 mm。嵌入式单板计算机集成了 CPU、CRT/LCD 控制、10/100 Mbit/s 网络接口、电子盘接口、串行口、并行口、USB、键盘和鼠标等接口,嵌入式单板计算机以其超小的体积、超强的功能,可广泛应用于信息家电、仪器仪表、智能产品等各种嵌入式领域。

2. 工业控制计算机的组成

典型的工业控制计算机一般由以下几部分组成:

①加固型工业机箱。由于工控机应用于较恶劣的工业现场环境,因此对机箱采取了一系列的加固措施,以达到防震、防冲击的效果。机箱一般都采用全钢结构,具有良好的电磁屏蔽能力。

工控机的机箱为了达到防尘目的,采用了全密封方式,还采用了进风量大于排风量的正压送风方式,使工业环境的灰尘不能进入机内,保证了工控机的清洁运行,提高了运行的可靠性。机箱内一般安装有多个风扇,通风散热性能良好。

工控机的机箱有卧式、壁挂式之分,机箱的外形如图 7.1 所示。机箱的高度一般按 U(1 U = 1.75 in)计算。在实际选用时,可根据工业现场选择合适的机箱。

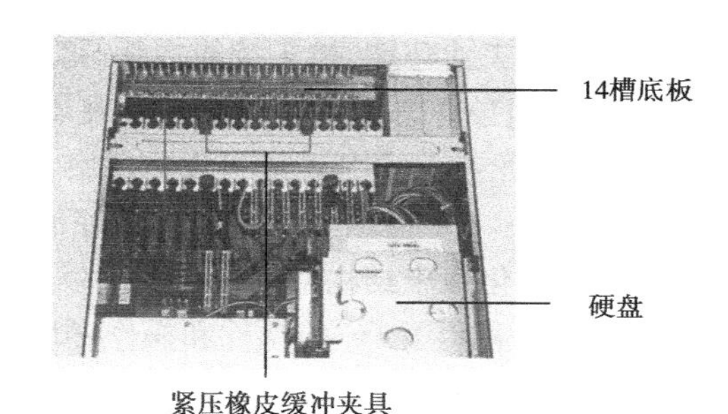

图 7.1　工控机机箱

(a)外形　(b)内部结构

②工业电源。工控机的电源要求具有防浪涌冲击、过压过流保护功能,抗干扰能力强。工控机的电源有多种型号可供选择。为了适应工业现场电压波动大的特点,工控机电源都具有比较宽的调整范围,输出电压、电流的偏差也比较小,平均无故障时间(MTBF)长,一般为 60 000 ～100 000 h。

图 7.2　14 槽无源底板

③无源底板。无源底板是用来安装各种板卡的基板。采用 4 层 PCB 板,带有电源层和接地层,用以抗干扰和减少阻抗。板上有用于电源指示的 LED,分别指示不同的电压,根据 LED 的亮或暗就能反映电压的正常与否。无源底板上有多个总线插槽,可安装 ISA,EISA,PCI 总线的各种板卡。无源底板上的插槽数最多可以达到 20。一个 14 槽的无源底板如图 7.2 所示,其中有 6ISA/7PCI/1CPU 插槽,其尺寸为:315 mm × 260 mm。

工控机的机箱、电源、无源底板必须配套使用,即机箱、电源、无源底板的结构尺寸必须按照机箱的结构尺寸来进行选择。这方面的内容可参考工控机厂商的产品选型目录。

④主机板(CPU 卡)。CPU 卡是工控机的核心部件,目前有 80486,80586,Pentium/Celeron 系列等各类 CPU 板卡。板上所有元件性能都达到了工业级标准,并且是一体化主板。板上有 CPU 插座,各种接口插座,如显示器接口、串行通信接口、软盘驱动器接口、硬盘接口、网络接口等,板上还有内存条插槽等。CPU 卡有全长卡和半长卡之分,全长卡的外形尺寸是 338 mm × 122 mm,半长卡的外形尺寸是 185 mm × 122mm。图 7.3 是一个全长 CPU 卡。

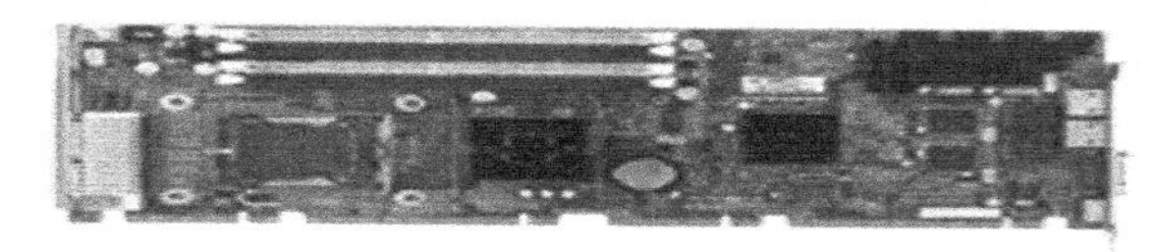

图 7.3　全长 CPU 卡

下面给出一个全长 CPU 卡的技术参数:

LGA775/奔腾 D/奔腾 4/赛扬 D 处理器;

集成 PCIExpress/IPMI(智能平台管理接口)/VGA/双千兆网口;

PICMG1.3 架构标准;

Intel 945G 芯片组支持 LGA775/奔腾 D/奔腾 4/赛扬 D533/800 MHz FSB;

支持高达 4 GB 容量的双通道 DDRⅡ533/667SDRAM;

无源底板上提供 1 个 PCIExpress × 16 和 4 个 PCIExpress × 1;

2 个 PCIExpress ×1 支持双千兆网板载 IPMI 模块(可选);

4 个 SATA2 接口支持软 SATA Raid0, 1。

⑤外部存储器。外存储器有软盘驱动器、硬盘和 CD-ROM,可根据需要配置。

⑥显示器。显示器有普通显示器和液晶(LCD)显示器,其尺寸和分辨率可根据需要选择。

⑦键盘。一般采用 101 标准键盘或触摸式功能键盘。

⑧鼠标。有机械式或光电式。

⑨打印机。有针式、喷墨和激光打印机,用于数据报表、工艺流程画面等的打印。

3. 工业控制计算机系统的组成

典型的工业控制计算机系统由以下几部分组成:

①工控机主机。包括机箱、电源、无源底板、CPU 卡、显示器、磁盘驱动器、键盘、鼠标等。

②输入接口板卡。包括模拟量输入、开关量输入板卡等。

③输出接口板卡。包括模拟量输出板卡、开关量输出板卡等。

④通信接口模块。包括串行通信接口模块(RS-232,RS-422,RS-485 等)、网络通信模块(如以太网模块、光纤模块、无线调制解调器模块等)等。

⑤信号调理模块。完成对工业现场各种输入信号的预处理;对输入输出信号进行隔离、驱动,还能完成信号的转换等。

⑥远程数据采集模块。可以直接安装在工业现场,能够通过多通道 I/O 模块进行数据采集和过程监控,可以将现场信号通过现场总线与工控机进行通信。

⑦工控软件包。支持数据采集、监视、控制、报警、画面显示、通信等功能。目前大部分控制软件以 Windows 操作系统为平台,也有以实时多任务操作系统为平台,可根据实际需要选择。

工业控制计算机系统组成框图如图 7.4 所示。

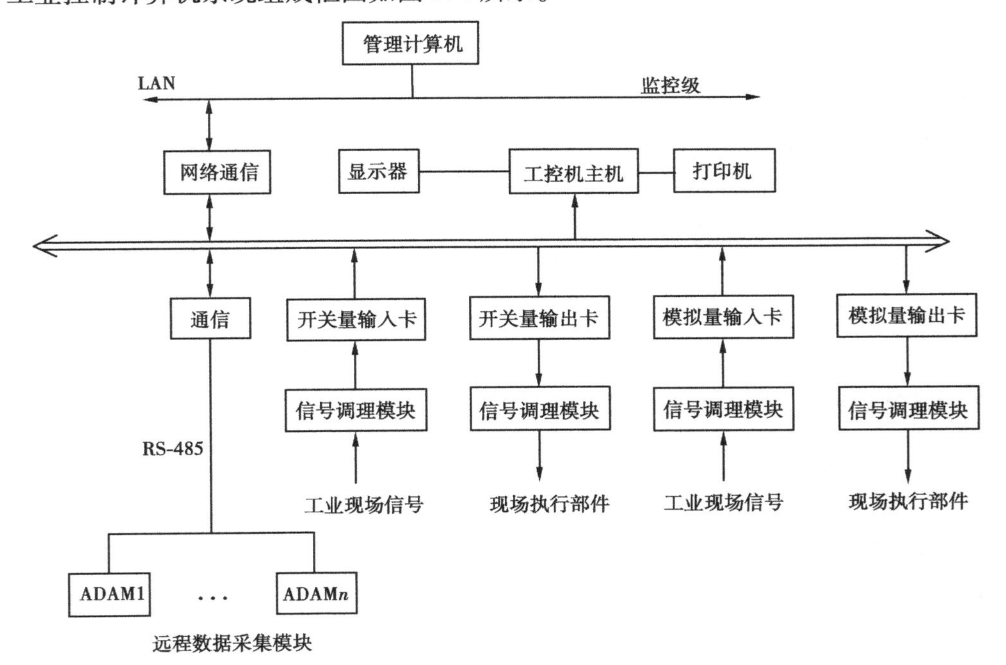

图 7.4　工业控制计算机系统组成框图

任务2 PC总线工业控制计算机

任务要求：

1)理解PC总线工业控制计算机的概念；

2)正确选用各种板卡,组成满足控制系统要求的工业控制计算机。

1. PC 总线工业控制计算机的概念

(1)总线

计算机总线是CPU与计算机其他组成部分进行信息传递的公共通道,通常传递三种信号:地址、数据和控制信号。工控机早期使用的总线是STD总线,目前常用的总线有ISA总线、EISA总线、PCI总线等。

(2)总线指标

总线指标主要体现在以下三个方面:

1)总线宽度。总线宽度是指总线一次操作可以传输的数据位数,STD总线是8位,ISA总线是16位,PCI总线是32位或64位。

2)总线频率。总线频率是指总线工作时的最高时钟频率。时钟频率越高,单位时间内可传送的数据量越大。ISA总线频率都是8.33 MHz,PCI总线频率是33.3 MHz或66 MHz。

3)总线数据传输率。表示单位时间内传送数据量的大小,数据传输率 = 总线宽度的字节数 × 总线频率,单位是MB/s。

(3)ISA 总线

ISA(Industrial Standard Architecture)总线是IBM公司1984年推出的系统总线标准,它同时具有8位和16位扩展槽结构,在1993年后在很多地方被PCI总线取代。

(4)PCI 总线

PCI(Peripleral Component Interconnect,外围部件互连)总线以其64位处理能力和即插即用的特性,取得了在最新微机系统中的应用地位,是目前微机系统常用的总线,它有两种数据宽度:32位和64位,总线频率最高可达66 MHz, 数据处理能力32位时是264 MB/s,64位时是528 MB/s,非常适合在高速计算机和高速数据通信中应用。

目前工业控制计算机ISA总线、PCI总线都在使用,但以PCI总线为主,用户可根据实际需要选择。

2. 工业控制计算机 I/O 接口信号板卡

输入/输出(I/O)接口是计算机与外界交换信息的桥梁,通过I/O接口,完成外部信息输入计算机和计算机控制。

(1)接口信号的分类

工业控制需要处理和控制的信号可分为模拟量、数字量和开关量。

1)模拟量信号

模拟量是指在时间和数值上连续的量。在工业现场,温度、流量、压力、位移等,都是模拟量,而这些非电量的模拟量需要经过传感器将非电量转换成电量,经过放大、线形化补偿等处理,得到模拟电压或电流,再经过 A/D 转换成数字量,送入 IPC 处理,IPC 根据事先确定的控制策略进行计算,并把输出结果经 D/A 转换成模拟量信号,去控制执行结构(如电动机、电磁阀等)。

2)开关量信号

开关量是指具有两个状态的量,每个开关量可以用一位二进制数表示:“1”或“0”。开关量信号有信号电平幅值和开关时变化的频率两个特征。开关信号通常有继电器触点信号、TTL 电平等。为了让计算机有效识别开关信号,必须对开关信号进行调理(变换),包括将非 TTL 电平转换成 TTL 电平和隔离等。输出的开关信号则需要根据控制对象加隔离电路、驱动电路等。

3)数字量信号

数字量是指用多位二进制形式表示的数或用 ASCII 码表示的字符。对数字量信号的处理方法与开关量类似,其区别是数字量是多位二进制而开关量是一位二进制。

(2)I/O 接口信号板卡

工控机的接口板卡一般由三部分组成:PC 总线接口部分、板卡功能实现部分和信号调理部分。模拟量板卡功能实现部分主要包括信号的采样、隔离、放大、A/D 和 D/A 电路和接口控制逻辑。开关量板卡功能实现部分主要包括数据的输入缓冲和输出锁存以及隔离电路等。它们的 PC 总线接口部分是相同的。现在工控机生产厂商已把模拟量、数字量的控制功能在一块板卡上实现,这就是数据采集控制卡。

1)数据采集控制卡

数据采集控制一般完成以下一个或多个功能:模拟量输入、模拟量输出、数字量输入、数字量输出及计数定时功能。此类板卡有各种型号和类型,用户可根据需要选择。

MIC-3716 是一款研华科技公司生产的基于 PCI 总线的多功能数据采集模块,如图7.5所示。

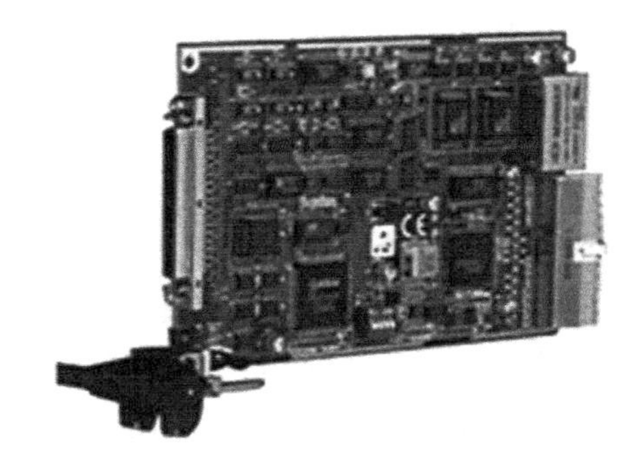

图7.5　多功能数据采集模块

主要特点:

16 路单端或8 路差分模拟量输入或组合使用;

1K FIFO 的16 路模拟输入通道;

数据转换的 PCI 总线控制;

自动校准功能;

采样速率250 kS/s;

16 位高分辨率。

2)模拟量输入输出板卡

①MIC-3714 4 通道同步模拟量输入卡

MIC-3714 是一款 PCI 总线的高速模拟量输入卡,如图7.6 所示。它提供了4 通道模拟量输入通道,采样频率可达100 kS/s,16 位分辨率及2 500 V DC 的直流隔离保护。

MIC-3714 有一个自动通道/增益扫描电路。在采样时,该电路可以自己完成对多路选通开关的控制。卡上的 SRAM 存储了每个通道不同的增益值及配置。这种设计可以对不同的通道使用不同的增益,并采用单端和差分输入的不同组合方式来完成多通道采样。卡上具有高速数据采集功能。对于 A/D 转换,支持三种触发模式:软件触发、内部触发和外部触发。软

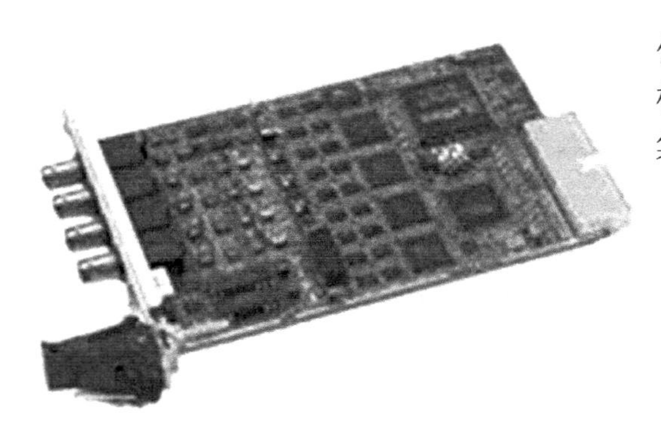

图 7.6　4 通道同步模拟量输入卡

件触发允许用户在需要的时候可以获得一个采样值;内部定时器触发用于连续、高速的数据采集;外部触发允许与外部设备进行同步采样。

特点:

12 位 A/D 转换器速率可达 30 M/s;

4A/D 转换器同时采样;

4 通道单端模拟量输入;

每个输入通道的增益可编程;

每个通道 32K 板载 FIFO;

多种 A/D 触发模式;

可编程触发器/定时器。

应用:信号隔离、工业过程监测和控制、变送器/传感器接口、多路直流电压测量。

②MCI-3720 4 通道 12 位隔离模拟量输出卡

MCI-3720 是一款 PCI 总线的 4 通道 12 位隔离模拟量输出卡,如图 7.7 所示。它能够在输出和 PCI 总线之间提供 2 500 V DC 的直流隔离保护,非常适合需要有高电压保护的工业现场。

用户可以单独将四个通道的输出设为不同的范围:0 ~ 5 V、0 ~ 10 V、± 5 V、± 10 V、0 ~ 20 mA 或 4 ~ 20 mA。该板卡还使用了 PCI 控制器来完成卡与 PCI 总线的接口,使其具有即插即用功能。

图 7.7　4 通道 12 位隔离模拟量输出卡

特点:

4 通道模拟量输出;

12 位高分辨率;

多种输出范围;

2 500 V DC 隔离保护;

支持热插拔;

支持后出线;

BoardIDTM 开关。

应用:过程控制、可编程电压源、可编程电流环、伺服控制。

③数字量输入输出板卡

在工业现场,除了模拟量信号以外,还有大量的开关量信号。开关量信号的电气接口形式较多,如继电器触点信号和开关信号,TTL 电平或非 TTL 电平等。对某些开关量输出信号,还需要大功率驱动器来实现对工业设备的驱动控制。

为了方便用户,工控机厂商生产了多种规格和信号的数字量输入输出板卡,既有输入输出功能在一块板卡上,也有输入输出功能分别做成单独的板卡。用户可根据实际需要进行选择。下面仅介绍具有输入输出功能的板卡。

MIC-3756 64 路隔离数字量 I/O 模块,如图 7.8 所示。

MIC-3756 能提供 32 路数字量隔离输入通道,32 路隔离数字量输出通道。由于带有 2 500 V DC 隔离保护,非常适合需要高电压保护的工业应用场所。另外,所有的输出通道能在系统热启动后还能保存它们最后的数据。

MIC-3756 的技术参数如下：

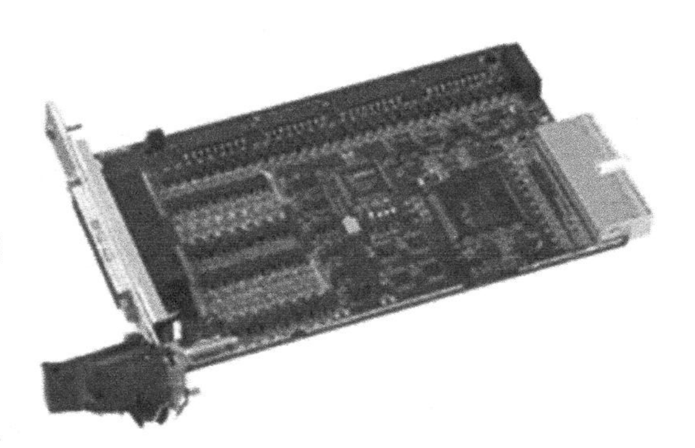

图 7.8　64 路隔离数字量 I/O 模块

32 路隔离 DI 和 32 路隔离 DO 通道；

每组 DI 具有 +/－电压输入

所有隔离通道均可以承受 2 500 V DC 高电压；

宽输入范围(10～50 V DC)；

宽输出范围(5～40 V DC)

隔离输出通道可以承受 200 mA/通道的汇电流；

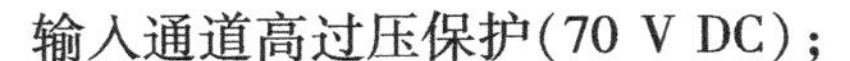

输入通道高过压保护(70 V DC)；

板卡 ID；

输出通道的输出状态回读；

热重启动系统后保持数字量输出值；

输出通道的通道冻结功能；

中断处理能力；

可 DIN 导轨安装的接线的端子模块，带 LED 指示灯；

高集成度的 100pinSISC 接口。

应用：工业开关控制、触点闭合监控、开关状态检测、BCD 接口、数字量 I/O 控制、工业和实验室自动化。

④信号调理模块

在工业现场，有各种各样的输入输出信号，它们是不能直接与计算机连接的，需要进行预先处理，以满足计算机和控制的要求，信号调理模块就是完成这些功能的。它可以实现将输入信号转变成适合计算机要求的信号，如将电流信号转变成电压信号，对输入输出信号进行隔离、驱动等。信号调理模块的主要类型有：全隔离直流输入输出模块、交流电压、电流输入调整模块、放大及多通道转换板等。

研华公司生产的 ADAM-3000 系列模块是目前市场上最经济、可现场进行配置的隔离信号调理模块。这些模块易于安装，并且可以避免大地环流、马达噪声和其他电气干扰对仪器及过程信号的影响和破坏。

ADAM-3000 模块使用了光电耦合隔离技术，提供三路(输入/输出/电源)1 000 V DC 的隔离保护。光电耦合技术能够提供更高的精确性和稳定性，具有宽工作范围和低功耗的优点。

ADAM-3000 模块的输入/输出范围可以由内部的开关设定。该系列模块可接受电压、电流、热电偶或热电阻输入信号，并能输出电压或电流信号。输入的热电偶信号经过内置的热电偶线性化及冷端补偿电路进行处理，使得温度测量更为精确，并能准确地将这些温度信号转换为电压或电流输出。该模块使用 +24 V DC 电源，所使用的电源线可以从旁边的模块中引出，简化了接线和维护的工作量。该模块可以方便地安装到 DIN 导轨上，信号线采用的是两线输入/输出电缆，接线方便可靠，可以通过螺丝端子连接，非常适合在恶劣的工业环境中使用。

ADAM-3014 隔离 DC 输入/输出模块。其结构如图 7.9 所示。

ADAM-3014 的特性参数如下：

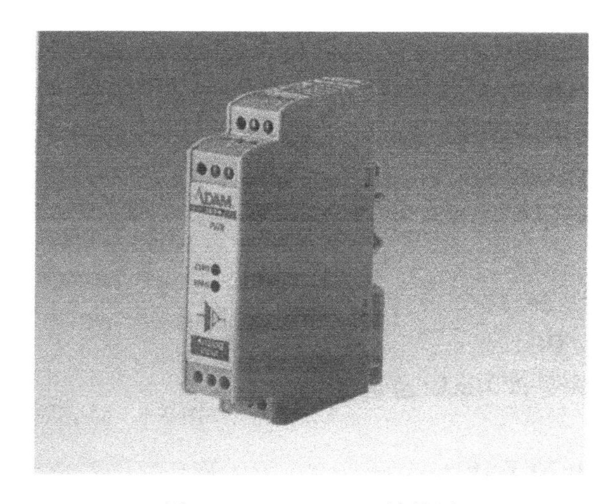

图 7.9　ADAM-3014 结构图

电压输入：

双极性输入：±10 mV，±50 mV，±100 mV，±0.5 V，±1 V，±5 V，±10 V

单极性输入：0～10 mV，0～50 mV，0～100 mV，0～0.5 V，0～1 V，0～5 V，0～10 V

输入阻抗：2 MΩ

输入带宽：2.4 kHz（典型）

电流输入：

双极性：±20 mA

单极性：0～20 mA

输入阻抗：250 Ω

电压输出：

双极性：±5 V，±10 V

单极性：0～10 V

输出阻抗：<50 Ω

驱动能力：10 mA（最大）

电流输出：0～20 mA

隔离电压（三端）：1 000 V

精度：满量程的 ±0.1%

稳定性（温度飘移）：150 PPM（典型）

共模抑制：>100 dB @50 Hz/60 Hz

功耗：0.85 W（电压输出）；1.2 W（电流输出）

⑤远程数据采集和控制模块

远程数据的采集和控制是控制系统中的一个重要组成部分。远程数据的采集可通过通信来完成。近几年推出了通讯模块系列，可提供包括以太网、串行总线、光纤、无线等网络连接。

使用远程数据采集模块，可将模块安装在现场，把现场信号转换成数字信号后再进行通信，其输出可以成组地连接在通讯网络上，大大减少了现场接线成本。无线通讯模块还可以组成无人值守的监控系统。

研华公司的 ADAM-4000 系列中的通讯模块系列产品见表 7.1。

表 7.1　通讯模块

型　号	总　线	通信速度	通信距离
ADAM-4520	RS-232/422/485	1.2 ~ 115.2 kbit/s	1.2 km
ADAM-4541	光纤到 RS-232/422/485	1.2 ~ 115.2 kbit/s	2.5 km
ADAM-4550	无线 Modem 到 RS-232/485	Radio：1Mbit/s 1.2 ~ 115.2 kbit/s	0.55 ~ 20 km
ADAM-4570	以太网到 RS-232/422/485	以太网:10/100 Mbit/s 总线输出:230 kbit/s	局域网:100 m 模块输出:1.2 km

随着以太网到 RS-232/422/485 串行端口服务器及无线局域网产品的发布,标志着工业控制正进入一个开放的基于 TCP/IP 协议的以太网互联时代。以太网已经成为各种级别工业电脑网络的必然选择,它可以使传感器到控制室的集成变得非常容易完成。使用通讯系列产品,能够通过 Ethernet/Intranet 把设备层和控制层完美地连接起来,实现管理、控制一体化。

任务 3　工业控制软件

任务要求:

1)理解工业控制计算机系统的软件组成;

2)理解组态控制技术和常用组态软件的基本使用方法。

1. 概述

工业控制计算机的硬件,只是构成了工业控制计算机系统的设备基础,要真正实现计算机控制,必须要有相应的计算机软件。在工业控制计算机系统中,软件可分为系统软件和应用软件两大部分。

系统软件是指管理、控制和维护工业控制计算机硬件和软件资源的软件,它的功能是协调计算机各部分有效地工作,以尽可能简便的形式向用户提供使用资源的服务。系统软件主要包括操作系统、程序设计语言、数据库管理系统等。应用软件是面向应用领域、面向用户的软件,根据用户对工业控制和管理的需求而编制的计算机程序,它需要涉及应用领域的专业知识,并在系统软件的支持下运行。工业控制计算机系统的应用软件需要完成以下任务:

1)数据采集。及时从外部环境采集实时数据并进行格式化处理。

2)数据分析。按照控制要求对采集的数据进行变换处理。

3)输出控制。对处理后的数据及时输出,完成相应的控制。

4)监督协调。用来协调前面三部分中各环节的工作。

工业控制应用软件应具有以下几个特性:

1)多任务性和多线程性。现代控制和管理软件多用于比较复杂的多任务系统,因此要求工控应用软件具备此性能。

2)实时性。实时性能使控制准确及时。

3)友好的人机界面(HMI),易于设计和操作。

4)开放性。这是现代计算机控制系统的一个重要指标要求,工控软件良好的开放性有利于各种系统的互联和兼容,有利于对控制过程各个环节和各种设备的统一管理。

5)网络化。各种自动化未来的发展方向将是基于网络的自动化。

企业为了适应快速变化的市场和用户的要求,必须准确、快速地传递各个方面的信息,充分利用信息技术和计算机控制技术,不断增强对市场的应变能力,及时调整、组织生产,实现真正的自动化生产,提高企业竞争力至关重要。在此背景下,基于计算机技术的管理、控制一体化,已经成为工业自动化的发展趋势。工业控制应用软件起着关键性的作用,因此许多专业化公司开发了商品化工业控制软件。这些软件具有通用性、开放性、实时性、网络化等特点,便于企业使用。

2. 组态控制技术

组态(Configuration)的意思就是模块的任意组合。采用组态控制技术构成的微机控制系统在硬件设计方面,除了采用 IPC 外,系统大量采用各种成熟通用的 I/O 接口板卡和现场设备,基本不再需要单独进行具体的硬件设计,用户只需深入了解工控机生产厂家的产品性能,进行比较择优就可以了,这样就节约了硬件开发时间。同时,由于使用了专业化生产厂家的产品,系统的可靠性也有了很大的提高。在软件设计方面,可以采用成熟的工控专用组态软件进行系统设计,软件开发周期也大大缩短。组态软件实际上是一个运行在 Windows 平台上的专门为工控开发的工具软件。它为用户提供了多种通用工具模块和数据采集与处理、画面设计、动画显示、报表输出、报警处理、流程控制等功能,并利用图形化操作界面,用户不需要掌握太多的编程语言技术(甚至不需要编程技术),就能很好地完成一个复杂控制系统所要求的所有功能。因此,系统设计人员就可以把工作的重点放在如何设计合理的控制系统结构,如何选择最佳的控制方法和选择合适的控制算法等提高控制品质的关键问题上。现在新推出的组态软件版本,都充分利用了现代网络技术,充分体现了现代计算机控制的管理、控制一体化的特点。

采用组态控制技术的计算机控制系统最大的特点是从硬件设计到软件开发都具有组态性,因此系统的可靠性和开发速度得到了提高,而开发的难度却下降了。组态软件的可视性和图形化管理功能也为生产管理和运行维护提供了方便。

组态控制技术是计算机控制技术综合发展的结果,是技术成熟化的标志。由于组态控制技术的应用,迅速提高了计算机控制技术的应用速度,产生了良好的社会经济效益。组态软件已经成为工控软件的主流,目前国内应用比较普遍的有北京亚控科技发展有限公司开发的组态王(Kingview)和北京昆仑通态自动化软件科技有限公司的 MCGS 全中文工控组态软件。

3. 商品化的工业控制软件

(1)工业控制软件的类型

目前市场上工业控制软件主要有以下几种类型:

操作系统软件。主要以实时操作系统和多机网络操作系统为主,具备实时、可靠、多任务、多用户的处理功能。

数据采集软件。主要实现获取工业现场各种开关量、模拟量、脉冲量信号数据并显示,为生产管理和控制提供参考数据。多用于监督控制系统。

过程监督控制软件。具有数据采集、过程监督/报警、控制、管理等功能。

工控组态软件。用于IPC开发的配置工具，可以由各种模块建立控制图形、输入/输出表格、系统测试等功能。

过程仿真软件。用于生产调度、管理决策仿真、生产制造仿真等。

(2)组态王软件

组态王软件是北京亚控公司研制的数据采集和过程监控组态软件。通过策略组态和画面组态，可以迅速方便地在工控机上实现对各种工业现场的监测与控制。组态王目前支持中国最流行的400多种硬件设备的驱动程序，包括可编程控制器(PLC)、各种板卡、智能仪表、智能模块、变频器、现场总线等。具有人机界面功能、强有力的先进的安全管理系统、强大的通讯能力、先进的报警和事件管理、广泛的数据获取和处理、强大的网络和冗余功能，具有良好的通用性和灵活性，是目前国内应用最多的工控软件。

1)组态王软件的系统要求

CPU:奔腾233以上IBM PC或兼容机

内存:最少32 MB,推荐64 MB

显示器:VGA,SVGA或支持桌面操作系统的任何图形适配器。要求最少显示256色，推荐1 024×768×16位色

鼠标:任何PC兼容鼠标

通讯:RS-232C

并行口:用于插入组态王加密锁

操作系统:Windows98/Windows 2000/Windows NT4.0

2)组态王软件的功能

①人机界面功能。组态王能快速便捷地进行图形维护和数据采集，提供了丰富的快速应用设计的工具；组态王内建可扩充的图形库，使用户利用系统提供的图库，可以轻松构造自己需要的图形；对多媒体的支持，用户可以使用声音、播放动画等设计出更容易被接受和使用的人机界面。

②强有力的先进的安全管理系统。对于有不同类型的用户共同使用的大型复杂应用，系统必须能够依据用户的使用权限允许或禁止其对系统进行操作。组态王采用分级和分区的双重保护策略，即应用系统中的每一个可操作元素都可以被指定保护级别和安全区。在系统运行时，若操作者权限小于可操作元素的访问权限，或者工作安全区不在可操作元素的安全区内时，可操作元素是不可访问或操作的。

③强大的通讯能力。组态王能连接PLC、智能仪表、板卡、模块、变频器等几百种设备，通过驱动程序和这些工控设备通讯。组态王的大部分驱动程序采用组件(COM)技术，使通讯程序和组态王构成一个完整的系统，既保证了运行系统的高效率，也使系统能够达到很大的规模。

④先进的报警和事件管理。组态王通过报警和事件这两种情形来通知操作人员过程的活动情况。组态王的事件驱动的报警方式和紧凑高效的结构使得报警信息可以被完整地记录，即使突然发生大量的报警也不会遗漏。报警是过程状态出现问题时发生的警告，同时要求操作人员做出响应。事件说明了系统的正常状态信息，不要求操作人员响应。报警和事件具有多种输出方式:文件、数据库、打印机和报警窗。

⑤广泛的数据获取和处理。在组态王的开放式结构中,系统可以与广泛的数据源交换数据,如IO驱动程序、ODBC(开放数据库互连)数据库、OPC服务器、动态数据交换(DDE)、ActiveX控件等,同时可以将数据以趋势曲线、报表等形式显示出来。

⑥强大的网络和冗余功能。组态王6.0以后的版本完全基于网络的概念,可运行在基于TCP/IP网络协议的网上,使用户能够实现上、下位机以及更高层次的联网。组态王6.5的Internet版本可以使整个企业的自动化监控以一个门户网站的形式呈现给使用者,不同工作职责的使用者使用各自的授权口令完成各自的操作,这包括现场的操作者可以完成设备的起停,中控室的工程师可以完成工艺参数的整定,办公室的决策者可以随时掌握生产成本、设备利用率及产量等数据。组态王6.0在双机热备的基础上增加了丰富的冗余功能。组态王充分考虑到现场的各种需要,提供了五种冗余方式:I/O通讯冗余、I/O设备冗余、计算机冗余、系统冗余、网络冗余。用户可自由选择多重冗余方式来构造自己的可靠系统。

3)组态王软件的应用范围和场所

目前组态王软件产品已遍布于除西藏以外的所有省市,在电力、石油化工、机械制造、冶金、邮电通讯、钢铁、环境保护、粮食食品、锅炉控制、水处理、楼宇监控等方面得到了广泛的应用,是目前国产控制软件中应用范围较广、使用案例最多的产品。

4)组态王软件的版本

组态王软件分为开发版、运行版、嵌入版、Internet版和演示版。所有版本都可以在Windows98/2000/NT中文操作系统下运行。

各版本都有支持不同点数的各种规格,用户可根据需要选用。

5)组态王软件的结构

组态王6.0是全中文界面的组态软件,采用了多线程、COM组件等新技术,实现了实时多任务,运行稳定可靠。

组态王6.0软件包由工程浏览器、工程管理器和图形界面三部分组成。

工程管理器是一个独立的可执行文件,用来管理本机的所有组态王工程,可以实现工程的压缩备份,备份恢复,数据词典的导入导出,画面和命令语言的导入导出,实现开发和运行系统的切换等。

工程浏览器对图形画面、命令语言、设备驱动程序管理、配方管理、数据报告等工程资源进行集中管理,为用户提供了便利的集成开发环境,用户可以在工程浏览器中查看工程的各个部分,可以查看画面、数据库、配置通讯驱动程序、设计报表;可以完成系统的大部分配置。工程浏览器采用树形结构,操作简单方便,容易接受。

图形界面使应用系统易于监视和操作。当今的应用系统变得越来越复杂,监控和数据采集系统必须有易于使用的图形界面。组态王软件有功能强大、易用的绘图工具,任一种绘图工具都支持无限色和过渡色,可使构造的画面逼真美观;内建的可扩充的图形库,可设置图形对象的旋转属性,通过可视化图形操作,完成旋转动画连接。

组态王6.0进一步完善了对多媒体的支持。可以嵌入各种各样格式的图片,可以使用声音,播放动画,支持视频采集设备。充分利用这些特性,用户可以设计出丰富多彩的人机界面。

6)建立应用程序的一般过程

建立应用程序一般可分为以下四个步骤:

①设计图形画面。组态王软件开发的应用程序是以画面为单位的,每一个画面对应于程

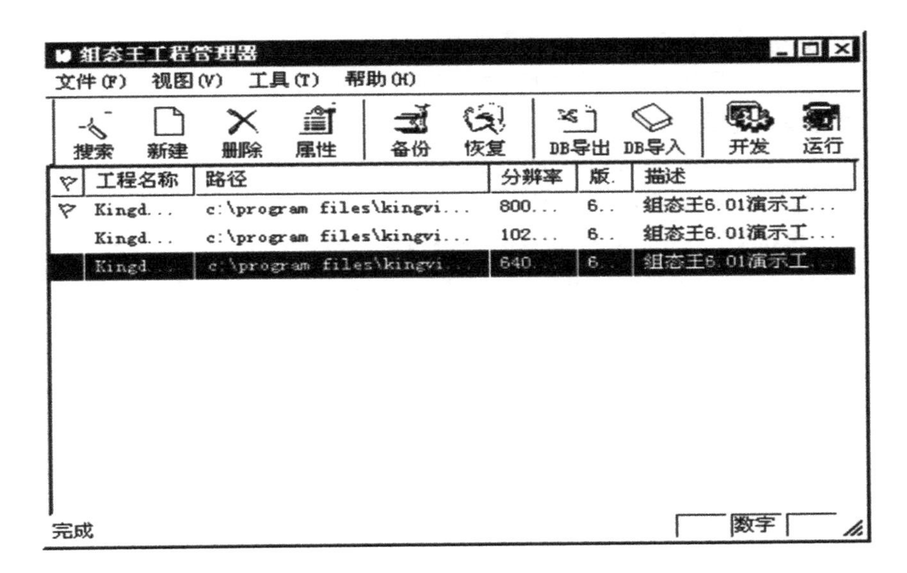

图 7.10　组态王工程管理器

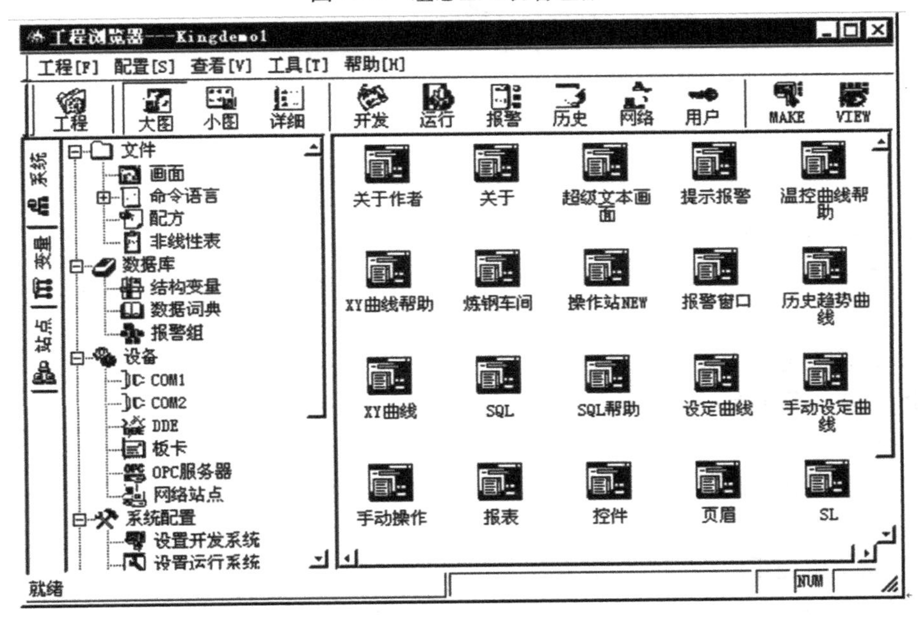

图 7.11　组态王工程浏览器

序实际运行时的 Windows 窗口。

②创建实时数据库。数据库是应用系统的核心，设计者在数据库中定义过程参数和其他变量，用数据库中的变量反映被控对象的各种属性，比如温度、压力等变量，以及代表操作者指令的变量，如电源开关。组态王在系统运行过程中维护一个实时数据库，数据库中存放所有变量的最新数据。通过检测变量值的变化，组态王改变图形对象的状态并跟踪报警的发生。

③建立动画连接。就是建立画面的图素与数据库变量的对应关系。当工业现场的数据，比如温度、液面的高度等，当它们发生变化时，通过驱动程序将引起实时数据库中变量的变化。如果画面上有一个图素，比如指针，你规定了它的偏转角度与这个变量有关，就会看到指针随

工业现场数据的变化而同步偏转,以动画模拟现场设备的运行。

④运行和调试。应用程序设计完成后,要进行试运行,在运行中进行调试,直到达到最佳的运行效果,才能投入正式运行。

7)使用实例(组态王在钢铁企业计量中的应用)

钢铁工业是流程工业,生产中的能源管理非常重要。建立生产过程中的水、电、气等能源计量信息系统,可提供及时准确、科学完整的计量数据,为生产经营决策提供了可靠的数据基础。该系统通过 28 个厂际间能源采集子站,覆盖了 189 个仪表室,1 752 个仪表测量点和 44 台衡器,数据点数有 2 万多,实现了企业的能源数据结算。

系统构成如图 7.12 所示。

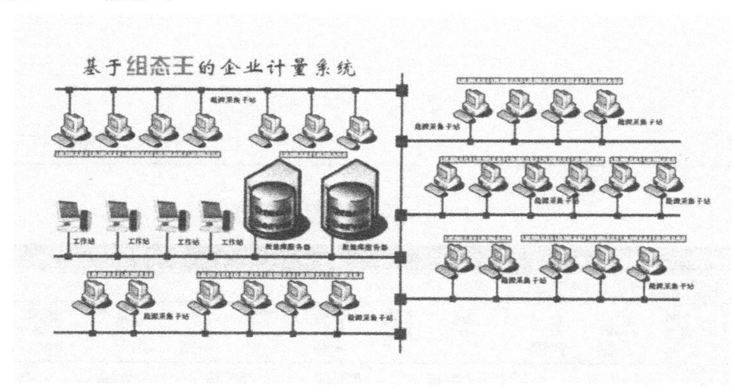

图 7.12

(3)MCGS 组态软件

MCGS(Monitor and Control Generated System)是由北京昆仑通态自动化软件公司开发的一套基于 Windows 平台,用于快速构造和生成上位机监控系统的组态软件系统。

1)MCGS 软件的分类及功能

MCGS 软件的分类有:嵌入版组态软件、通用版组态软件、网络版组态软件。

嵌入版处于整个监控系统最下层的组态软件,主要完成现场数据的采集、前端数据的处理与控制。与其他相关的硬件相结合,可以快速、方便地开发各种用于现场采集、数据处理和控制的设备。

通用版属于监控系统中层的组态软件,主要完成通用工作站的数据采集和加工、实时和历史数据处理、报警和安全机制、流程控制、动画显示、趋势曲线和报表输出等日常性监控事务,系统稳定可靠,能方便地代替大量的现场工作人员的劳动和完成对现场的自动监控和报警处理,随时或定时的打印各种报表。

网络版处于整个监控系统中最上层的组态软件,主要完成整个系统的信息收集和发布,即把位于其监控之下的所有监控站点的数据通过各种复杂的网络结构,最终集中在网络服务器中,并把所有的数据在服务器中统一管理和保存,通过 Web 浏览的方式向各个采集站点发布,使位于办公室的部门直观地看到现场的工作情况。

MCGS 能够完成现场数据采集、实时和历史数据处理、报警和安全机制、流程控制、动画显示、趋势曲线和报表输出以及企业监控网络等功能。

MCGS 软件系统包括组态环境和运行环境两个部分。组态环境是生成应用系统的工作环境，用户在组态环境中完成动画设计、设备连接、编写控制流程、编制工程打印报表等全部组态工作。运行环境是用户应用系统的运行环境，进行各种处理，完成组态设计的目标和功能。也就是，您在组态环境中根据您要达到的控制要求去设计，运行环境运行您设计好的组态工程。

2）MCGS组态软件所建立的工程

MCGS组态软件所建立的工程由主控窗口、设备窗口、用户窗口、实时数据库和运行策略五部分构成。

主控窗口是工程的主要窗口或主框架。在主控窗口中可以放置一个设备窗口和多个用户窗口，负责调度和管理这些窗口的打开或关闭。主要的组态操作包括：定义工程名称，编制工程菜单，设计封面图形，确定自动启动的窗口，设定动画刷新周期，指定数据库存盘文件名称及存盘时间等。

设备窗口是连接和驱动外部设备的工作环境。在本窗口内配置数据采集与控制输出设备，注册设备驱动程序，定义连接与驱动设备用的数据变量。也就是，要在设备窗口中选择您所有连接的控制器（如PLC、变频器、仪表等）的型号，并设定从设备中读取哪些变量（如PLC中的寄存器D0）。

用户窗口主要用于设置工程中人机交互的界面，诸如：生成各种动画显示画面、报警输出、数据与曲线图表等。也就是所要显示的控制界面。

实时数据库是工程各个部分的数据交换与处理中心。在本窗口内定义不同类型和名称的变量，作为数据采集、处理、输出控制、动画连接及设备驱动的对象。也就是要在实时数据库里定义一些变量与所要控制的设备中的变量一一对应，以备建立的各个用户窗口调用。当然也可以根据需要建立一些中间变量来存放计算的过渡值或是临时状态。

运行策略主要完成工程运行流程的控制。包括编写控制程序（脚本程序），选用各种功能构件。比如，当监控界面有一段说明文字是根据PLC的两个输入点闭合的情况分别显示不同的内容，就要在运行策略窗口做一个if…then判断。

MCGS的“与设备无关”概念

无论您使用PLC、仪表、还是使用采集板等设备，在进入工程现场前的组态测试时，均采用模拟数据进行，等测试合格后，再与设备进行连接。

3）MCGS组态软件应用实例

①天然气微机计量系统

项目简介：应用MCGS组态软件软件，实现天然气的计算、计量、报表打印、监视运行状态及日常管理工作。

该系统的基本原理：现场各流量计量点由标准孔板节流装置产生的差压信号、压力信号、温度信号，由选配的EJA差压、EJA压力及铂热电阻转换成电信号后，输入到该系统，按照石油天然气行业标准SY/T6143—1996《天然气的标准孔板计量方法》，对天然气流量进行实时计量、流量累积及对历史数据、历史参数的存储和管理。

②天然气微机计量系统功能

a.实时采集、计量、显示、存储各用户（8路或14路计量点）用气的差压（开度）、压力、温度、瞬时流量、日累气量、月累气量及生产时间等参数，能对检修孔板、停电及退出系统等情况实施气量自动补偿。

b.实时显示配气站的工艺流程图，并在工艺流程图相应位置（管道）上动态实时显示与之对应的压力、瞬时流量等参数及状态。

c. 显示集配气站各计量点的采配气曲线图。

d. 打印及查询集配气站的小时报表、日报表、月报表、参数设置报表，黑匣子自动记录运行参数及状态报表。

e. 全屏幕编辑，修改天然气计量的有关参数（孔板开孔直径、计量管直径、天然气气质参数、差压、压力、流量的报警值、日计划气、计划气价、超计划气价等），并自动打印。

f. 黑匣子功能，指能将系统编辑修改的各种参数及运行状态实时自动记录和打印，黑匣子中的数据不能修改，为资料查询提供依据。

g. 显示温度、流量、压力的报警值并在声音和画面上给出提示。

天然气微机计量系统结构如图 7.13 所示。

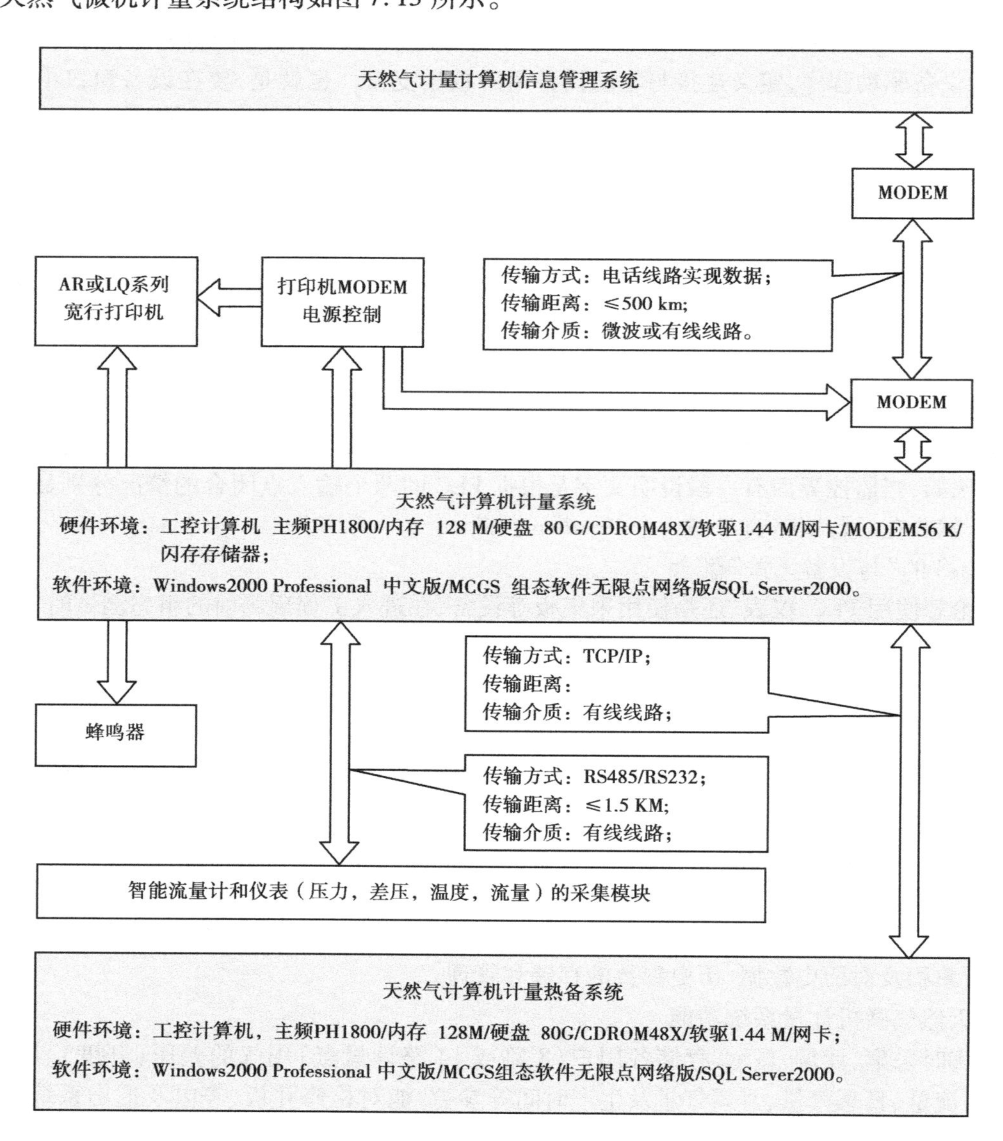

图 7.13　天然气微机计量系统结构图

天然气微机计量系统软件结构如图7.14所示。

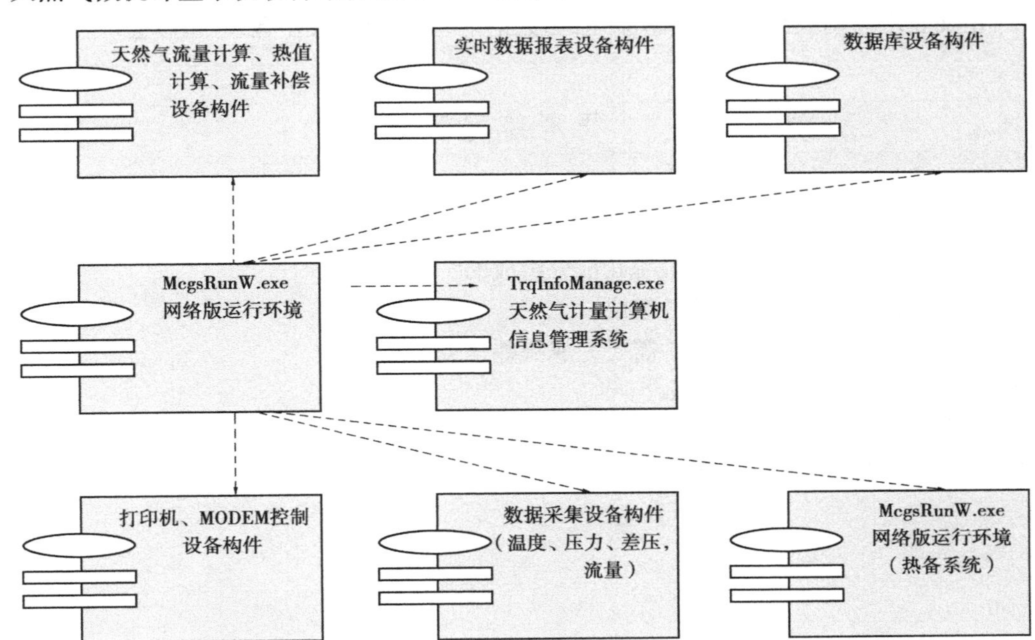

图7.14　天然气微机计量系统软件结构图

技能训练　数据采集系统工业控制计算机的选型

1. 实训目的与要求

1）熟悉数据采集系统的要求；

2）根据要求，正确选择工业控制计算机的机箱、电源、各种板卡，组成工业控制计算机；

3）掌握工业控制计算机的选型的方法。

2. 实训指导

1）分析数据采集系统的要求：

①数据采集时间要求；

②输入/输出接口数量、类型；

③工业环境。

2）查阅工业控制计算机生产厂家的产品手册。

3）择优选择性能/价格比高的机箱、电源、各种板卡，组成满足要求的工业控制计算机。

3. 实训报告

实训结束，应认真总结，写出实训报告，具体要求如下：

1)实训报告应包括实训名称、目录、正文、小结和参考文献五部分;

2)正文要求写明训练目的,基本原理,参数记录、实训过程及步骤、心得体会。

思考练习7

1. 工业控制计算机有哪些特点?
2. 典型的工业控制计算机是由哪几部分组成的?
3. 简述工业控制计算机系统的组成。
4. 工业控制计算机的应用软件需要完成哪些任务?
5. 组态控制技术的特点是什么?
6. 简述工业控制软件的特性。
7. 简述应用组态王建立应用程序的一般过程。

项目 8

微机控制系统抗干扰技术

学习目标：

1）了解干扰的来源和分类；

2）理解抗干扰的基本原则；

3）掌握微机控制系统硬件、软件抗干扰技术。

能力目标：

1）掌握测试干扰的基本方法；

2）正确应用抗干扰措施。

微机控制系统大多用于工业现场，工业现场情况复杂，环境较恶劣，干扰源多且种类各异。干扰严重影响着控制系统的稳定性和可靠性。有的微机控制系统从理论到技术方面都是合理的，由于在抗干扰方面考虑不周全而影响了系统的正常使用。所以，微机控制系统的抗干扰必须引起充分重视。工业现场特殊的环境，要求微机控制系统必须具有极高的抗干扰能力。所谓干扰，就是有用信号之外的各种噪声或造成微机系统设备不能正常工作的破坏因素。干扰的产生是由多种因素决定的，抗干扰涉及复杂的理论和技术问题，实践性很强。因此，必须根据现场的实际情况，分析干扰的来源，一般采取硬件和软件相结合的有效的措施抑制或消除干扰。

任务 1　干扰的来源、分类及抗干扰的基本原则

任务要求：

1）理解掌握干扰的来源、分类；

2）掌握抗干扰的基本原则，能够结合实际正确判断干扰的类型，为抗干扰奠定基础。

1. 干扰的来源

干扰又称为噪声，是指有用信号之外的噪声或造成微机控制系统不能正常工作的破坏因素。微机控制系统运行环境的各种干扰主要表现在以下几个方面。

(1)电源噪声

工业现场动力设备多,功率大、类型复杂,操作频繁。大功率设备的频繁启停,特别是大感性负载的启停会造成电网电压大幅度涨落。工业电网电压的过压或欠压常常达到额定电压的15%以上,有时持续时间还较长。由于大功率开关的通断、电动机的启停、电焊机的操作等原因,电网上经常出现几百伏甚至上千伏的尖峰脉冲干扰。这些都会严重影响微机控制系统的正常工作。

(2)接地不良而引起的干扰

地线与所有的设备都有联系,良好的接地可以消除部分干扰。如果接地不良,会造成接地电位差,干扰进入地线后,就会传递到所有的设备,导致设备不能正常工作。

(3)感应干扰

在工业现场,有各种各样的信号线和控制线与控制计算机连接。通过这些线路将不可避免地把干扰引入计算机系统。当有大的电气设备漏电,接地系统不完善或者测量部件绝缘不好,都会使通道中直接窜入很高的共模电压或差模电压;各通道的线路如果在同一根电缆内或几条电缆捆绑在一起,各路间会通过电磁感应产生互相干扰,尤其是将0~15 V的信号线与交流220 V的电源线套在同一根管道中时,干扰更为严重。这种彼此感应产生的干扰的表现形式是在通道中形成共模或差模电压,轻者会使测量信号发生误差,重者会完全淹没有用信号。有时这种通过感应产生的干扰电压会达到几十伏,使微机根本无法工作。多路信号通常要通过多路开关和保持器等进行数据采集后输入微机中,如果多路开关和保持器性能不好,当干扰信号幅度较高时,也会出现相邻通道信号间的串扰,这种串扰也会使有用信号失真。

另外,微机控制系统周围的电气设备,如电动机、变压器、晶闸管逆变电源、中频炉等发出的电磁干扰;来自太阳和其他天体辐射的电磁波以及广播电视发射的电磁波;气象条件包括雷电甚至地磁场的变化也会引起干扰;火花放电、弧光放电、辉光放电等产生的电磁波都会干扰微机的正常工作。

(4)其他干扰

工业环境的温度、湿度、震动、灰尘、腐蚀性气体等,都会影响微机控制系统的正常工作。在工业环境中运行的微机系统,必须解决对环境的适应性问题。

上述干扰以电源噪声和接地不良影响最大,其次是感应干扰,来自空间的辐射干扰影响不大,一般只需加以适当的屏蔽和接地即可解决。要提高微机控制系统的可靠性,主要从电源、接地、屏蔽等方面采用各种抗干扰技术和可靠性技术予以解决。

2. 干扰的分类

按干扰的作用方式分类,干扰可分为常态干扰和共态干扰。

1)常态干扰

常态干扰是串联在被测信号回路上的干扰,又称为串模干扰,如图8.1所示。图(a)中u_s为信号电压,u_n为串模干扰电压。u_n既可以来自干扰源,也可以由信号源本身产生。产生串模干扰的原因有分布电容的静电耦合、长线传输的互感、空间电磁场引起的磁场耦合以及50 Hz的工频干扰等,如图(b)所示。

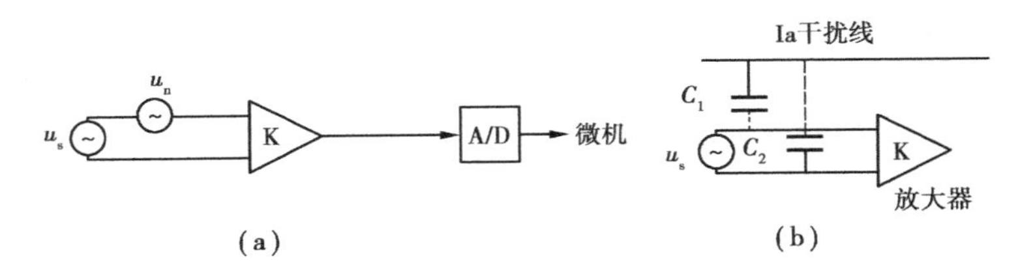

图8.1 常态干扰示意图

在实际生活中,经常出现这样的情况:当一台微机正常工作时,如果在其附近启动一个大干扰的设备(如电钻),就很有可能造成微机工作不正常甚至死机。造成这种情况的最主要原因是外部干扰经过电网和空间进入微机,引起微机内部逻辑地的不等电位造成的。这种由干扰引起的系统内部各部分地电平的不等位,就造成了串模干扰电压。

2)共模干扰

共模干扰是指模拟量输入通道的A/D转换器的两个输入端上共有的干扰电压。因为在微机控制系统中,由于控制计算机和被控、被测的参量相距较远。这样,被测信号 u_s 的参考地(模拟地)和计算机输入信号的参考地(模拟地)之间往往存在一定的电位差 u_c。如图8.2所示,对 A 端来说,输入信号为u_i+u_c;对 B 端来说,输入信号为 u_c。所以 u_c 是A/D转换器的两个输入端共有的干扰电压。它可能是直流电压,也可能是交流电压,其数值可达几伏甚至几百伏,取决于计算机和其他设备的接地情况以及现场产生干扰的因素。

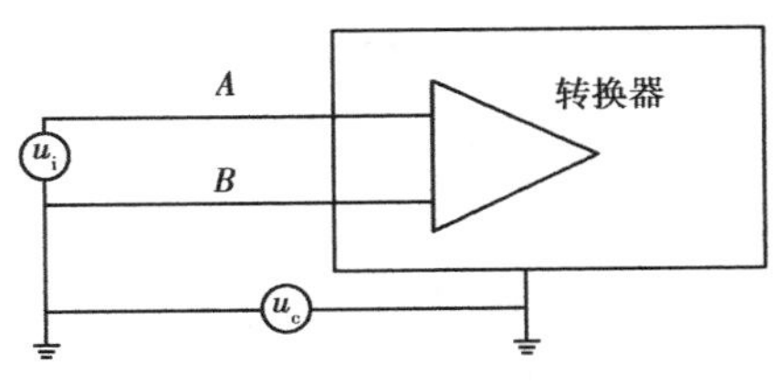

图8.2 共模干扰

3.抗干扰的基本原则

抗干扰是指把进入微机控制系统的干扰(噪声)消除或减少到一定的范围内,以保证系统能够正常工作。抗干扰有以下几个基本原则。

(1)消除干扰源

有些干扰,尤其是内部干扰,可以采取行之有效的措施予以消除。如通过合理布线,可以消除线间感应和分布电容;在集成电路的电源和地线之间安装去耦电容,可以抑制传输线的反射,消除信号波形的毛刺和台阶;合理接地可以消除多点接地造成的电位差;集成电路的闲置端不要悬空,可以减少干扰;改进制造工艺、改进焊接技术,也可以消除部分干扰;采取降温措施,可以消除热噪声等内部干扰。

采取屏蔽措施,把干扰源屏蔽起来,也是一种消除干扰源的有效方法。

(2)远离干扰源

距离干扰源越远,干扰就衰减得越小。微机控制系统、计算机房、包括有终端设备的操作室都应尽可能远离干扰源,如远离具有强电场、强磁场的地方。

(3)防止干扰的窜入

如前面所述,干扰都是通过一定的途径进入微机控制系统中的。如果能够在干扰进入的途径上采取有效的措施,就可能避免干扰对微机控制系统的入侵。实际采用的抗干扰措施主要是针对防止干扰窜入进行的。

(4)硬件、软件相结合抗干扰

为了有效地抑制干扰,仅仅采取硬件措施是不够的,还必须采取软件措施抑制干扰,硬件、软件相结合,可以获得良好的抗干扰效果。

任务2　硬件抗干扰技术

任务要求:

1)理解硬件抗干扰技术;

2)掌握电源系统、过程通道、布线、接地技术4个方面的抗干扰技术。

1. 电源系统的抗干扰措施

实践表明,电源系统的干扰是微机控制系统的主要干扰,必须给予足够的重视。电源系统分为交流电源系统和直流电源系统。

(1)交流电源系统的抗干扰措施

1)选用供电比较稳定的进线电源

微机控制系统的电源进线要尽量选用比较稳定的交流电源线。在没有这种条件的地方,不要将控制系统接到负载变化大、晶闸管设备多或者有高频设备的电源上。

2)电源变压器的屏蔽

对电源变压器设置合理的屏蔽,是一种简单而有效的抗干扰措施。通常在电源变压器的原边和副边之间采用铝泊或铜泊屏蔽一层(注意:金属泊头尾要分开,不能搭接在一起,否则,造成短路环),并将其良好接地。

3)交流稳压器

交流稳压器是为了克服电网电压波动对控制系统的影响,提高微机控制系统的稳定性。电子交流稳压器能把输出波形畸变控制在5%以内,还可以对负载短路起限流保护作用。同时,由于交流稳压器中有电磁线圈,对干扰也有一定的抑制作用。

4)低通滤波器

在交流电源的输入端,接一个低通滤波器,它可以滤除电网中高于50 Hz的高次谐波干扰信号,保证50 Hz的工频信号无衰减地通过,低通滤波器的接法如图8.3所示。交流电源整流后,在直流侧还可以采用低通滤波器消除50 Hz工频干扰。采用低通滤波器可以使电网干扰衰减至很小的数值,从而不影响系统工作。

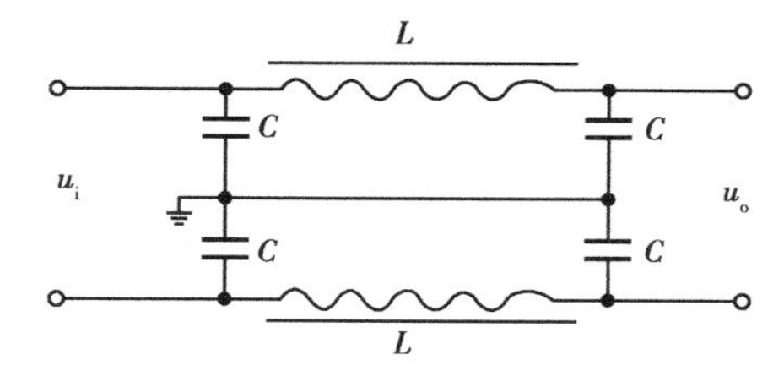

图8.3　50 Hz低通滤波器

5)利用不间断电源消除恶性干扰

电网瞬间断电或电压突然下降等掉电事件可能使控制系统陷入混乱状态,是可能产生严重事故的恶性干扰。对于要求很高的微机控制系统,可以采用不间断电源(UPS)向系统供电。对UPS要注意后备式和在线式的选用。所有的UPS设备都装有一个或一组电池和断电传感器。如果传感器检测到断电,它可将供电通路在极短的时间内(3 ms)切换到电池,从而保证控制系统不停电,避免了突然停电等电源故障造成的干扰的影响。

(2)直流电源系统的抗干扰措施

1)采用直流开关电源

直流开关电源是一种脉宽调制型(PWM)电源,由于脉冲频率高达 20 kHz,所以不使用传统的工频变压器,具有体积小、重量轻、效率高(>70%)、电网电压范围大(-20%~+10%)、电网电压变化时不会输出过电压或欠电压等优点。开关电源初、次级之间有较好的隔离,对于交流电网上的高频脉冲干扰有较强的隔离能力。

直流开关电源产品,现在已有很多品种,一般都有几个独立的电源,如 ±5 V, ±12 V, ±24 V等。

2)DC-DC 变换器

如果系统供电电网波动较大,或者对直流电源的精度要求较高,再采用上述方法就很难达到满意的效果。为了解决直流电源变化问题,可以采用 DC-DC 变换器。它们有升压型(step-up)、降压型(step-down)和升压/降压型。它们的共同特点是:体积小、性价比高、输入电压范围大、输出电压稳定且可调整、环境温度范围宽等。图 8.4 是利用 MAX1700 组成的 DC-DC 变换器电路图。其输入电压为 0.8~5.5 V,输出电压为 3.3 V 或线性可调。正因为如此,DC-DC 变换器在便携式仪器或手持式微机测控装置中得到了广泛的应用。

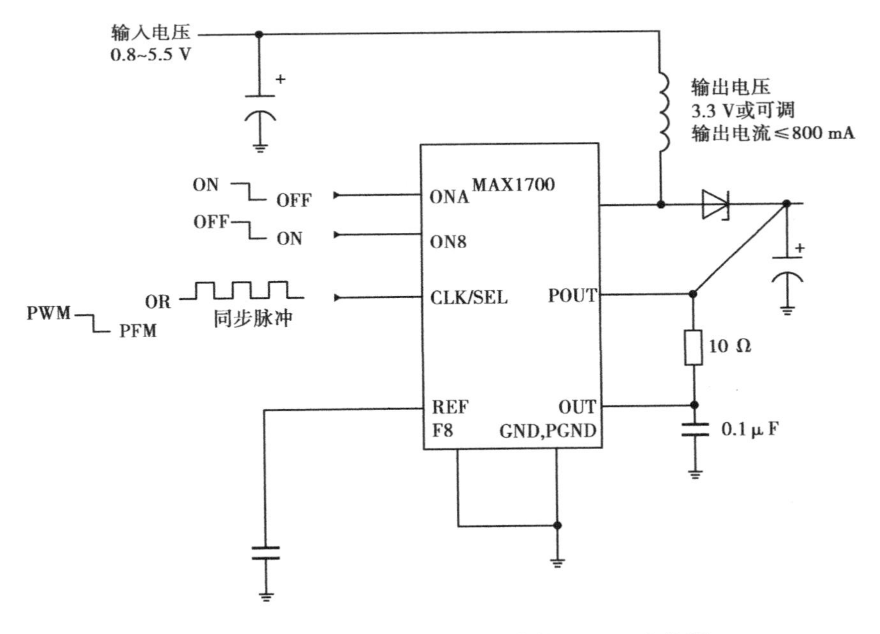

图 8.4　利用 MAX1700 组成的 DC-DC 变换器

3)采用分散独立的功能块供电

在每个系统功能模块上使用三端稳压集成电路块(如 78 系列和 79 系列)组成稳压电源。每个功能块单独对电压过载进行保护,不会因某块稳压电源故障而使整个系统遭到破坏。而且也减少了公共阻抗的相互耦合,大大提高了供电的可靠性,也有利于电源的散热。

抗干扰微机电源的配置如图 8.5 所示。

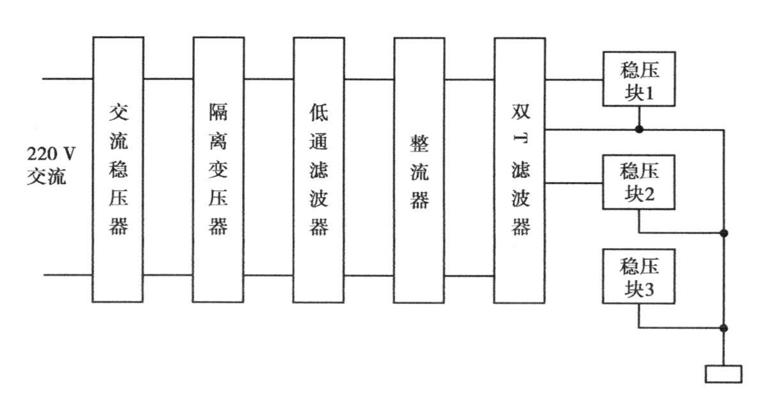

图 8.5　抗干扰微机电源的配置图

2. 过程通道干扰的抑制

过程通道是 I/O 接口与主机或主机相互之间进行信息传输的途径。在过程通道中长线传输的干扰是主要因素。干扰信号通过输入线窜入微机控制系统，尤其是当变送器远离微机时，长距离的传输线非常容易接受干扰。对过程通道的抗干扰应放在 I/O 接口和传输线这两个主要方面。

(1) I/O 接口的抗干扰措施

1) 对信号加硬件滤波器

在信号加到输入通道之前，可以先使用硬件滤波器滤出交流干扰。如果干扰信号频率比信号频率高，选用低通滤波器；如果干扰信号频率比信号频率低，选用高通滤波器；当干扰信号在信号频率的两侧时，需采用带通滤波器。一般采用电阻 R、电容 C、电感 L 等无源元件构成无源滤波器。也可以采用以反馈放大器为基础的有源滤波器。在微机控制系统中，常用的低通滤波器有 RC 滤波器、LC 滤波器、双 T 滤波器，它们的原理图如图 8.6 所示。其中(a)，(b)，(c)是无源滤波器，(d)是有源滤波器。无源滤波器线路简单，成本低，不需要调整，但对信号有较大的衰减。有源滤波器对小信号尤其重要，它可以提高增益，滤波效果好，但线路复杂。使用滤波器是抑制串模干扰的常用方法。

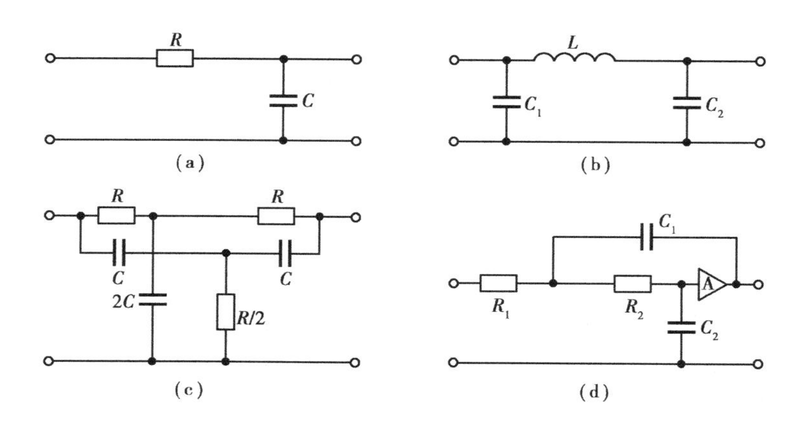

图 8.6
(a) ~ (c)无源滤波器　(d)有源滤波器

2)差动式传输和接收信号

利用差动方式传输和接收信号,是抑制共模干扰的一个主要方法。由于差动放大器只对差动信号起放大作用,而对共模电压不起放大作用,因此能够抑制共模干扰的影响。实际上,共模电压会转换成差模干扰加到放大器的输入端。为了抑制干扰,一般可采用专用电路或芯片把单端传输信号变为双端差动信号进行长距离传输,接收端再把双端差动信号变为单端信号。

3)光电隔离

光电耦合器采用了电—光—电的信号传输方式,具有很高的绝缘电阻,一般可达 10^{10} Ω 以上,并能承受 1 500 V 以上的高电压。被隔离的两端可以自成系统,不需共地。把光电耦合器用在输入通道中的 A/D 时,可以使主机与输入通道隔离;把光电耦合器用在输出通道中的 D/A 时,可以使主机与输出通道隔离,避免了输出端对输入端可能产生的反馈和干扰。光电耦合器有较好的带宽、较低的输入失调漂移和增益温度系数,能较好地满足工业过程控制信号传输的要求。光电隔离电路如图 8.7 所示。为了保证信号的线性耦合,既要严格挑选光电耦合器件,还要采取相应的非线性校正措施,否则将产生较大的误差。

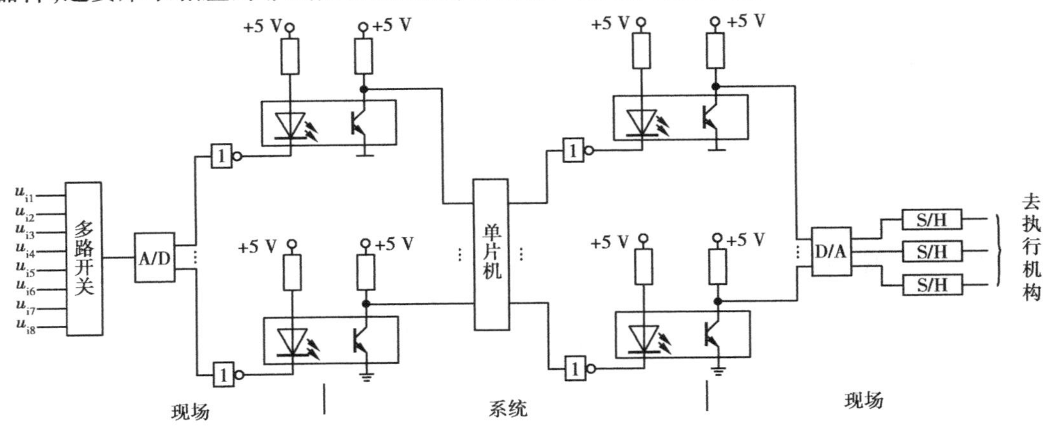

图 8.7　光电隔离电路

4)变压器隔离

利用变压器将模拟电路与数字电路隔离开来,即把模拟地与数字地断开,使共模干扰电压不能形成回路从而抑制了共模干扰。由于隔离的两边分别采用了两组独立的电源,切断了两部分的地线联系,使地线长度缩短了,地线传输中不会形成地环流。如图 8.8 所示。

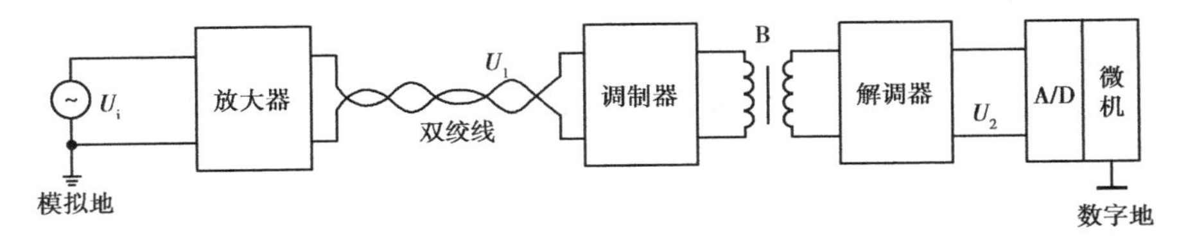

图 8.8　变压器隔离

5)浮地屏蔽

在强干扰的情况下,除了采用光电耦合器将微机部分与其他所有外接通道实行浮地屏蔽的处理方法外，还需要把传输长线用光电耦合器完全“浮置”起来，如图 8.9 所示。长线“浮置”无公共地线，有效地消除了各逻辑电路电流在公共地线上产生的噪声电压相互干扰，也有效地解决了长线驱动和阻抗匹配等问题，同时还可以防止受控设备短路时保护系统不受损坏。

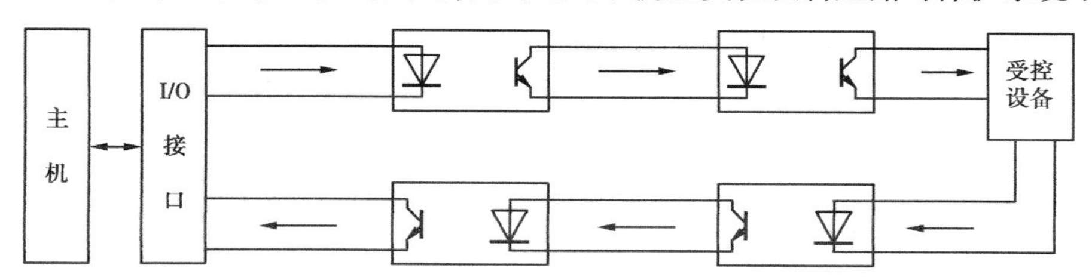

图 8.9　浮地屏蔽

(2) I/O 传输线的抗干扰措施

1) 采用双绞线

双绞线是每一对线按照设定行波的长度对绞，每一个小环路上感应的电势会互相抵消，可以使干扰抑制比达到几十分贝，对绞节距不同，有不同的抑制效果。表 8.1 列举了不同节距的双绞线对串模干扰的抑制效果。

2) 采用屏蔽信号线

在干扰严重，精度要求高的场合，应当采用屏蔽信号线。屏蔽信号线的屏蔽层可以防止外部干扰窜入。

3) 使用光纤

光纤是利用光传送信号，可以不受任何形式的电磁干扰影响，传输损耗极小。因此在周围电磁干扰大，传输距离较远的场合，可以使用光纤传输。

表 8.1　双绞线节距对串模干扰的抑制效果

节距/mm	干扰衰减比	屏蔽效果/dB
100	14 : 1	23
75	71 : 1	37
50	121 : 1	41
25	141 : 1	43
并行线	1 : 1	0

4) 长线传输干扰的抑制

长线传输除了会受到外部干扰和引起信号延迟外，还可能产生波反射。如果传输线的终端阻抗和传输线的波阻抗不匹配，入射波到达终端时会引起反射，反射波到达始端后，如果始端阻抗不匹配，又会引起新的反射。如此反复，会在信号中引起很多干扰。因此对长线可采用阻抗匹配的方法加以解决。

①终端匹配

如果传输线的波阻抗是 R_p，终端阻抗是 R，那么当 $R = R_p$ 时，就实现了终端匹配，消除了波反射。最简单的终端匹配方法如图 8.10 所示。

②始端匹配

在传输线始端串入电阻 R，如图 8.11 所示，也能基本消除反射，达到改善波形的目的。一

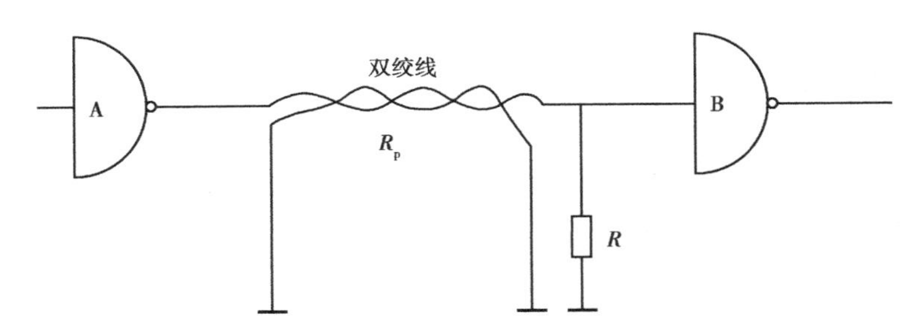

图8.10 终端匹配

般选择始端匹配电阻 R 为：$R = R_p - R_{sc}$。式中 R_{sc} 为门A输出低电平时的输出阻抗。

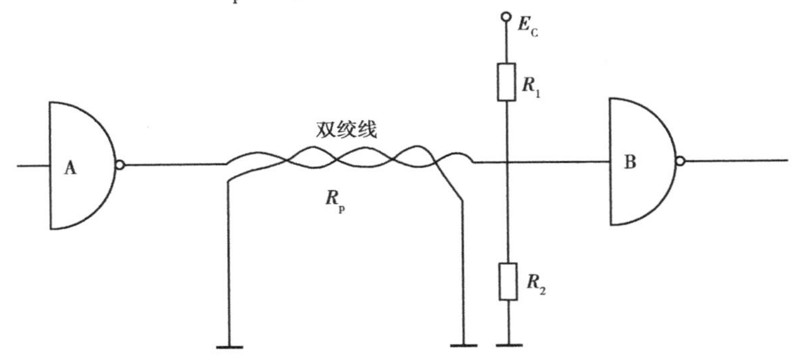

图8.11 始端匹配

3. 布线的抗干扰技术

在选择了合适的信号线后，还必须正确地进行铺设；否则，不仅达不到抗干扰的效果，反而会引进干扰。在微机控制系统中，正确的布线也是重要的抗干扰措施。

(1) 电源线

电源线的引线应尽量短、粗、直；从微机控制系统电源到交流供电电源端的线路上，开关触点应尽量少，触点接触要可靠。电源线与信号线要分开走线，并保持一定的间距。表8.2给出了信号线与交流电源线之间的最小间距，供布线时参考。

表8.2 信号线与电力线之间的最小间距

电力线容量		信号线与电力线之间的最小间距/cm
电压/V	电流/A	
125	10	12
250	50	18
440	200	24
5 000	800	≥48

(2) 各类走线应分开布线

除了信号线与电力线要分开布线外，对于灯泡、继电器等感性负载的驱动线必须使用双绞线，非稳压的直流线等应分开走线，并尽量避免平行铺设。各类走线最好采用管子或线槽加以屏蔽。

(3)印刷电路板走线

为了防止系统内部地线干扰,印刷电路板上的地线要根据通过电流的大小决定其宽度,最好不小于3 mm,在可能的情况下,地线应尽量加宽。功率地必须与小信号地分开;TTL,CMOS器件的地线要呈辐射网状,避免环形。

4.接地技术

地线的设计和安装工艺影响"地电平"的好坏,系统的地电平在整个系统工作过程中应稳定不变。地电平又是整个电源电平的基准,因而它的升高和降低,都会影响所有电源电平的波动。地线又与所有元器件都有通道联系,干扰进入地线后,就会传递到所有元器件上。因此,接地技术将显著影响系统的抗干扰能力。

微机控制系统中,有很多地线,主要有:

1)交流地　交流地是交流电源的地线。交流地上任意两点之间,往往都存在着电位差,而且交流地也很容易引进干扰,因此,交流地绝对不可以与其他地相连接。

2)直流地　直流地是直流电源的地线。

3)屏蔽地　屏幕地即机壳地,也叫安全地,目的是让设备机壳和大地等电位,以保证人生安全和防止静电感应、电磁感应。

4)数字地　数字地即逻辑地,是微机控制系统中数字电路的零电位。

5)模拟地　模拟地是微机控制系统中所有模拟信号的零电位。

6)信号地　信号地是传感器的地。

7)系统地　系统地是以上几种地的最终回流点,直接和大地相连。

广义的接地包含接实地和接虚地。接实地是指与大地连接,接虚地是指与电位基准点连接;如果地电位的基准点自行浮置或浮空(即与大地电气绝缘),则称为浮地连接。正确合理的接地对微机控制系统极为重要,它是抑制干扰的主要方法,也是保护设备和人员安全的有效措施。故接地又分为工作接地和安全接地两大类。微机控制系统除安全接地外,主要是从抗干扰角度考虑工作接地。

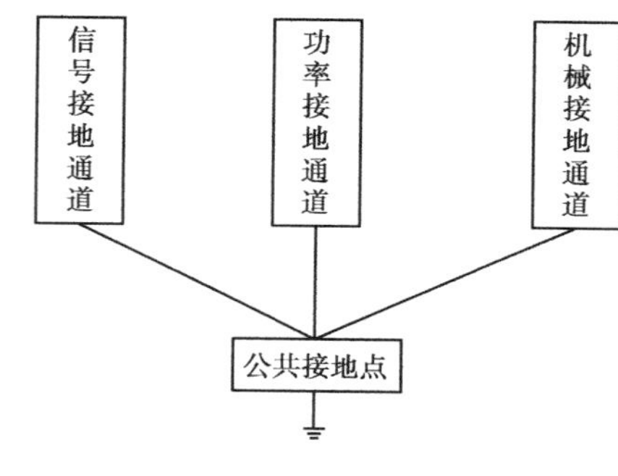

图8.12　一点接地法

对于微机控制系统,接地问题是一个必须充分重视的问题。正确的接地,可以提高系统的可靠性,否则,系统不但不能正常工作,还会发生安全事故。下面介绍几种常用的接地方法。

(1)单点接地与多点接地的应用

根据接地理论分析,低频(1 MHz以下)电路应单点接地,高频(10 MHz以上)电路应多点就近接地。单点接地的目的是避免形成地环流,因为地环流引入到信号回路中会引起干扰。对于高频电路,当频率甚高时,地线可以变成天线,故应多点就近接地。微机控制系统的工作频率较低,故应采用一点接地法,如图8.12所示。在1~10 MHz,如用一点接地,其地线长度不得超过波长的1/20,否则应采取多点接地。

(2)各种地采用分别处理的单点接地

对于微机控制系统中的各种地线，根据种类的不同，将安全地、工作地(模拟地、数字地、信号地)采用分别回流法单点接地，如图8.13所示。各种地线可使用汇流条连接，最后汇集在一点，再与大地连接，即总地线。总地线要求使用铜接地板和用线径不小于30 mm^2的多股软铜线焊接在一起并采取措施深埋地下，测量的大地电阻值应在4～7 Ω。

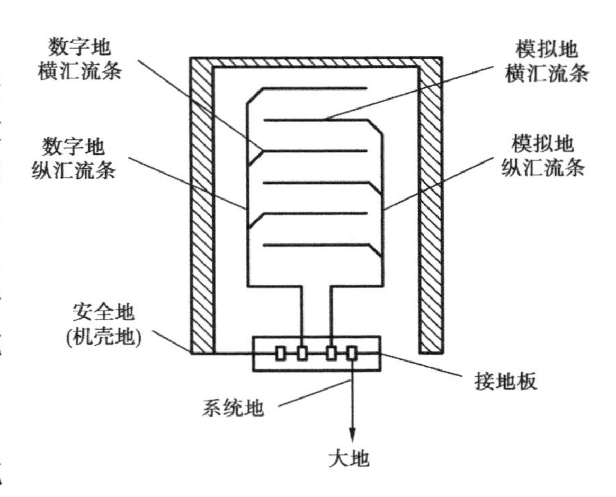

图8.13　分别回流法单点接地

(3)数字地和模拟地

数字地因为电平的跳跃会造成大的电流尖峰，数字电路的信号通过模拟电路地线回到数字电源，就会构成串模信号对模拟输入有影响。所以，所有的模拟公共地线应与数字公共地线分开走线，最后在一点连接。特别在ADC和DAC电路中，要注意区分数字地和模拟地，必须将所有的数字地和模拟地分别相连，否则转换将不准确，而且干扰严重。

(4)输入部分的接地

在微机控制系统的输入部分，传感器、变送器和放大器通常采用屏蔽罩，信号的传输往往使用屏蔽线。对屏蔽层的接地，要区别情况接地。对信号源浮地屏蔽线在接收端接地应与屏蔽罩互连；屏蔽线在信号源接地，接收端的放大器应浮地。屏蔽线接地的电路如图8.14所示。

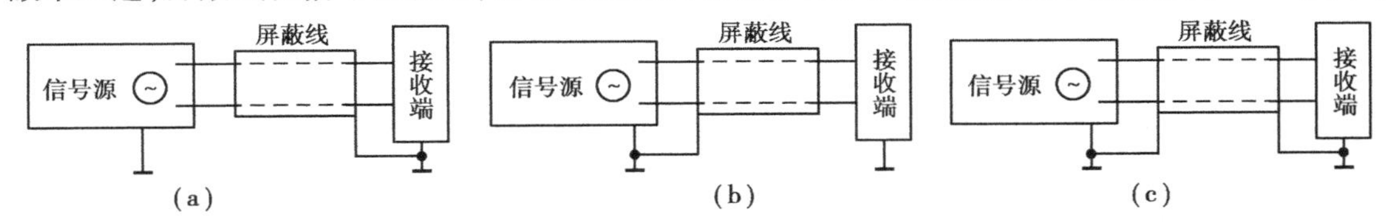

图8.14　屏蔽线接地

高增益放大器常常用金属罩屏蔽起来，但屏蔽罩的接地要合理，否则易引起干扰。解决的办法就是将屏蔽罩接到放大器的公共端。

(5)主机部分的接地

工业控制计算机主机的接地，主要是为了防止干扰，提高可靠性。下面介绍三种主机接地方式。

1)主机外壳接地，机心浮空

为了提高计算机的抗干扰能力，把主机外壳作为屏蔽罩接地。而把机内器件架与外壳绝缘，绝缘电阻大于50 MΩ，即机内信号地浮空，如图8.15所示。这种方法安全可靠，抗干扰能力强。但一旦绝缘电阻降低就会引入干扰。

2)全机一点接地

主机机心与外部设备地连接后，采用一点接地，如图8.16所示。为了避免多点接地，各机座用绝缘板垫起来。这种接地也具有较好的抗干扰能力，安全可靠。但要注意接地的处理，使接地电阻越小越好。

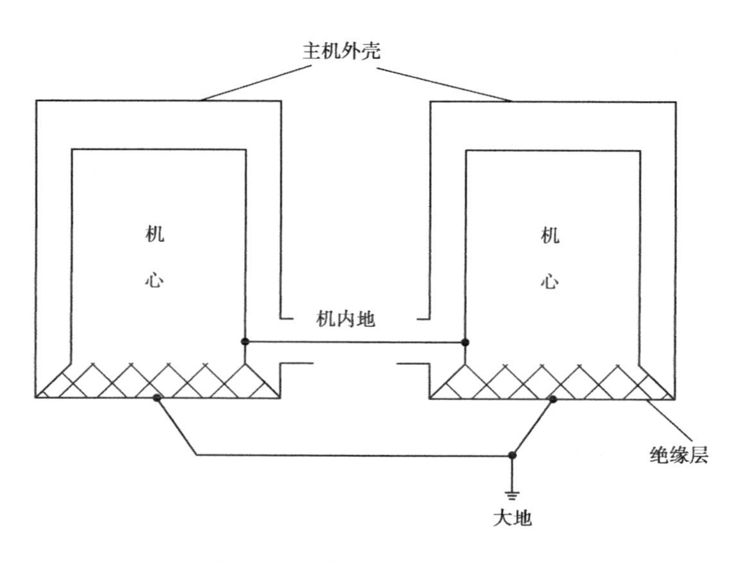

图 8.15　外壳接地,机心浮空

3)多机系统的接地

在微机网络系统中,多台机器之间相互通信,资源共享。如果接地不合理,将使整个网络系统无法正常工作。近距离的几台计算机安装在同一机房内,可采用图 8.16 那样的多机一点接地方法。对于远距离的计算机网络,多台计算机之间的数据通信,可以通过隔离的办法把地分开。

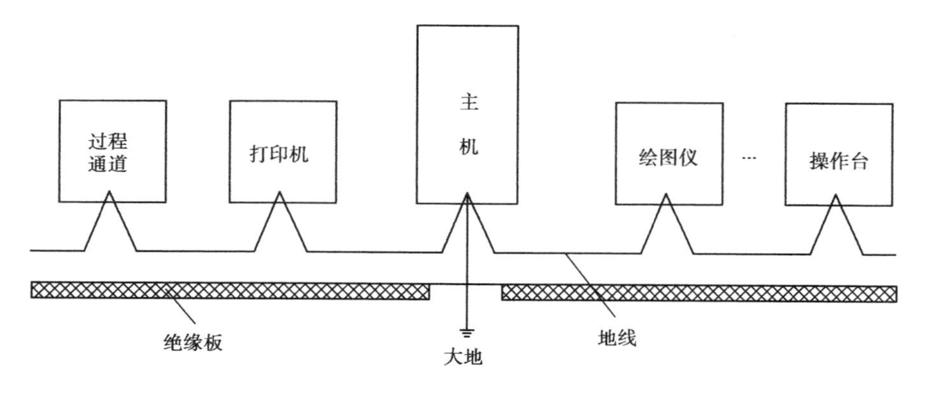

图 8.16　一点接地法

任务3　软件抗干扰技术

任务要求:

1)理解软件抗干扰技术的方法;

2)基本掌握指令冗余、软件陷阱和程序运行监控的应用。

在采用了硬件抗干扰技术后,可以有效地抑制干扰,但还不能完全消除干扰,还必须采用软件抗干扰。

1. 数字信号的软件抗干扰措施

干扰信号多表现为毛刺状,而且作用时间短。利用这一特点,在采集某一数字信号时,可以多次重复采集,直到连续两次或两次以上采集结果完全一致方为有效。如果多次采样后,信号一直变化不定,则说明干扰严重,就应停止采样并发出报警信号。如果数字信号为开关量,如操作按钮、限位开关、电气触点等,对于这些信号的采集必须完全一致才行。

数字量输出信号,是计算机输出的控制信号,为了防止外部干扰可能造成的输出量错误,使被控设备误动作,最有效的方法是不断重复输出数字量信号,并且在可能的情况下,输出的重复周期越短越好。

2. 指令冗余

当干扰严重时,使程序不能正常运行,会出现将操作数当作指令码执行,即通常所说的程序"跑飞"或"死机"。对此,可采用以下方法防止程序"跑飞"或"死机"。

当执行的程序受到干扰后,CPU 往往将一些操作数当作指令码来执行,从而引起程序"跑飞"。发生"跑飞"是因为程序中有多字节指令。此时的首要工作,就是尽快将程序纳入正常轨道。所谓"指令冗余"就是在一些关键的地方插入一些单字节的空操作指令(NOP),或将有效单字节指令重复书写。当程序"跑飞"到某条 NOP 指令上时,不会发生把操作数作为指令码执行的错误。但在程序中加入太多的冗余指令会降低程序正常运行的效率。因此,常在一些对程序流向起决定作用的指令的前面插入两条 NOP 指令,以保证"跑飞"的程序迅速恢复正常运行。

3. 软件陷阱

指令冗余使"跑飞"的程序恢复正常运行有两个条件,一是"跑飞"的程序必须落到程序区,二是必须执行所设置的冗余指令。如果"跑飞"的程序落到非程序区(如 EPROM 中未使用的空间或某些数据表格等)时,第一个条件不满足。当"跑飞"的程序在没有碰到冗余指令之前,已经不能正常运行,此时第二个条件也不满足。对付"跑飞"的程序落到非程序区,采用设置软件陷阱的方法。对于未执行到冗余指令而"跑飞"的情况,采取建立程序运行监视系统(WATCHDOG)。

所谓"软件陷阱",就是一条引导指令,强行将掉到陷阱中的程序引向一个指定的地址,在该地址处设置处理错误的程序。如果该错误处理程序的入口标号地址为 ERR,则由以下三条指令就构成了一个"软件陷阱":

```
NOP
NOP
LJPM  ERR
```

除了在程序的关键位置设置"软件陷阱"外,还应在未使用的中断向量区和未使用的 EPROM 空间、表格的最后设置"软件陷阱"。由于"软件陷阱"都是设置在正常程序执行不到的地方,不会影响程序执行的效率,在当前 EPROM 容量不成问题的条件下,"软件陷阱"应多设置一些为好。

4. 程序运行监控

在微机控制系统中,即使采用了上述的抗干扰措施,但当程序“跑飞”到一个冗余指令和“软件陷阱”都无能为力的死循环时,系统会瘫痪。此时只能依靠本身不依赖 CPU 能独立工作的程序运行监视器 Watchdog(看门狗)来解决。Watchdog 可以做成硬件电路,也可以由软件设计,但软件的可靠性不如硬件电路。

Watchdog 是利用 CPU 在一定的时间间隔(根据程序运行要求而定)内发出正常信号的条件下,当 CPU 进入死循环后,能及时发觉并使系统复位。

在 8096 系列单片机和增强型 8051 系列单片机中,已将 Watchdog 做在芯片里,而普通型 8051 单片机系统,必须由用户自己建立。

Watchdog 的硬件电路可以由单稳态电路构成,也可以使用集成电路的 uP 监控电路。uP 监控电路有多种规格和种类,有的除了看门狗功能外还具有下列功能:①上电复位;②监控电压变化,范围可为 1.6 ~5 V;③片使能 WDO;④备份电源切换开关等。

图 8.17 是用单稳态电路构成的程序运行监视器。它的基本工作原理是:将单稳态触发器的 Q 端与 8031 单片机的复位端 RESET 相连。CPU 正常工作时,每隔一段时间就输出一个脉冲,使单稳态触发到暂稳态,暂稳态的持续时间设计得比 CPU 的触发周期长,因此单稳态就不能回到稳态。当 CPU 进入死循环后,因单稳态触发器得不到触发脉冲而使 Q 端输出正脉冲,从而形成复位信号,强迫系统复位。

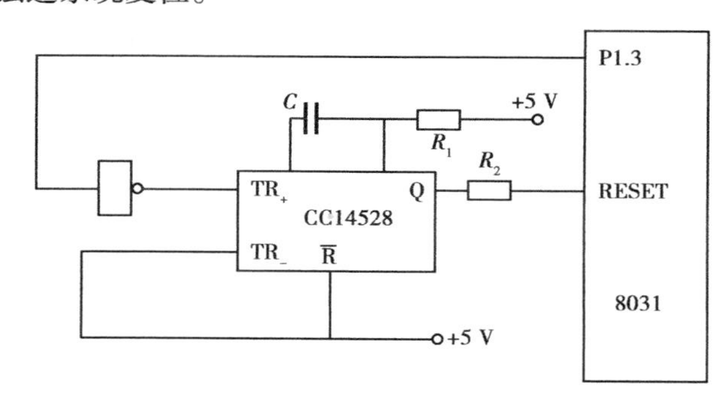

图 8.17 用单稳态触发器构成的程序运行监视器

图 8.18 是利用高精度(±1%)低电源监控电路 MAX815 组成的 Watchdog 和电源监控电路。用微处理器的一位 I/O 口控制 Watchdog 的输入端 WDI,当微处理器正常运行时,软件不断地从该 I/O 口向 WDI 发送脉冲,因此 WDO 输出为高电平。一旦微处理器工作不正常,如程序跑飞或死循环,软件就不可能正常地向 WDI 发脉冲,如果 WDI 没有脉冲输入的时间间隔超过 Watchdog 时钟脉冲宽度,则 WDO 输出为低电平,此电平使微处理器产生一个非屏蔽中断 NMI,在 NMI 的中断服务程序中,对系统进行适当的处理,如停机或复位。也可将 WDO 接到手动复位端 MR,直接产生一个复位信号,使系统重新工作。

MAX815 的电源复位电路是用来监视电源电压的。当电源电压下降到低于规定的电源复位阈值时,MAX815 将产生一个 RST 信号,此信号可以使微处理器复位。MAX815 的最小复位阈值在出厂时被设定为 4.75 V,有些产品可以由用户通过改变外接电阻来调整复位阈值。

MAX815 还可以监视其他辅助电源。此时只要把被监视的电压通过分压电阻接到 PFI 端,则当被监测的电压低于规定的电源下降阈值电压,则产生 PFO 信号。此信号可以接到微

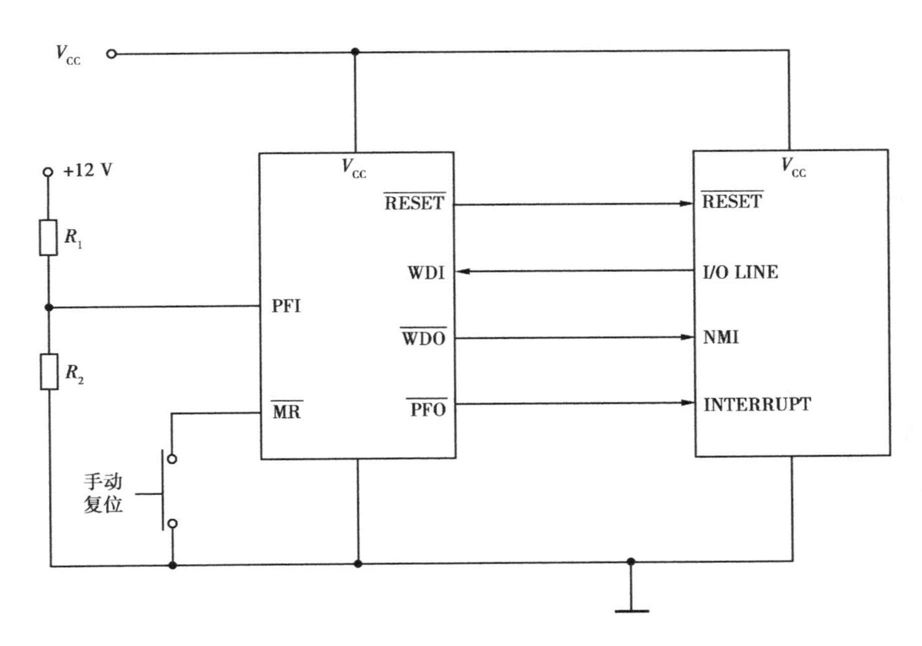

图8.18　利用MAX815组成的Watchdog和电源监控电路

处理器的中断端口，微机响应中断后，可根据需要设计一些必要的处理。

技能训练　电源滤波器和光电耦合器的使用

1. 实训目的与要求

1）理解电源滤波器和光电耦合器的工作原理；

2）掌握电源滤波器和光电耦合器的正确应用；

3）掌握硬件抗干扰的基本方法。

2. 实训指导

1）查阅电源滤波器的技术资料，正确选择各种电源滤波器。

①单相(三相)交流电源滤波器；

②单相直流电源滤波器；

③线路干扰抑制专用电源滤波器。

2）查阅光电耦合器的技术资料，正确选择光电耦合器。

3）按照要求把电源滤波器接入电路中，输入信号，用示波器观察电源滤波器的输入、输出信号波形，做好记录。

4）按照使用要求把光电耦合器接入电路中，输入信号，用示波器观察光电耦合器的输入、输出信号波形，做好记录。

3. 实训报告

实训结束,应认真总结,写出实训报告,具体要求如下:

1)实训报告应包括实训名称、目录、正文、小结和参考文献五部分;

2)正文要求写明训练目的,基本原理,参数记录,实训过程及步骤,心得体会。

思考练习8

1. 微机控制系统的干扰主要有哪些方面?各有何特点?
2. 根据干扰的作用方式,干扰可分为哪两类?表现形式是什么?
3. 抗干扰的基本原则是什么?
4. 电源系统的抗干扰措施有哪些?
5. 过程通道抗干扰有哪两个主要方面?
6. I/O接口的抗干扰措施有哪些?
7. I/O传输线的抗干扰措施有哪些?
8. 微机控制系统中的地线,应采取哪些抗干扰措施?
9. 软件抗干扰有哪些方法?分别用在哪些场合?

项目 9
微机控制系统的设计与实践

学习目标：

1）理解掌握微机控制系统设计的基本要求；

2）掌握微机控制系统的设计方法和步骤。

能力目标：

1）掌握微机控制系统硬件设备的正确选型；

2）软件程序的编写方法；

3）软、硬件的联合调试，在线仿真；

4）具备用单片机进行实际控制系统的基本设计能力。

微机控制系统设计包括微型机控制系统设计和智能化设备的应用设计两方面的内容。

微型机控制系统是指微型机或以单片机为核心部件，扩展一些外部接口和设备，组成微型机工业控制机，用于工业控制。

智能化设备的应用是指利用单片机作为设备中的一个控制部件，用以完成智能化设备特定的功能。

目前，单片机的功能越来越强，应用非常广泛，基本上取代了微型机在中小型控制系统和智能化仪器中的应用。

任务 1　微机控制系统设计的基本要求

任务要求：

掌握微机控制系统设计的基本要求。

虽然微机控制系统由于被控对象的多样性和控制过程的多样性，使得具体的微机控制系统的设计不尽相同，但是应该遵守共同的设计原则：可靠性高、操作性好、实时性强、通用性好、经济效益和性价比高。

（1）可靠性高

工业控制计算机的工作环境和工作任务的特殊性，要求在设计时将安全可靠性放在首位。包括选用高性能的工业控制计算机和选择安全可靠的控制方案，以及故障时的预防措施和备用设备方案的选择。

(2)操作性好

包括使用方便和维修容易两方面。使系统容易掌握,即使是不懂计算机的人员也能操作。系统中尽可能采用标准的功能模块式结构,便于故障时迅速更换。

(3)实时性强

工业控制计算机系统的实时性。表现在对内部事件和外部事件及时响应、及时处理。针对定时事件系统设置时钟,确保定时处理。针对随机事件,系统设置中断,合理分配中断级别,确保及时处理紧急故障。

(4)通用性好

通用性包括两个方面:一是硬件设计采用标准总线结构,配置通用的功能模板,方便扩充功能和方便系统维修;二是软件设计采用标准模块结构,按系统要求选择各种功能模块,灵活地进行系统软件组态。

(5)经济效益和性价比高

系统在设计时要注意性价比,在满足设计要求的情况下,尽可能采用价廉的元器件,使开发的系统具有市场竞争力。系统在保证提高产品质量和产量的基础上,尽可能在消除环境污染,提高生产设备安全,改善劳动条件等方面进行综合设计,使设备在经济效益方面具有竞争力。

任务2　微机控制系统的设计步骤和方法

任务要求:

掌握微机控制系统的设计步骤和具体设计方法。

1.微机控制系统的设计步骤

在进行微机控制系统的设计时,必须按照控制系统的要求,根据先后次序进行设计,这就是设计步骤。具体步骤如下:

1)微机控制系统总体方案的确定;

2)微机控制系统硬件设计;

3)控制算法的选择;

4)微机控制系统软件设计;

5)微机控制系统的调试。

2.具体设计方法

(1)微机控制系统总体方案的确定

总体方案的设计主要是根据被控对象的要求来确定,大体上从以下几个方面进行。

1)确定控制系统总体方案

根据控制系统被控参数的要求,首先确定控制系统的控制形式,采用开环控制还是闭环控制,或者是数据处理系统。如果是闭环控制系统,则还要确定整个系统是采用直接数字控制

(DDC),还是采用计算机监督控制(SCC),或者采用分布式控制(DSC)。尽可能选择功能强的工业控制计算机和先进的总线系统,如现场总线系统。

2)选择检测元件及执行机构

根据被测参数,选择检测设备和元件。应尽可能选择专门用于微机控制系统的集成化传感器。并根据被控对象的状态选择合适的执行机构,以保证控制任务的顺利完成,如在易燃易爆环境中采用气动薄膜调节阀。

3)选择输入输出通道及外围设备

输入输出过程通道应根据被控对象参数的类型和数量来确定,选择满足控制系统要求的输入输出通道,并根据系统的规模及要求,配以适当的外围设备。还应考虑到控制系统的可扩展性,留有适当的余量。

4)画出控制系统原理图

通过以上的选择,结合工业流程图,画出一个完整的微机控制系统原理图,包括各种传感器、变送器、外围设备、输入输出通道及微型机。

确定控制系统的总体方案时,要对控制系统的软件、硬件功能要作统一的综合考虑。因为一种功能往往是既能由硬件完成也能由软件实现。需要根据控制系统的实时性及控制系统的性价比综合平衡后加以确定。一般是在运行时间允许的情况下,尽量采用软件实现,如软件设计比较困难,则可考虑用硬件完成。

在确定控制系统的总体方案时,必须要从技术和经济两个方面进行充分的可行性论证。在技术方面,既要有控制系统的设计人员充分参与,还要与搞工艺的同志互相配合,并征求现场操作人员的意见,以保证技术的先进性、实用性。在经济方面,在保证技术先进性的前提下,应尽量节省开支。方案论证时一般应有多个方案进行比较,最后选择性价比最高的方案进行设计。

(2)微机控制系统硬件设计

微机控制系统硬件设计包括两个方面的内容:一是控制微机的选择;二是各种接口的设计。

1)控制微机的选择

总体方案确定之后,首要的任务是选择一台合适的控制微机,根据控制系统总体方案的要求,被控对象的任务,可选用工业控制计算机或单片机。

①选用现成的微型机系统

如果控制系统的控制任务比较大,需要的外设比较多,而且设计时间要求比较紧,工作环境比较恶劣,可以考虑选用工业控制计算机。工控机提供了多种系统板,配备了各种接口板,具有很强的硬件功能和灵活的I/O扩展能力,可以根据控制系统的要求,并利用工控机较强的开发能力,选择不同的板卡,组成满足控制要求的工业控制计算机。

②利用单片机芯片自行设计

如果控制系统较小或是顺序控制系统,可选用单片机进行设计。单片机具有体积小、接口丰富、价格便宜,配置方便的特点。针对被控对象的具体任务,选择合适的单片机,自行开发和设计一个微型机控制系统,是目前微型机控制系统设计中经常使用的方法。这种方法具有针对性强、投资少、系统简单、灵活,适合于批量生产。此方法常用于智能化设备的应用设计。

2)微机接口设计

微型机集成度高,内部含有 I/O 控制线,存储器和定时器等功能部件,但是在组成微型机控制系统时,扩展接口是必不可少的设计任务。可以根据情况选择现成的接口板卡,也可以选择合适的芯片进行设计。微机接口设计主要有:存储器的扩展、过程模拟量输入输出通道的设计、开关 I/O 接口设计、人机交互接口设计、信号调理等方面。

(3)控制算法的选择

当控制系统的总体方案及控制系统硬件确定后,采用什么样的控制算法使系统达到要求,就是关键的一步。

对于数学模型能够确定的系统,可采用直接数字控制。可利用最少拍随动系统、最少拍无波纹系统、大林算法、最小二乘法系统辨识、最优控制及自适应控制等算法。

对于难以求出数学模型的复杂被控对象可选用数字化 PID 控制。

对于用前两种方法都难以达到控制效果的系统,可选用模糊控制。

(4)微机控制系统软件设计

微型机控制系统的软件分为系统软件和应用软件两大类。对于选择工业控制机系统,系统软件比较齐全,不需自己设计,而应用软件需要在各种板卡提供的驱动程序的基础上自己设计。对于选择的是单片机自行设计的系统,则系统软件和应用软件都需要自己设计。目前应用软件已经模块化、商品化,各种通用软件程序包均有出售,可以选择使用,为编程提供了极大的方便。但针对具体控制任务的应用程序设计是必不可少的。应用软件设计时需注意以下方面:

1)控制系统应用软件的要求

a. 可靠性;

b. 实时性;

c. 灵活性和通用性。

2)软件、硬件折衷问题

3)软件开发过程

开发过程大体有:

a. 划分功能模块及安排程序结构;

b. 画出各程序模块详细流程图;

c. 选择合适的语言编写程序;

d. 将各个模块连接成一个完整的程序。

(5)微机控制系统的调试

微型机控制系统的硬件、软件设计完成之后,就要进行硬件调试和软件调试。可以利用开发及仿真系统进行调试。

1)硬件调试

按照设计方案制作好样机后,便可进行硬件调试。包括脱机检查和联机调试。

利用万用表,检查电路板上的各器件以及引脚,是否连接正确,是否有短路情况。必要时可将电路板上的芯片取下,对电路板进行通电检查。利用逻辑测试笔检测逻辑电平是否正确,若不正确,则需要查找错误原因,排除故障。

然后将样机上的 CPU、EPROM 取下,接上仿真机进行联机调试观察各接口电路是否正常。

2）软件调试

在计算机上把各模块程序分别进行调试使其正确无误，然后将生成的 *.bin 文件用 EPROM 编程器写入 EPROM，即可插入系统。

3）硬件、软件联合调试

经硬件、软件单独调试后，即可进行硬件、软件联合调试，找出硬件、软件之间不相匹配的地方，反复修改和调试。

4）现场调试

在实验室完成硬件、软件联合调试后，即可组装成完整的控制系统，移至现场进行运行调试，再根据现场情况及调试中出现的问题，对硬件、软件反复进行修改调试，直至完全满足控制系统的要求，达到控制指标，能够稳定运行。

任务3　微机控制系统的应用实例

任务要求：

通过微机温度控制系统实例学习，掌握微机控制系统的具体设计方法。

温度是一个重要的典型被控参数，微机温度控制系统应用非常广泛。下面通过一个典型的单片机控制温室温度的例子，介绍微机控制系统的设计。

微机温度控制系统要求：

1）被控温度设为室温、40 ℃、50 ℃三挡，温度控制误差≤ ±2 ℃。

2）由三台 1 kW 的电炉来实现温度控制。并且三台电炉同时工作时可保证温室温度在 3 min内超过 60 ℃。

3）实时显示温度和设置温度。

4）要求系统具有超限报警功能，对升温和降温过程不作要求。

（1）控制系统总体方案的确定

根据系统的要求，整个系统必须具有温度测量、温度控制、温度给定、温度显示等环节。由于系统对升温和降温过程不作要求，精度上要求不高。控制系统总体方案确定如下：选用双向可控硅作为主控元件；当给定为室温时，切断所有电炉；当给定温度为 40 ℃时，要求一台电炉工作，经过 30 s 后，如温度超过 41 ℃，则电炉停止工作，如温度低于 39 ℃，则再启动一台电炉，由两台电炉工作；当给定温度为 50 ℃时，要求两台电炉工作，经过 30 s 后，如温度超过 51 ℃，则停止一台电炉工作，如温度低于 49 ℃，则再启动一台电炉，由三台电炉工作；采样周期设为 30 s，即每隔 30 s 进行一次温度采样，并刷新一次温度控制输出状态。

（2）微型机及接口的选择

由于系统对控制精度要求不高，选用通用型 8031 单片机，扩展一片 2732（4 K×8）作为程序存储器。

由于只有一个被控对象，所以系统只有一个输入通道，可选用温度传感器、信号放大器和 A/D 转换器 3 部分组成。

系统由 3 台电炉加热，因此系统输出通道采用 3 条具有相同结构的开关量输出通道组成，分别控制 3 台电炉的通电和断电。

由于温度设定有3挡,所以系统可采用拨码盘来实现温度设定。温度显示电路可采用LED显示,每30 s刷新一次温度显示值。超限报警采用声音报警,用一位开关量输出即可。

(3)微型机控制系统硬件设计

硬件设计如图9.1所示,其中,输入通道由温度传感器AD590、信号放大器(集成运算放大器OP07)、ADC0809转换器组成。取00H ~ FFH对应0 ~ 5 V和0 ~ 64 ℃,每一度数字量为04H。

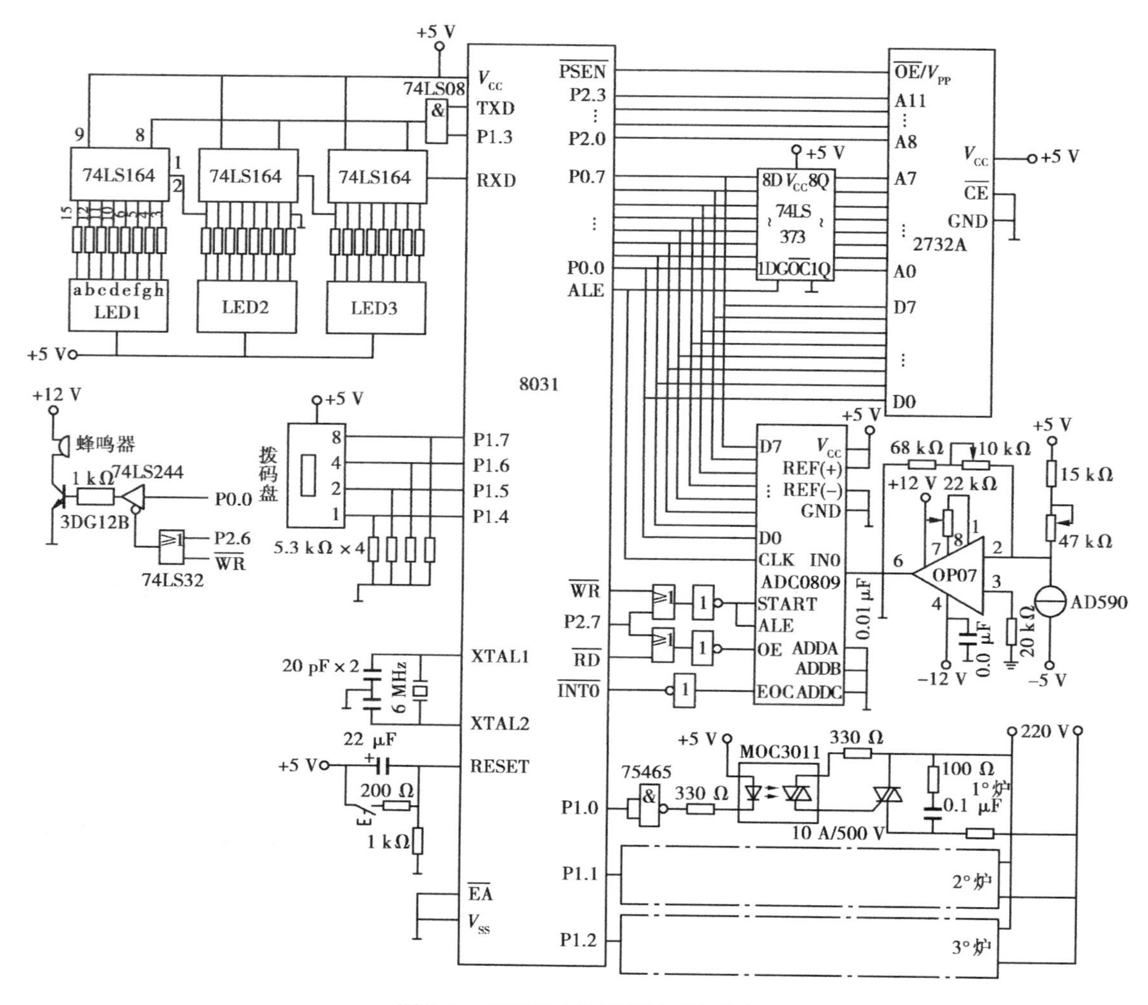

图9.1 温度控制系统硬件原理图

输出通道采用光电耦合双向可控硅驱动电路,分别由P1.0,P1.1,P1.2控制1,2,3号电炉。光电耦合管采用MOV3011。

温度设定拨码盘,用P1口的高4位P1.4,P1.5,P1.6,P1.7作为输入口,高电平有效,低电平无效。

温度显示电路,利用串行口的移位功能,扩展3位静态显示电路,P1.3作为输出控制。当P1.3为高电平时,允许串行口输出数据给移位寄存器,当P1.3为低电平时,禁止串行口输出数据,保持LED显示的内容不变。图中LED3显示十位,LED2显示个位,LED1显示小数点后1位的温度值。

超限报警电路，由于I/O接口均已使用，所以报警接口电路由一位数据线连接三态锁存器和驱动器组成，端口地址为BFFFH。用蜂鸣器作为报警装置。

(4)微型机控制系统软件设计

根据硬件电路，以及系统要求即可进行系统软件设计。本系统对实时性、灵活性、通用性均无特殊要求，可不作过多考虑。温度检测为了保证数据的可靠性，采用均值滤波，使ADC0809连续采样4次，取其平均值作为一次温度检测值。定时采用片内定时器0进行30 s定时。温度显示要求每检测一次均对温度显示进行刷新，即将新的温度检测值经过标度变换后输出给LED显示器。报警则是将检测到的温度值与设定值进行比较，若超过允许范围，则通过P0.0，P2.6输出超限报警信号。

1)程序结构　程序结构设计为主程序首先进行初始化，包括定时器、I/O口和中断系统的初始化，然后等待定时时间到，由定时器发出定时中断申请。中断服务程序要进行以下操作：拨码盘设定值扫描、温度检测、标度变换、温度显示和控制、报警。

2)程序模块　程序模块划分为温度设定输入、温度检测、温度值标度变换、温度显示、温度控制等五个模块。

3)主要程序流程框图　图9.2是控制系统主程序及中断服务程序流程图，图9.3是温度检测程序流程图、图9.4是温度控制程序流程图。

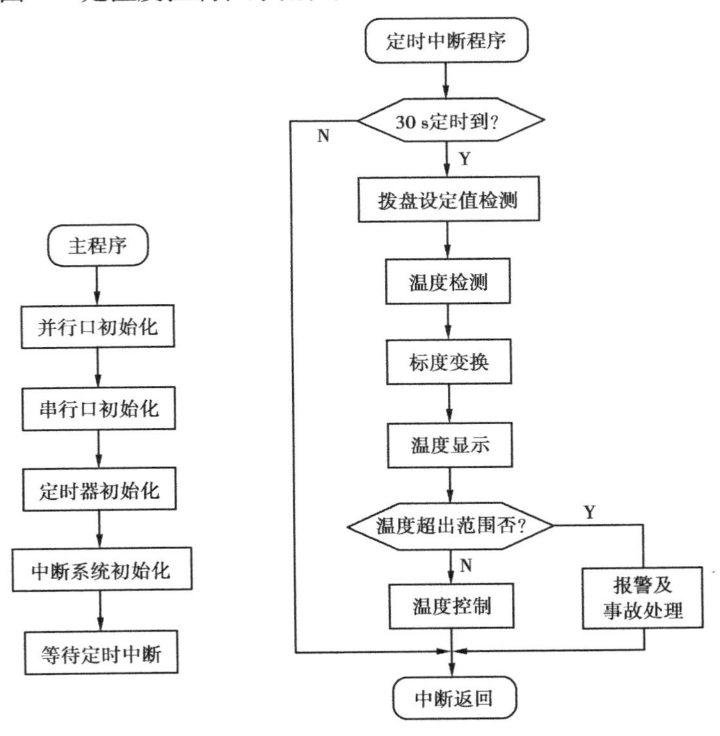

图9.2　控制系统主程序及中断服务程序流程图

4)选择汇编语言编写的部分程序　控制系统的主程序主要是对系统进行初始化处理。设8031单片机振荡频率为6 MHz时，8031内部一个定时器的最大定时值为131.072 ms，因此，需要外设一个软件计数器或另一个定时器计数，这里采用软件计数法。使定时器0工作在模式1，定时时间为130 ms(0218H)，再使用软件循环230次(E6H)。系统中断服务程序的功

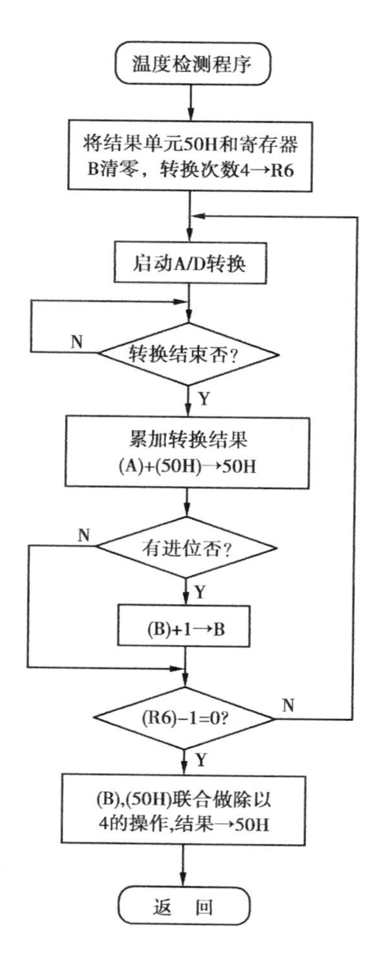

图 9.3　温度检测程序流程图

能为:判断是否定时 30 s 到,若到,则检测设定值、测量实际温度值、标度变换、温度显示与控制等,若不到 30 s,则返回。

程序主要功能为:

①根据拨码盘的设定数值,自动进行温室的温度控制。当设定为 1 时,控制温度为室温;设定为 2 时,控制温度为(40 ±2)℃;设定为 3 时,控制温度为(50 ±2)℃。如果设定值不是 1,2,3,则显示出错信息。

②能实时显示温室温度,显示形式为 3 位十进制数。

③如果实际温度与设定温度的差值大于 5 ℃,则发出报警信号。小于 5 ℃后,报警信号自动撤除。

④内部资源情况。50H 为温度检测值存放单元;51H 为温度设定值存放单元;5DH ~ 5FH 为显示缓冲区;60H ~ 7FH 为堆栈区;R7 为软件计数器。

⑤I/O 端口使用情况。P1.0 ~ P1.2 为输出,控制电炉工作; P1.4 ~ P1.7 为拨码盘设定值输入口; P1.3 为显示器控制; P2.0 ~ P2.3 为上部程序存储器地址总线; P2.6 为报警电路地址线;P2.7 为 A/D 转换器地址线;P0 口为数据/地址线。

当系统通电后,程序自动从头运行。若按下复位钮,程序重新从头开始运行。

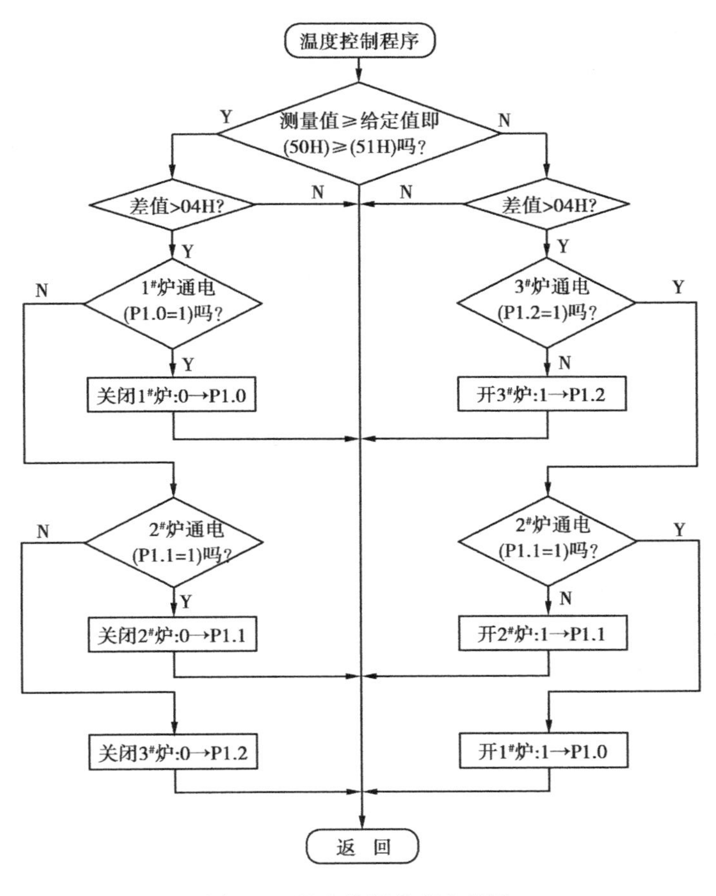

图9.4　温度控制程序流程图

a. 主程序清单如下:

```
        ORG     0000H
        AJMP    MAIN
        ORG     000NH
        AJMP    INTT0               ;转定时中断服务程序
        ORG     0030H
MAIN:   MOV     SP,#60H             ;设堆栈指针
        MOV     P1,#0F0H            ;清零 P1.0 ~ P1.3,关电炉,关显示
        MOV     TMOD,#01H           ;定时器初始化
        MOV     TH0,#02H
        MOV     TL0,#18H
        SETB    ET0                 ;允许 T0 中断
        SETB    EA                  ;CPU 开中断
        SETB    TR0                 ;启动 T0
        MOV     R7,#0E6H            ;置软件计数初值
WAIT:   AJMP    WAIT                ;等待 T0 中断
```

b. 定时中断服务程序清单：

```
INTT0:MOV    TH0,#02H       ;重装 T0 定时初值
      MOV    TL0,#18H
      DJNZ   R7,RTUN        ;判断到 30 s 否,不到则返回
      MOV    R7,#0E6H       ;恢复 R7 初值
      ACALL  TREF           ;调温度设定值检测和程序
      ACALL  TADC           ;调温度检测程序
      ACALL  XSCL           ;调标度变换程序
      ACALL  DISP           ;调显示程序
      ACALL  CONT           ;调控制程序
      ACALL  ALARM          ;调报警程序
RTUN:RETI
```

c. 温度检测程序清单：

```
TADC:MOV     50H,#00H       ;清结果单元
      MOV    B,#00H         ;寄存器 B 清零
      MOV    R6,#04H        ;置转换次数
      MOV    DPTR,#7FFFH    ;送 ADC0809 地址
TT0:  MOVX   @DPTR,A        ;启动 ADC0809 转换
      JB     INT0, $        ;等待转换结束
      MOVX   A,@DPTR        ;读 ADC 结果
      ADD    A,50H
      MOV    50H,A
      JNC    TT1
      INC    B
TT1:  DJNZ   R6,TT0
      CLR    C              ;求四次平均值
      XCH    A,B
      RRC    A
      XCH    A,B
      RRC    A
      CLR    C
      XCH    A,B
      RRC    A
      XCH    A,B
      RRC    A
      MOV    50H,A          ;四次检测平均值送 50H
      RET
```

d. 温度控制程序清单：

```
CONT:MOV     A,50H          ;温度检测值送 A
```

```
        CLR     C
        SUBB    A,51H                   ;检测值与设定值比较
        JC      LLT0                    ;相等转 LLT0
        SUBBJ   A,#04H
        NC      LT1                     ;若(检测值 - 设定值)≥1 ℃,转 LT1
LT0:    RET                             ;若差值<1 ℃,返回
LT1:    JNB     P1.0,LT2                ;若 1 号炉已关断,转 LT2
        CLR     P1.0                    ;否则关 1 号炉
        SJMP    LT0
LT2:    JNB     P1.1,LT2                ;若 2 号炉关断,转 LT3
        CLR     P1.1                    ;否则关 2 号炉
        SJMP    LT0
LT3:    CLR     P1.2                    ;关 3 号炉
        SJMP    LT0
LLT0:   CPL     A                       ;A = 设定值 - 检测值
        INC     A
        CLR     C
        SUBB    A,#04H
LLT1:   JNC     LLT2                    ;若差值≥1 ℃,转 LLT2
        SJMP    LT0
LLT2:   JB      P1.2,LLT3               ;若 3 号炉已接通,转 LLT3
        SETB    P1.2                    ;否则接通 3 号炉
        SJMP    LT0
LLT3:   JB      P1.2,LLT4               ;若 2 号炉已接通,转 LLT4
        SETB    P1.1                    ;否则接通 2 号炉
        SJMP    LT0
LLT4:   SETB    P1.0                    ;接通 1 号炉
        SJMP    LT0
```

技能训练　单片机水位控制系统设计

1. 实训目的与要求

利用熟悉的单片机，进行水位控制系统设计，掌握单片机微机控制系统设计的基本方法。

2. 实训指导

1）单片机水位控制系统的基本要求：储水池设置高、低水位，当水位处于低水位时，应启动水泵，向储水池供水；当水位达到高水位时，应停止水泵供水。储水池水位应能显示。当水

位处于高、低水位时,需要提供报警。

2)按照单片机水位控制系统的基本要求,进行方案论证。

3)根据论证方案,选择满足要求的单片机,确定采样周期。

4)输入、输出控制接口设计。正确选择传感器和执行器。画出控制系统硬件电路图。

5)控制软件设计:画出控制系统主程序、中断服务程序流程图、水位控制程序流程图。

7)硬件制作与调试。

8)软件程序编写与调试。

9)硬件、软件系统联调。

由于该技能训练是一个综合型训练,需要较长时间。在实训过程中,方案论证和硬件、软件系统联调时,全体参加。具体设计制作时,可以分组进行。

3. 实训报告

把实训内容整理,写出实训报告。实训报告由以下几部分组成:名称、目录、正文、小结、参考文献。正文部分应包括:实训目的、基本原理、参数记录、实训过程及步骤、心得体会。

思考练习9

1. 简述微机控制系统的设计方法和步骤。
2. 微机控制系统设计有哪些基本要求?
3. 设计微型机控制系统时,如何选择硬件和软件?

参考文献

[1] 韩全立,赵德申.微机控制技术及应用[M].北京：机械工业出版社，2004.

[2] 袁秀英.组态控制技术[M].北京:电子工业出版社,2002.

[3] 孙德辉,郑仕富,等.微型计算机控制系统[M].北京：冶金工业出版社，2002.

[4] 潘新民,王燕芳.微型计算机控制技术[M].北京:电子工业出版社,2002.

[5] 俞光昀,陈战平,季菊辉.计算机控制技术[M].北京:电子工业出版社,2002.

[6] 孙传友,孙晓友,汉泽西,等.测控系统原理与设计[M].北京：北京航空航天大学出版社,2002.

[7] 台方.微型计算机控制技术[M].北京:中国水利出版社，2001.

[8] 李明学,周广兴,于海英,等.微型计算机控制技术[M].哈尔滨:哈尔滨工业大学出版社,2001.

[9] 张伟.单片机原理及应用[M].北京：机械工业出版社,2001.

[10] 何立民.MCS-51 系列单片机应用系统设计系统配置与接口技术[M].北京:北京航空航天大学出版社,1999.

[11] 赵长德.工业用微型计算机[M].北京:机械工业出版社,1999.

[12] 黄一夫.微型计算机控制技术[M].北京:机械工业出版社,1999.

[13] 于海生.微型计算机控制技术[M].北京：清华大学出版社，1999.

[14] 田爱平,魏延德,李义杰,等. IBM PC 微机原理及接口技术[M].北京:煤炭工业出版社,1995.

[15] 何克忠,李伟.计算机控制系统[M].北京：清华大学出版社,1998.

[16] 王锦标,方崇智.过程计算机控制[M].北京:清华大学出版社,1992.

[17] 谢剑英.微型计算机控制技术[M].北京:国防工业出版社,1991.

[18] 毕承恩.数控技术[M].北京：机械工业出版社,1982.

[19] 南京伟福实业有限公司.Lab2000P 系列单片机仿真实验系统使用说明书.

[20] 北京信通时代科技有限公司.ED1520 控制器点阵图形液晶显示模块使用手册.